本书为国家社科基金重大项目"加快推进生态文明建设研究"（项目批准号：10ZD&016）的部分研究成果。

Scientific Basis and Path Selection of
Ecological Civilization Construction in China

我国生态文明建设的
科学基础与路径选择

曾 刚 等/著

人民出版社

责任编辑:吴焰东
封面设计:石笑梦

图书在版编目(CIP)数据

我国生态文明建设的科学基础与路径选择/曾刚 等 著. —北京:
人民出版社,2018.5
ISBN 978－7－01－018895－9

Ⅰ.①我… Ⅱ.①曾… Ⅲ.①生态文明-建设-研究-中国 Ⅳ.①X321.2

中国版本图书馆 CIP 数据核字(2018)第 027078 号

我国生态文明建设的科学基础与路径选择

WOGUO SHENGTAI WENMING JIANSHE DE KEXUE JICHU YU LUJING XUANZE

曾 刚 等 著

人民出版社 出版发行
(100706 北京市东城区隆福寺街 99 号)

北京汇林印务有限公司印刷 新华书店经销

2018 年 5 月第 1 版 2018 年 5 月北京第 1 次印刷
开本:710 毫米×1000 毫米 1/16 印张:23.5
字数:340 千字

ISBN 978－7－01－018895－9 定价:78.00 元

邮购地址 100706 北京市东城区隆福寺街 99 号
人民东方图书销售中心 电话 (010)65250042 65289539

目　录

前　言

　　生态文明建设是时代发展的必然选择。生态文明（Ecological Civiliza-tion）与可持续发展（Sustainable Development）内涵相似。放眼全球，可持续发展理念逐渐成为全人类的共识。1972 年，联合国在瑞典斯德哥尔摩举行的人类环境研讨会上首次提出了可持续发展的概念；1987 年，世界环境与发展委员会出版了《我们共同的未来》报告，该书作者、时任挪威首相布伦特兰（Gro Harlem Brundtland）进一步将可持续发展定义为"既能满足当代人的需要，又不对后代人满足其需要的能力构成危害的发展"，得到了国际社会的积极响应；1992 年，联合国在巴西里约热内卢召开"环境与发展大会"，通过了以可持续发展为核心的《里约环境与发展宣言》《21 世纪议程》等文件；1997 年 12 月，日本京都联合国气候变化大会通过了《京都议定书》；2009 年 12 月，哥本哈根联合国气候变化大会通过《哥本哈根议定书》；2015 年 11 月 30 日至 12 月 11 日，第 21 届联合国气候变化大会在巴黎举行，近 200 个缔约方一致同意通过《巴黎协定》，协定为 2020 年后全球应对气候变化行动作出了安排。同时，国外学术界重视可持续发展研究的学者越来越多。1962 年，美国学者蕾切尔·卡森（Rachel Carson）出版了《寂静的春天》，其对世界未来发展的悲观预测引起了世界的轰动；1981 年，美国布朗（Lester R. Brown）出版《建设一个可持续发展的社会》，提出以控制人口增长、保护资源基础和开发再生能源来实现可持续发展；1979 年，加拿大统计学家大卫·拉波特（David J. Rapport）和托尼·弗兰德（Tony Friend）提出了压力—状态—响应模型（Pressure-State-Response，PSR），为生态系统健康评价提出了系统分析框架。其后，来自生态学、环境学、地理学等学科领域的学者围绕新时期生态环境问题及其治理的科学基础、谋略进行系统、深入的分析研究，取得了一大批研究成果。

回眸域内，为了响应联合国发布的《里约环境与发展宣言》，1994 年 3 月，国务院通过了《中国 21 世纪议程》；2000 年 12 月中国政府发表了《中国 21 世纪人口、资源、环境与发展白皮书》，首次把可持续发展战略纳入我国经济和社会发展的长远规划之中；1997 年，党的十五大将可持续发展战略确定为我国"现代化建设中必须实施"的战略；2002 年，党的十六大把"可持续发展能力不断增强"作为全面建设小康社会的目标之一；2012 年 11 月，党的十八大从新的历史起点出发，作出"大力推进生态文明建设"的战略决策；2015 年 5 月，中共中央、国务院联合发布了《关于加快推进生态文明建设的意见》；2015 年 9 月，中共中央政治局召开会议，审议通过了《生态文明体制改革总体方案》；2016 年 3 月，《中华人民共和国国民经济和社会发展第十三个五年规划纲要》明确提出了创新、协调、绿色、开放、共享五大发展理念，进一步确立了生态文明建设在中国特色社会主义"五位一体"中的战略地位。2017 年 10 月，党的十九大报告明确指出建设生态文明是中华民族永续发展的千年大计，要牢固树立"社会主义生态文明观"。与此同时，国内学术界紧密结合国家战略部署和时代发展特征，采取引进与自创相结合的方法，对生态文明建设相关科学问题进行了深入的研究，著名生态学家、中国工程院院士王如松、中国科学院院士马世骏一起创建了社会—经济—自然复合生态系统理论，华东师范大学曾刚团队提出了生态区域论，在我国生态文明建设科学基础方面进行了有益的探索。

为了进一步厘清我国生态文明建设的科学基础、优化行动方案，笔者结合主持的国家社科重大研究项目"加快推进生态文明建设"（编号 10ZD&016），于 2010 年至 2015 年对长江三角洲地区、山东省莱芜市、上海市崇明区、上海市奉贤区生态文明建设问题进行了大量的实地调研、走访。通过对中外可持续性、生态文明研究成果的系统整理和分析，较为系统地论述了人地关系论、复合生态系统论、生态区域论、区域创新系统理论等生态文明建设的科学基础，以及压力—状态—响应模型、生态文明评价指标体系、区域创新网络评价等生态文明分析方法，归纳总结了国外生态文明建设的经验与启示。以此为依托，对我国生态文明建设过程中存在的问题及其成因以及生态文明建设中的一体化发展、产业转型升级、新型城镇化、生态特区、人地协调共生等模式进行了系统的论述，并提出了我国生态文明建设行动的步骤与保障建议。

本书总体思路、框架、分割由曾刚负责设计和组织。全书共分十章，各章的作者分别为：第一章由曹贤忠撰写；第二章由尚勇敏、周灿撰写；第三章由李婷婷撰写；第四章由曹贤忠撰写；第五章由滕堂伟、曹贤忠、邹琳撰写；第六章由孔翔、唐琦、海骏娇、吴林芳撰写；第七章由曾刚、尚勇敏、海骏娇、陈弘挺、陈雅、李婷婷撰写；第八章由邹琳撰写；第九章由周灿、曹贤忠撰写。全书统稿工作由曾刚完成，曹贤忠提供了重要协助。

在本书撰写与出版过程中，人民出版社的吴焖东等同志给予了大力支持，付出了辛勤劳动，在此表示衷心感谢！

生态文明建设是一个复杂的系统工程，涉及的学科领域众多，学术观点众说纷纭，加上世界不同区域、不同发展阶段面临的问题、适宜的行动方案不完全相同，又限于笔者的学术水平和能力，如有不足之处，恳请各位批评指正！

华东师范大学城市发展研究院院长、终身教授　曾刚

2018 年 5 月于华东师大丽娃河畔

第一章　生态文明建设的背景

党和国家领导人对生态文明建设问题一直保持着高度关注。改革开放以来我国经济高速增长在创造巨额物质财富的同时，在一定程度上也造成人类与自然之间的对立和冲突，尽管历史上我国很早就存在"天人合一"、道法自然的精神，但是在走向现代化的过程中已经逐渐丧失。有鉴于此，2005 年时任总书记胡锦涛同志在中央人口资源环境工作座谈会上明确提出了"生态文明"理念；2007 年 10 月，党的十七大报告至 2010 年 10 月党的十七届五中全会，建设生态文明不仅是全面建设小康社会目标之一，也是中国特色社会主义事业总体布局的有机组成部分；2012 年 11 月，党的十八大报告对生态文明建设进行了系统阐述，要求从国土开发、自然生态、资源节约以及环境保护、制度建设加快推进生态文明建设；党的十八大以来，习近平总书记提出了一系列新思想、新论断、新举措，他指出走向生态文明新时代，打造生态文明新常态，建设美丽中国，是实现中华民族伟大复兴的中国梦的重要内容；2015 年 6 月和 9 月，中共中央、国务院先后发布《关于加快推进生态文明建设的意见》和《生态文明体制改革总体方案》，确立了我国生态文明建设的总体目标和生态文明体制改革总体实施方案，从健全法律法规、完善标准体系、健全自然资源资产产权制度和用途管理制度、完善生态环境监管制度、严守资源环境生态红线等方面，形成了深化生态文明体制改革的战略部署和制度架构，为全面推进生态文明建设提供了基本遵循；2017 年 10 月，党的十九大报告对生态文明建设进行了多方面的深刻论述，报告明确指出"建设生态文明是中华民族永续发展的千年大计"，并明确到 21 世纪中叶，"把我国建成富强民主文明和谐美丽的社会主义现代化强国"，牢固树立"社会主义生态文明观"，必须树立和践行"绿水青山就是金山银山的理念，坚持节约资源和保护环境的基本国策，像对待生命一对待生态环境""人与自然是生命共同体，人类必须尊重自然、顺应自然、保护自然"；2018 年 3 月，全国两会再度提及生态文明建设，提出"加快生态文明体制改革，建设美丽中国"，在提请十三届全国人大一次会议审议的宪法修正案草案，拟将"生态文明建设"写入宪法。因此，学术界也必须充分认识到加快推进生态文明建设的重要性和紧迫性，并积极建言献策。

生态文明建设是社会主义物质、精神、政治三大文明建设的重要支撑点，是社会主义市场经济体制发展和经济全球化的必然要求，是构建社会主义和谐社会的重要内容，是提高全社会保护自然生态与地球和谐家园共识的有效手段。

第一节　全球发展趋势

生态环境问题正成为 21 世纪全球经济与社会可持续发展的主要障碍，国际社会已为此进行了长期不懈的努力。从《京都议定书》到《哥本哈根协议》，从《我们共同的未来》到《21 世纪议程》，从可持续发展到循环经济、低碳经济、绿色经济等一系列理念的形成，保护环境、节约资源、修复生态、建设生态文明已成为实现人与自然和谐发展的全球性共识。

一、生态文明建设是各国应对金融危机的重要手段

2008 年爆发的全球金融危机，其本质是以美国为代表的西方发达国家在后工业化时代，产业结构软化、国民经济过度金融化的结果。金融危机给世界各国的经济发展带来巨大阻碍，因而世界上许多国家通过培育新的经济增长点来摆脱金融危机的束缚。而培育新的经济增长点往往是通过能源革命，这种能源革命指的不仅仅是一种新能源，更多指的是一种新的经济发展模式，这种模式能够满足生态文明发展的需要。如果说煤炭、石油

等化石能源启动并成就了人类的工业文明，那么新能源革命则开启了人类生态文明新时代。据新华网资料显示，我国生态环境事故主要如下：哥本哈根会议成功召开表明全球低碳经济时代的到来，而作为生态文明时代新的经济形态，低碳经济改变了以"工业经济+外部转移/外部技术治理"为典型特征的传统工业文明发展模式，而是将生态文明建设融入经济活动、社会发展之中。生态健康、环境友好不再是经济发展的外部条件和外部约束，而成为经济发展的内在逻辑，生态环境的全球强制性治理也正在成为一种具有强制性的约束机制。

金融危机后，世界各国纷纷出台了可持续发展或绿色发展战略。美、欧、日等发达国家陆续出台了经济刺激计划，力图通过科技、产业创新推动向绿色经济转型。美国总统奥巴马上台后，积极调整环境和能源政策，明确提出"绿色新政"，旨在通过大力发展清洁能源，在新兴产业的全球竞争中抢占制高点；欧盟更是绿色经济的倡导者和先行者，2009 年 3 月，欧盟宣布在 2013 年前出资 1050 亿欧元支持"绿色经济"，促进就业和经济增长，保持欧盟在低碳产业的世界领先地位；同年 10 月，欧盟委员会建议欧盟在 10 年内增加 500 亿欧元用于发展低碳技术。2010 年，欧盟委员会发布《欧盟 2020》战略，提出在可持续增长的框架下发展低碳经济和资源效率欧洲的路线图。2012 年 4 月，欧盟环境部长在欧盟环境与能源部长非正式会议后表示，全力支持欧盟发展绿色经济，认为发展绿色经济不仅能缓解就业难题，还能提高欧盟国际竞争力，是欧洲国家走出经济危机的唯一出路；2012 年 7 月，日本召开国家战略会议，推出"绿色发展战略"总体规划，特别把可再生能源和以节能为主题特征的新型机械、加工作为发展重点，计划在 5 到 10 年内，将大型蓄电池、新型环保汽车以及海洋风力发电发展为日本绿色增长战略的三大支柱产业（张梅，2013）；[①] 我国政府 2009 年已向世界庄严承诺：到 2020 年，我国单位 GDP 碳排放量将比 2005 年减少 40% 至 45%，节能与提高能效的贡献率要达到 85% 以上。要实

---

① 张梅：《绿色发展：全球态势与中国的出路》，《国际问题研究》2013 年第 5 期。

现这一目标，加快推进生态文明建设成为发展的必须。

二、生态文明建设是各国经济发展的内在要求

工业革命以来，人类的物质生活发生了很大改变，但同时也出现了很多生态环境问题，包括：水污染、大气污染、固体废弃物污染、酸雨、荒漠化、森林锐减、资源减少、生物多样性丧失、臭氧层损耗、全球气候变化、持久性有机物污染等。人类面临日益严重的生态环境问题，早在 20 世纪 60 年代就引起社会各界的关注与思考。美国科学家蕾切尔·卡逊（Rachel Carson）在 1962 年发表的著作《寂静的春天》中，就揭露了化学农药造成的污染危害了人和生物的健康甚至生命，指出了改变发展道路的必要性。1972 年，罗马俱乐部发表的《增长的极限》更尖锐地提出地球的承载力将达到极限，认为唯一的解决方法是限制增长；联合国因此召开了"世界人类与环境大会"，又组成了世界环境与资源委员会。1987 年，世界环境与资源委员会发表了名为《我们共同的未来》的研究报告，首次提出解决发展与环境的矛盾的正确道路是改变发展模式，走可持续发展的道路，这部著作促进联合国在 1992 年召开了"环境与发展高峰会议"，把可持续发展战略写入了大会宣言，并制定了《21 世纪议程》，要求各国政府都切实实施。2008 年 10 月，联合国环境规划署提出绿色经济和绿色新政倡议，强调"绿色化"是经济增长的动力，呼吁各国大力发展绿色经济，实现经济增长模式转型，以应对可持续发展面临的各种挑战。2011 年，联合国环境规划署发布的《迈向绿色经济——实现可持续发展和消除贫困的各种途径》报告指出，从 2011 年到 2050 年，每年将全球生产总值的 2%投资于十大主要经济部门可以加快向低碳、资源有效的绿色经济转型。

联合国大会为可持续发展所做的定义是"既符合当代人类需求，又不致损害后代人满足其需求能力的发展"。与传统的发展战略相比较，可持续发展的主要特征是：从单纯以经济增长为目标转向经济、社会、资源和环境的综合发展；从注重眼前利益和局部利益转向注重长远利益和整体利益的发展；从资源推动型的发展转向知识推动型的发展；从对自然掠夺的

发展转向与自然和谐的发展（钱易，2016）。[1]

三、绿色发展是各国转型升级的必由之路

绿色经济是"促成提高人类福祉和社会公平，同时显著降低环境风险和生态稀缺的经济"。它强调经济发展和环境保护的协调统一，是实现可持续发展的重要手段。传统发展模式主要依靠增加要素投入、追求数量扩张来实现增长，给全球环境带来巨大威胁，携手合作向绿色经济转型已成为全球共识。20世纪90年代初，学术界已就绿色经济开展了相关研究，但直到近年来这一概念才引起国际社会广泛关注，在联合国会议等国际场合被频繁使用，并逐步从学术研究层面走向国际和国家政策操作层面（王伟中，2012）。[2]

实施绿色发展成为世界各国尤其是新兴市场国家转型升级的必由之路。巴西重点发展生物能源和新能源汽车，成为发展中国家中推动绿色经济转型的典型。巴西耕地面积辽阔、农业发达，利用广泛种植的甘蔗、大豆等作物开发替代石油的乙醇燃料，使生物能源在其能源消费结构中占据半壁江山，其出售的新车中约80%是可以使用乙醇燃料的新能源汽车；印度土地资源、水资源、林业资源等都非常有限，资源约束和环境压力较大，2008年印度政府颁布"气候变化国家行动计划"，形成以太阳能计划为核心，以提高能源效率、可持续生活环境、水资源保持等八大计划为辅助的计划体系。印度希望凭借太阳能资源丰富的优势，增强行业竞争力，力争在20—25年内，将分散的千瓦级太阳能发电和光伏发电系统发展成为兆瓦级可配送聚光发电系统，并提出相应配套措施。此外，印度还把应对气候变化需要与经济发展目标相结合，将促进可再生能源使用与全国农村就业保障法案、节能灯推广计划等社会发展规划结合起来，带来了良好的社会效益（张梅，2013）。[3] 在世界经济复苏乏力的背景下，新兴市场国家

---

① 钱易：《城镇化与生态文明建设》，《中国环境管理》2016年第2期。
② 王伟中：《中国绿色转型：努力、实践和未来》，《中国人口·资源与环境》2012年第8期。
③ 张梅：《绿色发展：全球态势与中国的出路》，《国际问题研究》2013年第5期。

对以往发展模式进行反思，普遍意识到只有通过绿色发展实现增长方式转型，才能避免在下一轮国际经济竞争中陷入被动。

第二节　我国发展需求

党的十八大首次单篇阐述生态文明，初次把"美丽中国"作为将来生态文明建设的宏伟目标，把生态文明建设摆在总体布局的高度来阐述，表明我们党对中国特色社会主义总体布局认识的深化，把生态文明建设摆在五位一体的高度来阐述，也彰显出中华民族对子孙、对世界负责的精神（胡荣生，2013；吉银翔，2013；范中健，2014）。[①] 生态文明是生态环境得到改善的成果，这一改善的过程是人类在长期发展物质文明过程中不断探索的成果，它的显著特征为人们的生态文明观念不断加强及人与自然和谐度提高。积极建设生态文明，是推动科学发展、促进社会和谐的必然要求和重要内容，也是推进区域经济协调发展的正确选择和现实途径。

一、生态文明建设是我国发展方式转型的迫切需要

改革开放三十多年来，通过充分发挥要素比较优势、积极参与全球国际分工、有效利用国际国内两种资源和两种市场，我国经济长期持续高速增长，2009 年经济规模跃居世界第三，创造了"中国奇迹"，成功实现了我国发展的阶段性战略目标。但是，传统的粗放型、成本竞争型经济增长方式已不能满足现实发展的需要，原因在于资源相对不足、环境承载能力较弱、大规模的工业化与城市化实现困难。目前，我国已成为全球最大的温室气体排放国和第二大能源消费国，生态环境局部好转但整体恶化的态势尚未得到根本扭转，生态环境事故频发。据新华网资料显示，我国生态环境事故主要如下：全国重金属污染事件频发、矿山开采造成山体严重毁坏、极端干旱带来巨大经济损失、职业病再次引发社会关注、许多城市遭

---

① 胡荣生：《生态文明建设与江西发展机遇——学习党的十八大报告体会》，《理论导报》2013 年第 2 期。

遇垃圾围城（新华网，2010）。①

因此，要克服我国转型时期资源短缺的"瓶颈"制约，解决环境污染和生态问题，必须坚定不移地走生态文明道路，加快生态文明建设。具体而言，就是切实建设资源节约型与环境友好型社会，加强资源节约和环境保护，促进经济结构调整和发展方式转变，培育新的经济增长点，提高全社会的环境意识和道德素质，维护中华民族的长远利益，为子孙后代留下良好的生存和发展空间。

二、加快推进生态文明建设的理论认识尚待深化

我国在生态文明建设实践中暴露出来的种种问题不仅反映了文明转向的艰难，也表明我们在生态文明的理论认识方面存在着偏差与不足。为了建设生态文明，必须优化产业结构、改变增长方式、改进消费模式，经济活动必须建立在能源资源节约和环境友好型的基础之上，以循环经济、低碳经济作为经济生活的常态和主导方式。传统工业文明模式下"经济人"假定必须让位于"生态经济人"假定；私人成本最小化、经济利润最大化经济标准必须让位于社会成本最小化、生态经济效益最大化的生态经济标准（李彦龙，2010）；② 应对气候环境生态危机的"工业文明+外部治理"模式必须让位于"生态环境内在化"的生态经济模式；物质极大丰富的高度物质化工业文明观必须让位于和谐、适度、友好、健康的生态文明观，从而实现党中央提出的"生态文明观念在全社会牢固树立"的奋斗目标。

值得注意的是，节能减排、生态修复、环境保护只是生态文明建设的重要组成部分，不是生态文明建设的全部，其本质仍然是"工业文明+节能减排""工业文明+生态修复+环境保护"（李章安，2016）。③ 但这种发展路径无法保证我国实现经济社会的现代化，无法保证实现全面建设小康社

---

① 新华网：《2009 年全国生态文明建设十大负面事件评出》，2010 年 2 月 6 日，见 http://news.xinhuanet.com/environment/2010-02/06/content_12945818.htm。

② 李彦龙：《"生态经济人"——生态文明的建设主体》，《经济研究导刊》2010 年第 15 期。

③ 李章安：《生态文明建设视角下环境保护的有效对策》，《工程技术：引文版》2016 年第 12 期。

会的奋斗目标，也无法实现中国的和平崛起和中华民族的伟大复兴，更无法实现人与自然的和谐相处与可持续发展。因此，需要从理论上厘清生态文明的认识，构建生态文明建设理论体系，以加快促进我国生态文明建设步伐。

三、加快推进生态文明建设为全面建设小康社会提供了新保障

党的十七大报告将加快推进生态文明建设纳入了全面建设小康社会的体系框架，指出"建设生态文明，基本形成节约能源资源和保护生态环境的产业结构、增长方式、消费模式"是全面建设小康社会的必要保障（沈晓春，2008）。[①] 我国小康社会的建设已从最初的片面强调经济绩效转向更加综合、系统、科学的评价发展成就，将"建设资源节约型、环境友好型社会放在工业化、现代化发展战略的突出位置"，并"落实到每个单位、每个家庭"的社会层面（李炜，2014）。[②] 加快推进生态文明建设，为2020年实现全面建设小康社会的奋斗目标奠定坚实的基础，为未来我国完成创新、转型、建设的艰巨任务，真正实现从工业文明向生态文明转变，真正建立起可持续发展的新型国民经济社会体系提供了坚定与坚实的保障。

四、加快推进生态文明建设是"中国模式"的新内涵

在改革开放的第一个三十年，我国很好地利用了丰富的人力资源和当时国际市场对一般工业品的巨大需求，通过激活土地、劳动力等传统生产要素，通过大规模的工业化和城市化，使国民经济取得了长足的发展，综合国力大幅度上升。然而，由于受新的国际地缘政治和国际产业分工，加之全球低碳发展意识的觉醒，传统的经济发展模式难以持续性的发展，必须寻求适合当今保护生态环境、依靠国民智力发展经济的新途径。我国幅

---

① 沈晓春：《坚持可持续发展，大力推进生态文明建设》，《乌蒙论坛》2008 年第 3 期。
② 李炜：《我国城市全面小康社会建设的短板与突破——基于科学发展评价指标对 16 个城市的分析》，《中国名城》2014 年第 8 期。

员辽阔，各地情况千差万别，单一的生态文明模式不可能适用于各个不同类型区域。因而，我国区域经济和经济地理学者们，尤其是那些长期以区域经济发展模式为研究对象的学者们，在研究生态文明发展模式的研究方面负有义不容辞的责任，特别是集中研究我国区域发展方式转变、产业结构升级转型以及区域经济的协调发展领域。

五、加快推进生态文明建设是实现区域统筹协调发展的新手段

生态文明建设在不同类型的区域，其在发展条件、任务、发展目标等方面存在着巨大的差异。一些落后地区工业文明开发强度低，拥有自然生态环境条件较好的优势，可以抓住生态文明建设的契机，探寻区域新的发展途径，从而实现落后地区的跨越式、可持续发展；发达地区自身经济实力较强，工业发展水平较高，可以通过技术创新、产业转型升级、体制机制优化、外部性内部化等途径寻求区域生态文明转型的新模式新路径。通过不同类型区域生态文明建设模式的研究，实现全国生态文明建设的区域突破，最终实现区域的统筹协调发展（倪外，2011）。[1]

---

[1]　倪外：《基于低碳经济的区域发展模式研究》，博士学位论文，华东师范大学，2011 年。

第二章　生态文明建设的理论基础

　　率先进入工业文明阶段的西方发达国家在"先污染、后治理"的传统工业化、现代化路径中也较早地认识到生态文明的问题，并从节能减排、经济发展要素革命、产业结构升级、消费理念与模式变革、增长方式转换、发展目标更新、可持续发展、循环经济、生态经济等方面对生态文明建设进行了不断深入的研究，形成了丰富多彩的生态文明理论观点和主张，对人们的思想观念与实践活动产生了广泛而深刻的影响。西方学者的理论对发展中国家开展相关研究和实践具有重要的指导和借鉴意义。但这些研究，基本上是立足于西方发达国家高度发达的生产力发展水平和成熟的现代市场经济体制基础之上的，研究的是后工业社会中的人与自然，经济、社会、生态、环境、管理等方面的协调关系，显然还不能完全照搬拿来指导我国生态文明建设与区域经济协调发展实践。

　　国内的相关研究总体上看处于对西方发达国家生态文明理论研究成果的引进、消化与吸收阶段，研究成果以实证性研究居多，从研究的脉络来看，自20世纪90年代以来，国内学术界的研究热点大致经历了可持续发展、增长方式转变、生态经济、循环经济、生态文明建设五个主要阶段。其中可以看出研究的视角经历了一个由"理念"到"建设"、由"单一性"向"综合性"转变的态势。就中国这样一个区域差异巨大、整体上处于工业化中期阶段的发展中人口大国而言，生态文明建设与区域经济协调发展需要按照"以人为本""五个统筹""全面协调可持续发展"的科学发展观和党的十七大报告确立的生态文明建设目标的指引，在生态环境与区域经济发展的关系问题上，实现从现有的"并行性外部协调观"向"内在一体统筹协调观"的变革（曾刚，2010）；[①] 就不同发展水平、不同发展阶段、发展基础和条件的区域生态文明建设与经济协调发展内在规律、发展模式、调控与协调机理、评价标准进行理论创新；就生态文明建设中不同主体功能区之间的区域协调发展问题进行深入研究。对这些重大问题，在国内学术界尚处于初步阶段，而这正是本课题研究所要着手进行的主要工作。

20 世纪中期以来人类历史上前所未有的、全球范围内的、大规模的工业化进程，实现了生产力和物质文明的大发展以及与之相适应的精神文明、政治文明的巨大进步。随着发达国家在 20 世纪后半叶先后进入后工业化时代，人们对生态环境质量的要求逐渐提高，自下而上的环境治理、生态保护蔚然成风。然而，部分发展中国家为了尽快摆脱贫穷落后局面，大力推动工业化，却在一定程度上加剧了全球生态环境危机。为了实现可持续发展的目标，并有效保护人类共同拥有的生态环境，世界各国政府在联合国等机构的号召下，积极通过采取限制高耗能、高污染、高排放产业发展，通过发展新能源，通过增加湿地等碳汇容量，通过鼓励低碳生活等低碳行动，来协调人与自然的关系，进而实现从传统工业文明阶段到现代生态文明的跃进。

第一节　生态文明基本架构

从横向的结构性基本要素规定的角度来看，生态文明首先意味着生态环境文明，即人们在改造客观物质世界的同时，积极改善人与自然、人与人的关系，不断克服改造过程中的负面效应，生态文明可看成是建设有序的生态运行机制和良好的生态环境所取得的物质、精神、制度三个方面成果的总和（范颖，2011）。[②] 按照唯物史观的社会结构理论，生态文明是一

①　曾刚：《基于生态文明的区域发展新模式与新路径》，《云南师范大学学报》（哲学社会科学版）2010 年第 5 期。
②　范颖：《中国特色生态文明建设研究》，硕士学位论文，武汉大学，2011 年。

种与物质文明、政治文明和精神文明并列的文明形式，四者共同构成了社会的文明系统。笔者认为，生态文明是由社会和谐、经济发展、环境友好、生态健康、管理科学五个方面的结构性基本要素所规定的，即以人为主体的社会系统、经济系统和自然生态系统在特定区域内通过协同作用而形成的"社会—经济—自然"全面发展型复合生态系统（SENCE），实现以上五个基本方面的结构性协调与功能性耦合（曾刚，2010）（见图2.1）。①

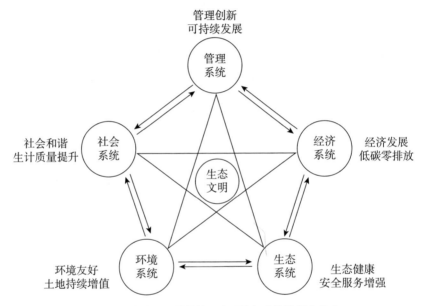

图 2.1　生态文明结构性要素系统与功能性耦合关系

资料来源：曾刚：《基于生态文明的区域发展新模式与新路径》，《云南师范大学学报》（哲学社会科学版）2010 年第 5 期。

一、社会和谐

生态文明建设的价值取向是在全面提高公民素质的基础上，实现社会和谐进步和居民生活质量的提升，并维系其可持续性。要控制人口规模和提高人口素质，引导和改变人们生活方式，实现资源节约型和环境友好型

---

① 曾刚：《基于生态文明的区域发展新模式与新路径》，《云南师范大学学报》（哲学社会科学版）2010 年第 5 期。

的社会，就需要将其日常生产、生活对环境的干扰影响降低到最低限度，实现人与自然环境的和谐。自然生态的保护是为了保护人类共同发展的环境，是为了实现人类代际的公平，而不顾人类发展的需求，追求纯生态平衡或保护，难以得到大众的支持，最终也难以实现。

生态文明建设中不仅要关注自然生态，也要关注社会生态；不仅要实现人和自然的和谐，也要实现人与人的和谐。人类发展与社会公平同为社会进步所追求的目标，其最高目标是全体社会成员的共同发展和每个人的全面发展。社会公平主要包括收入与财富的公平分配、基本的社会保障和个人的权利。在促进社会公平的过程中，应该优先考虑改善弱势群体的生存和发展条件，其中一个重要方面就是减少贫困。

二、经济发展

生态文明建设的物质基础就是经济发展，调整产业向生态化方向转型，提高资源利用效率，是生态文明建设中迫切需要关注的问题，如何改变已有的不利于环境友好和资源节约的经济增长方式，成为重中之重。生态环境问题因经济增长而生，同时也可以通过经济发展来不断促进和谐。

提高经济发展的生态效率是基于生态文明的经济发展的核心，如何提高经济发展的生态效率就成为重中之重，经济发展的生态效率主要以经济发展中的生态化水平来引导、控制经济发展的生态阈值与空间格局，从而达到提高资源利用的整体效率的目的。

从区域经济发展的"紧箍咒"变成"笼中鸟"，生态环境的重要性不言而喻。在生态不退化的前提下挖掘经济发展空间。生态文明视野下的生态环境保护既是经济发展的"紧箍咒"，更应该成为经济发展的"笼中鸟"。为了保证经济发展的空间，在生态不退化的前提下，单纯依靠"紧箍咒"无法实现经济与生态的协调发展，要挖掘经济的发展空间，"笼中鸟"策略的可行性较高（马涛、刘平养，2010）。[1]

---

① 马涛、刘平养：《崇明生态岛经济发展战略探讨》，《当代经济》2010年第11期。

自然资本实现经济价值。在生态环境不退化的前提下扩大经济产出，短期内可以通过淘汰落后产业、结构升级和区域调整实现，长期内则必须寻找自然资本的价值实现路径。也就是说，生态环境建设投入能够大幅度提升自然资源质量和数量，强化生态系统的服务功能，这部分收益应当尽可能市场化。

打造生态经济模式。实现经济发展水平高、生态环境质量高的有机统一是生态文明建设的最终目标。生态经济模式具体可以体现在生态产品与服务的品牌效应、生态环境技术输出与服务效益、低碳经济效益等方面。

三、环境友好

环境所代表的"气、水、微量元素养分（肥）、能量、空间"所构成的无机自然界，是生态文明建设的物理基础，基于生态文明的环境友好包括环境约束、环境质量、环境保护三大主题（贾建丽，2012）。[1]

环境约束体现在：主要大气污染物排放量（二氧化硫/颗粒物/二氧化碳）、机动车污染物排放总量、水污染物排放量（以化学需氧量计）、固体废物排放量（生活垃圾、工业固体废物、危险废物）、农用化肥施用程度、土地开发强度、有机/绿色农产品比重等方面。环境质量体现在：空气质量指数优良率、空气质量指数达到一级天数的比例，地表水功能区达标率、集中式饮用水水源地水质达标率、陆地水域面积占有率、噪声达标区覆盖率、土壤污染物含量、表层土中的重金属含量、城镇绿化率、森林覆盖率、物种多样性指数、居民环境满意度等方面（张东东、杜培军、夏俊士，2011）。[2] 环境保护体现在：清洁能源使用比重、城镇污水集中处理率、工业污水排放稳定达标率、规模化畜禽养殖场污水排放达标率、城镇生活垃圾无害化处理率、规模化畜禽养殖场粪便综合利用率、秸秆综合利用率、工业用水重复率、环保投入占 GDP 比重、ISO14001 认证企业比例等方面。

---

① 贾建丽：《环境土壤学》，化学工业出版社 2012 年版。

② 张东东、杜培军、夏俊士：《基于 RS 的徐州市区生态环境动态监测与评价分析》，《中国环境监测》2011 年第 5 期。

四、生态健康

生态功能主要包括自然生态系统的类型、结构、生态服务功能大小及质量水平。自然生态是人类须臾不能离开的系统，提供着新鲜空气、洁净水源、安全食品、多样性生物景观以及废弃物的生物分解服务，是生态文明建设的着力点。其基本的价值取向是实现生态结构的正向演替和优化，提高绿色产品的服务水平，维系生物多样性的可持续性，最大限度地规避外来物种侵害与灾变。

自然生态系统在接受人类呵护与保育、索取与干扰、正向诱导的前提下，遵从环境的自然变化规律，朝着有利于环境结构正向变化的方向演变，提供绿色服务，改善环境的要素结构，参与环境的元素循环，规避生态结构演变与发展的不确定性。

五、管理科学

管理活动的主体性地位在生态文明建设过程中是不可替代的，其主体性地位主要表现在它与社会、经济、环境及自然人文的生态而言，前者是生态文明建设的主体性活动，而其他四个方面则是受体性或客体性的活动。换言之，生态文明的社会建设活动、经济建设活动、环境建设活动以及自然人文的生态建设活动，都是生态文明管理的客体、对象和具体内容；而城市政府、企业、社团及社区等城市组织是生态文明管理的主体，这些城市组织不仅仅从事对生态文明建设的管理活动，他们对与生态文明息息相关的社会经济及环境建设等活动也进行管理。

生态文明建设管理不仅需要防止由于经济增长导向而导致的生态危机，而且也要防止由于生态主义导向而导致的社会经济停滞、滑坡或衰退以及持续贫困倾向；尤其是生态文明管理还需要以一般的生态化的社会建设、经济建设、环境建设以及自然人文的生态建设等为基础，开展实施综合的协调管理和宏观的战略性指导。

第二节　生态文明的理论体系

发达国家在 20 世纪 50 年代至 70 年代的经济高速增长以及发展中国家的兴起，标志着人类社会普遍进入大规模的工业化时代。在资源开发过程中，资源的开发方式主要是掠夺式的，从而造成了一系列的生态环境危机，如森林退化、全球气候变暖、资源枯竭、臭氧层破坏、土地沙漠化、环境激素泛滥等生态危机。一系列的生态环境危机的现实，促使众多学者研究探求新的区域发展模式，并且形成了以可持续发展为核心理念的生态文明建设理论基础，包括生态经济、循环经济、清洁生产以及产业生态学等内容。

国内生态文明理论研究主要分为五个阶段，早期更多的是以引进西方理论为主，国内学术界自 20 世纪 90 年代以来开展了一系列的研究，研究热点可以分为可持续发展领域（罗勇，2005）[①]、生态经济（曾刚等，2008；陈亮、王如松、王志理，2007）[②]、经济发展方式转变（傅允生，2007）[③]、循环经济（孙国强，2005）[④]、生态文明建设（宋林飞，2007；刘明、董仁才，2012）。[⑤] 金涌、冯之浚、陈定江（2010）等从循环经济的内涵、建设的层次，转型模式、工程与技术等角度对我国十余年循环经济发展的理论与实践进行了归纳总结。[⑥] 周生贤（2009）认为，生态文明从价值观念上来看，主要是以平等和人文关怀的态度对待自然；而生态文明从实践途径方面来看，更多地体现为一种生产生活方式，这种生产生活方式是自觉自律性的；生态文明从社会关系方面来看，有助于提升全社会的

①　罗勇：《区域经济可持续发展》，化学工业出版社 2005 年版。

②　陈亮、王如松、王志理：《2003 年中国省域社会—经济—自然复合生态系统生态位评价》，《应用生态学报》2007 年第 8 期。曾刚等：《生态经济的理论与实践——以上海崇明生态经济规划为例》，科学出版社 2008 年版。

③　傅允生：《资源约束变动与区域经济动态均衡发展》，《学术月刊》2007 年第 11 期。

④　孙国强：《循环经济的新范式》，清华大学出版社 2005 年版。

⑤　宋林飞：《生态文明理论与实践》，《南京社会科学》2007 年第 12 期。刘明、董仁才：《以现代科技文明引领城市生态文明建设》，《生态经济》2012 年第 2 期。

⑥　金涌、冯之浚、陈定江：《循环经济：理念与创新》，《中国工程科学》2010 年第 1 期。

和谐程度；生态文明从时间跨度上来看，不仅是长期的建设过程，而且是非常艰巨的建设过程。[①]

一、人地关系论

作为地理学的研究核心，人地关系地域系统不仅仅是区域可持续发展的理论基础，也是区域可持续发展由基础研究走向实践应用的理论基石（华红莲，2005）。[②] 卡尔·李特尔（Carl Ritter）基于人地关系的综合研究开创了近代地理学的研究，人地关系论经过一个多世纪的发展，成为可持续发展的最重要的理论基础之一。人地关系论发展到今天，其内涵可以概括为：在人地关系中人类利用自然界时要保持自然界的平衡与协调；要保持人类自身的平衡与协调；要保持人类与自然环境之间的平衡与协调（王恩涌等，2000）。[③]

（一）人地相关论与人地协调论

20世纪20年代法国布拉什（de la Blache）和布吕纳（Brunhes）等学者认为人同地的关系是相互的，人地关系的相关性与人地协调发展。英国学者罗士培（P. M. Roxby）在1930年发展了人地关系中人对环境的认识和适应的思想，认为人地关系应包含两个方面的含义：一是人们对其周围自然环境的适应，二是一定区域内人和环境之间的相互作用。他认为人类需主动地、不断地适应环境对人类的限制，并第一次创新性地提出了"协调"的思想，这种协调是人类有意识地对人地关系的协调，实际上是一种不断地调整。

（二）吴传钧人地关系思想

吴传钧院士关于人地关系思想最早来源于法国人地学派代表人物布拉什和布吕纳提出的人地关系"或然论"（陆大道、郭来喜，1998）。[④] 人地系统是一个复杂的巨系统，这个大系统是人类活动与地理环境相互作用形

---

① 周生贤：《积极建设生态文明》，《求是》2009年第22期。
② 华红莲：《云南省生态足迹时空结构的初步研究》，硕士学位论文，云南师范大学，2005年。
③ 王恩涌等：《人文地理学》，高等教育出版社2000年版。
④ 陆大道、郭来喜：《地理学的研究核心——人地关系地域系统——论吴传钧院士的地理学思想与学术贡献》，《地理学报》1998年第2期。

成的结果（吴传钧，1998）。[①] 在这个复杂巨系统中，从古代的"天人合一"思想到近代的人地关系协调思想，升华到现代的"可持续发展"理论（方创琳，2004），[②] 人始终占据主导地位，人与地关系矛盾的协调过程一直是地理学和其他相关科学重点研究的综合课题（毛汉英，1995）。[③] 我国著名人文地理学家吴传钧院士将人地关系的思想完整地引入到我国地理学的基础理论之中，创造性地提出"人地关系地域系统"这一科学术语，提出和论证了人地关系地域系统已成为人文地理学理论研究的重点领域（张艳粉，2013）。[④]

（三）新型人地关系理论

人地关系理论内容逐渐完善，目前已形成新型的人地关系理论体系，这个理论体系主要包括人地系统危机冲突异化理论、新型人地系统协调共生与耦合优化理论、人地关系分形辩证与系统构型理论等内容。

1. 人地系统危机冲突异化理论

人地系统危机冲突异化理论主要包括人地危机冲突论和人地关系异化论。人地复合系统中的人类活动与地球环境是两大对立因子，复合系统的运行过程和演进方向取决于该系统的相互依存性和制约性，人地关系之所以会出现危机与这两者间的关系不协调也密切相关（李铁锋，1996）。[⑤] 人地冲突产生的人类生存危机呈现出危机综合化、危机全球化和危机深层化的趋势，这也是当代人地关系的突出问题，实际上可看成是历史积淀的现实转嫁和当前阶段的进一步扩展和加剧的结果（王爱民、缪磊磊，2000）。[⑥] 方修琦、张兰生（1996）认为，人类历史上发生的重大变革导致了多次人地关系异化过程，这些变革包括工具与火的使用、农业革命、工

① 吴传钧：《人地关系与经济布局》，学苑出版社1998年版。

② 方创琳：《中国人地关系研究的新进展与展望》，《地理学报》2004年第S1期。

③ 毛汉英：《人地系统与区域持续发展研究》，中国科学技术出版社1995年版。

④ 张艳粉：《农村居民点时空演变及布局优化研究——以河南省巩义市为例》，硕士学位论文，河南农业大学，2013年。

⑤ 李铁锋：《论人地关系危机与地球科学》，《河北地质学院学报》1996年第6期。

⑥ 王爱民、缪磊磊：《冲突与反省——嬗变中的当代人地关系思考》，《科学·经济·社会》2000年第79期。

业革命等，这些重大变革在改变人地系统的同时，伴随而来的资源环境问题也发生着巨大的变化，人地关系的异化也导致了可持续发展的危机。①

人类的生产生活逐渐超越了地球环境所能承受的阈值，人类的经济活动与地球生态环境之间呈现出巨大的差异和较大的失衡，二者发展的不匹配对生态系统构成了极大的威胁（王长征、刘毅，2004）。② 这也使得人地系统脆弱性不断加强，具有敏感性、不稳定性、易损失性等特征（那伟、刘继生，2007）。③ 孔翔、陆韬（2010）认为人地相互作用中的关键性链接因素是地域人口的社会、经济结构，因此对人口结构进行优化将有助于区域的健康和持续发展。④

2. 新型人地系统协调共生与耦合优化理论

新型人地系统协调共生与耦合优化理论包括人地关系协同论、人地差异协同论、人地系统优化论、人地协调阶段论、人地协调共生论等理论（方创琳，2004）。⑤

李小建等（2012）认为文明的产生与扩散是人地相互作用的反映，不同的文明与不同的地理环境密切相关，不同发展阶段的文明又反映了不同类别的地理要素的组合及其共同作用。⑥ 蔡运龙（1995）认为实现持续发展是人地系统优化的新思路，即将人类需求控制在系统承载力之内，使自然资源的再生产社会化，以市场机制协调资源供需矛盾。⑦ 方创琳（2003）把人地系统优化的对象结构确定为由人口、资源、生态、环境、经济、社会六大要素互动协调组成的 PREEES 系统和六大要素共同得以发展而形成的发展系统之间的高度耦合，由此将以人为本作为人地系统优化调控的切入点，将人的意识建设作为人地系统优化调控的重中之重，把和谐发展至

---

①　方修琦、张兰生：《论人地关系的异化与人地系统研究》，《人文地理》1996 年第 4 期。

②　王长征、刘毅：《人地关系时空特性分析》，《地域研究与开发》2004 年第 1 期。

③　那伟、刘继生：《矿业城市人地系统的脆弱性及其评价体系》，《城市问题》2007 年第 7 期。

④　孔翔、陆韬：《传统地域文化形成中的人地关系作用机制初探——以徽州文化为例》，《人文地理》2010 年第 3 期。

⑤　方创琳：《中国人地关系研究的新进展与展望》，《地理学报》2004 年第 S1 期。

⑥　李小建、许家伟、任星等：《黄河沿岸人地关系与发展》，《人文地理》2012 年第 1 期。

⑦　蔡运龙：《持续发展——人地系统优化的新思路》，《应用生态学报》1995 年第 3 期。

上确定为人地系统优化调控的目标点，把模拟人地"最佳距离"视为区域人地系统优化调控的动态机理，把区域定位与空间共生作为人地系统空间结构优化调控的重点。① 李后强、艾南山（1996）基于哈肯的协同学说提出了"人地协同论"，将人地关系模型化，以便进行定量分析研究和作出预测预报，强调人地协同论是研究人类与自然之间和谐共存、反馈与制约、利用与合作、发展与协调等系列关系及规律的科学，是涉及众多学科领域的综合性横断学科。②

王义民（2006）认为区域具有层次和结构，不同类别的区域、同一类别区域的不同层次，人地关系演变和面临的矛盾受不同规律支配。③ 潘玉君、李天瑞（1995）认为社会经济发展同人口增长、资源消耗、环境退化之间矛盾的根源在于人地冲突，而解决的基本出路是人地关系地域系统的协调共生。④ 方创琳（2004）认为人地关系地域系统作为远离平衡态的开放系统，形成耗散结构的过程靠因开放而不断向其内输入低熵能量物质和信息，产生负熵流而得以维持。⑤ 郭跃、王佐成（2001）阐述了文明史前、农业文明、工业革命、信息革命各阶段的人地关系表现形式及其社会技术背景，提出当前信息革命时期的人地关系应当是以知识经济为前提、以可持续发展理论为基础的人地协调发展阶段。⑥

3. 人地关系分形辩证与系统构型理论

傅祖德（1999）用辩证法观点将人地关系解释为以辩证唯物主义和历史唯物主义的理论为指导探索人类社会与地理环境的辩证统一关系，认为人类社会在不同发展阶段所出现的质的差异，体现为人际关系的差异和人

---

① 方创琳：《区域人地系统的优化调控与可持续发展》，《地学前缘》2003 年第 4 期。
② 李后强、艾南山：《人地协同论——兼论人地系统的若干非线性动力学问题》，《地球科学进展》1996 年第 2 期。
③ 王义民：《论人地关系优化调控的区域层次》，《地域研究与开发》2006 年第 2 期。
④ 潘玉君、李天瑞：《困境与出路——全球问题与人地共生》，《自然辩证法研究》1995 年第 6 期。
⑤ 方创琳：《中国人地关系研究的新进展与展望》，《地理学报》2004 年第 S1 期。
⑥ 郭跃、王佐成：《历史演进中的人地关系》，《重庆师范学院学报》（自然科学版）2001 年第 1 期。

地关系的差异。① 王黎明（1997）在总结各种人地关系系统构型理论的基础上，提出了面向区域 PRED 问题的人地关系系统构型理论，认为 PRED 构型具有针对性、综合性、地域性、动态性和可调控性等特征，分析了 PRED 构型的基本方法与工作步骤，提出了集成化、变结构、多层次、多区域化的 PRED 模型系统设计思想。② 郭晓佳等（2010）以能值分析理论为基础，选取能够充分反映人地系统的主要能值指标，对人地系统的物质代谢和生态效率（即可持续性状态）进行了定量分析研究。③

二、复合生态系统论

复合生态系统指的是包括经济、社会和自然三个方面内容的一个生态系统，这个概念最早是由马世骏先生所提出。该系统更加注重三者的协调，三者兼顾实现区域的成功发展。"社会—经济—自然复合生态系统（SENCE）"指的是以人为主体的社会系统、经济系统和自然生态系统在特定区域内通过协同作用而形成的复合系统，即以人的行为为主导、资源流动为命脉、自然环境为依托、社会体制为经络，人与自然相互依存、共生的复合体系。复合生态系统由自然子系统、社会子系统和经济子系统耦合所构成（见图 2.2）。

在图 2.2 中，自然、经济、社会三个子系统各自特色鲜明。自然子系统是指人类周围的自然界，由环境要素和资源要素组成；经济子系统是一个复杂的耦合系统，包括从生产到消费过程的各个方面，同时还包括这一过程中的管控者；社会子系统也是一个复杂的耦合系统，主要包括政治、科技、文化等。

人类是社会经济自然复合生态系统的调控者，也是社会—经济—自然复合生态系统的核心，在社会经济自然复合生态系统的形成、演变和发展

---

① 傅祖德：《人地关系辩证法序言》，《福建地理》1999 年第 1 期。

② 王黎明：《面向 PRED 问题的人地关系系统构型理论与方法研究》，《地理研究》1997 年第 2 期。

③ 郭晓佳、陈兴鹏、张满银：《甘肃少数民族地区人地系统物质代谢和生态效率研究——基于能值分析理论》，《干旱区资源与环境》2010 年第 7 期。

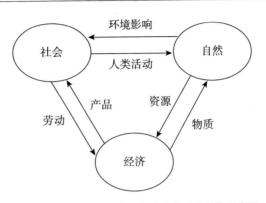

图 2.2　社会—经济—自然复合生态系统结构示意图

过程中，扮演着决定性的作用。生态系统也就是自然系统，是复合生态系统理论的重要关键点，涉及生态学与社会学的众多方面（徐惠民等，2014）。① 自然和社会两个方面是复合生态系统演替的核心动力。复合生态系统理论适用于对区域可持续发展的现状进行系统分析和评价，从社会、经济和环境三个子系统的角度分别进行衡量，从而对复合生态系统的综合发展水平进行评价（王亚力、吴云超，2014）。② 根据评价结果的表现形式，又可以分为综合指数法和单一要素法。综合指数法是指用一个无量纲数值表示的可持续发展程度，例如海南岛生态指数；单要素表示法是指将所有要素用同样的单位进行汇总，例如绿色 GDP 核算法，将所有的要素转化为货币来表示；再如生态足迹法，将所有的要素转化为生产性土地面积（杨晓庆、李升峰、朱继业，2014；汪运波、肖建红，2014）。③

　　从分析方法上看，系统的层次分析方法（AHP）、网络分析法（ANP）是较为常用的分析复合生态系统的方法。层次分析法的基本假设是可以将复杂决策问题分为若干层次，各个层次间没有包含和相互支配的关系，在

　　① 徐惠民、丁德文、石洪华等：《基于复合生态系统理论的海洋生态监控区区划指标框架研究》，《生态学报》2014 年第 1 期。

　　② 王亚力、吴云超：《复合生态系统理论下的城市化现象透视》，《商业时代》2014 年第 6 期。

　　③ 杨晓庆、李升峰、朱继业：《基于绿色 GDP 的江苏省资源环境损失价值核算》，《生态与农村环境学报》2014 年第 4 期。汪运波、肖建红：《基于生态足迹成分法的海岛型旅游目的地生态补偿标准研究》，《中国人口·资源与环境》2014 年第 8 期。

内部各个元素之间是相互独立存在的。虽然这种结构比较简单且易于处理，但它也存在一些缺憾，例如，它未能考虑到不同决策层或同一层次之间的相互影响，只强调各层之间的单向关系，即下一层对上一层的影响。但实际中，在对总目标层进行逐层分解时，层次内部的各个元素又不是相互独立存在的，且具有一定相互依赖的关系，有时甚至还会出现元素间的支配关系，这种支配一般表现为低层次对高层次的支配。这时，层次分析方法模型就显得无能为力。为适应这种需要，在层次分析方法基础上网络分析法就被提出来了。

相对于层次分析方法递阶层次结构来讲，网络分析法拥有较为复杂的层次结构，内部的依赖性与支配特性较为明显（见图2.3）。正是这些特点，才使得网络分析法成为分析复合生态系统的有效工具。

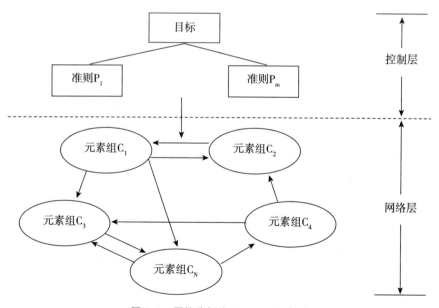

图2.3 网络分析法（ANP）示意图

如前文所述，复合生态系统是一个复杂的系统，这个系统是由几个子系统在某一特定的界限内的协同耦合而成，子系统主要包括经济、社会和自然。也可以认为复合生态系统表现的是人与自然的关系，这种关系主要表现为依赖和共生的关系，是一种复合体系。

三、生态区域论

曾刚（2010）指出，所谓"生态区域"，就是指一定地域范围内由社会、经济、环境要素构成的复合生态系统。它以人为主体，具有生产、生活和生态还原功能，并可以通过协调社会、经济和环境的发展和区域布局进行一定程度的人为控制。① 在生态区域建设过程中，必须特别关注人的核心价值。人类是实现各项功能的主体，也是制约各项功能的主体。人类生产活动实现了区域的生产功能，创造的生活资料和生产资料又为社会生活和进一步的生产活动提供了可能，从而形成良性循环。

生态区域是一个开放的动态系统，随着区域所处内外部条件改变而不断变化，具体可以表现为生态省、生态城市、生态县、生态镇、生态岛等（曾刚，2010）。生态区域论有效地将相关的具体理论研究有机整合到一个系统的理论分析框架之下，如生态城市理论。苏联生态学家亚尼科斯基（O. Yanitsky）率先提出了生态城市概念并指出，生态城市是技术和自然充分融合、以循环经济为基础的发展模式。之后澳大利亚城市生态协会、联合国人与生物圈计划以及欧盟相关组织相继提出了建设生态城市的原则。国内生态学者王如松（2004）指出生态城市的建设必须满足人类生态学的满意原则、经济生态学的高效原则、自然生态学的和谐原则等。② 如今，国外研究注重生态城市的设计特征和技术特征，重视解决现实具体问题，重视理论与实践的结合，应用价值突出，但系统性较差。而国内学者则注重生态城市与中国传统文化的结合，注重整体性，系统性强，但应用性稍弱，而生态文明与区域发展的指标体系建立与实施可弥补其不足（曾刚，2010）。

---

① 曾刚：《基于生态文明的区域发展新模式与新路径》，《云南师范大学学报》（哲学社会科学版）2010 年第 5 期。

② 王如松：《中国的生态市建设》，《AMBIO—人类环境杂志》2004 年第 6 期。

四、区域创新系统理论

一般而言，创新系统理论包括两个空间尺度的创新系统，即国家和区域。根据学者们的研究，国家创新系统是区域创新系统的基石。创新系统是一个繁杂的、较大的系统，在这个系统内，任何一个部分的变动都会对系统的整体功能产生重要的影响，因而系统内的各部分必须协调、均衡地发展。同时，区域创新系统具有提升区域创新能力、加快经济增长方式转型、优化区域产业结构、发掘区域后发优势、培育产业竞争优势、推动区域可持续发展等作用。而以系统化创新推进区域发展，并不违背区域发展和国际竞争的发展规律，还符合知识经济和网络经济背景下的区域发展规律，是当前历史条件下推进区域经济建设，加强区域协同创新的必然选择。

（一）国家创新系统理论

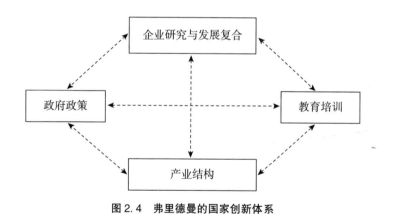

图 2.4　弗里德曼的国家创新体系

资料来源：Freeman C., *Technical Innovation*, *Diffusion*, *and Long Cycle of Economic Development*, *The Long-Wave Debate*, Springer Berlin Heidelberg, 1987。

弗里德曼的国家创新系统理论特别强调国家专有因素对于一国经济发展绩效的影响，更加侧重于分析技术创新与国家经济发展绩效之间的关系（见图 2.4）。

经济合作与发展组织（OECD）认为国家创新系统是"由公共部门和

私营部门的各种机构组成的网络"（见图2.5），实际上，创新不是简单的过程，而是创新行为主体间和研究机构间相互作用的结果。一般认为，在国家创新系统中，企业、科研机构和高校、中介机构是国家创新体系中的行为主体，知识流动则是创新体系中所关注的核心问题（OECD，1997）。[①]

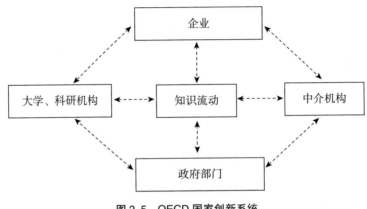

图2.5　OECD 国家创新系统

资料来源：OECD, *National Innovation Systems*, OECD, 1997。

（二）区域创新系统理论

库克（Cooke）主编的《区域创新系统：全球化背景下区域政府管理的作用》中指出，区域创新系统是由地理上相互分工与关联的生产企业、研究机构和高等教育机构等构成的区域性组织系统，该系统支持并产生创新。

对于区域创新系统结构，早在20世纪90年代初，豪厄尔斯（Howells）将区域创新系统的分析要素归纳为：地方特色产业的长期发展、地方政府官僚结构、产业结构的核心和外围以及创新绩效等。奥迪欧（Autio，1998）较早研究了区域创新系统的结构，他指出区域创新系统主要由根植于同一区域社会经济和文化环境中的知识应用和开发、知识生产和扩散这

---

① OECD, *National Innovation Systems*, OECD, 1997.

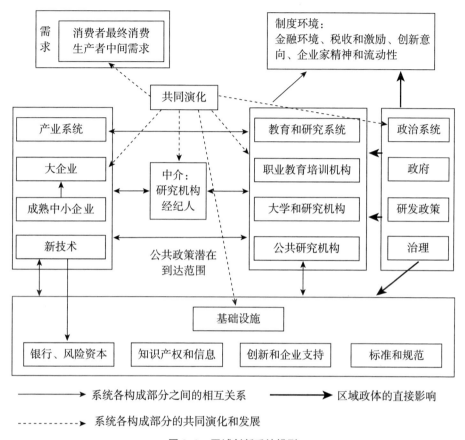

图2.6　区域创新系统模型

资料来源：Autio E.，"Evaluation of RTD in Regional Systems of Innovation"，*European Planning Studies*，No. 2，1998。

两个子系统构成（见图2.6）。① 区域创新系统内的机构主要包括研究机构、大学、技术转移机构等。在奥迪欧（1998）的理论基础上，库克（2002）也提出了类似的区域创新系统结构，他从知识应用及开发子系统、知识产生和扩散子系统、区域社会经济和文化基础、外部因素来构筑区域

---

① Autio E.，"Evaluation of RTD in Regional Systems of Innovation"，*European Planning Studies*，No. 2，1998.

创新系统。① 该模型从知识系统的角度出发对区域创新系统结构进行研究，很好地揭示了创新系统的本质（见图 2.7）。

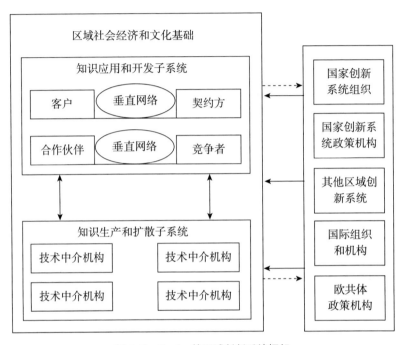

图 2.7　Cooke 的区域创新系统框架

资料来源：Cooke P., "Regional Innovation Systems: General Findings and Some New Evidence Form Biotechnology Clusters", *Journal of Technology Transfer*, No.1, 2002。

随着世界范围内掀起了关于区域创新系统研究的热潮，我国的学者也从 20 世纪 90 年代末开始，在国家创新系统框架内关注区域创新系统的研究。胡志坚、苏靖（1999）认为，区域创新系统由主体要素、功能要素和环境要素三部分构成。② 任胜钢、关涛（2006）则认为区域创新系统由政府、产业体系、创新环境、知识创新体系、中介组织五大体系构成。③ 图

---

① Cooke P., "Regional Innovation Systems: General Findings and Some New Evidence Form Bio-technology Clusters", *Journal of Technology Transfer*, No.1, 2002.

② 胡志坚、苏靖：《区域创新系统理论的提出与发展》，《中国科技论坛》1999 年第 6 期。

③ 任胜钢、关涛：《区域创新系统内涵研究框架探讨》，《软科学》2006 年第 4 期。

2.8 形象地展现了创新主体之间的互动关系，构成区域创新系统五大体系的各自特征和运行机制，以及知识在各个要素之间流转和传播的过程。

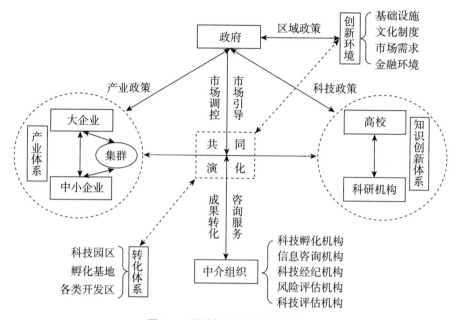

图2.8 区域创新系统的研究框架

资料来源：任胜钢、关涛：《区域创新系统内涵研究框架探讨》，《软科学》2006年第4期。

第三节 生态文明分析方法

从国内外学术界研究现状来看，当前在生态文明建设状态、进程的定量分析领域，主要有以下三种分析方法较为流行，即"压力—状态—响应"模型、生态足迹等，在此基础上构建各种评价分析指标体系，用以规范、引领、调控区域生态文明的建设。

一、压力—状态—响应模型

自1992年联合国环境与发展大会后，各国际组织、各国政府和学术团体对如何度量可持续发展日益关注（谢邦生，2005）。① 人类从自然中获取物质和能量，人类活动对自然环境产生压力；反过来，可以通过改变行为、制定环境政策、经济政策对压力所导致的变化作出响应。经合组织（OECD）于 1994 年提出了支撑可持续发展指标体系的"压力—状态—响应"（Pressure-State-Response，PSR）概念框架（见图 2.9）。

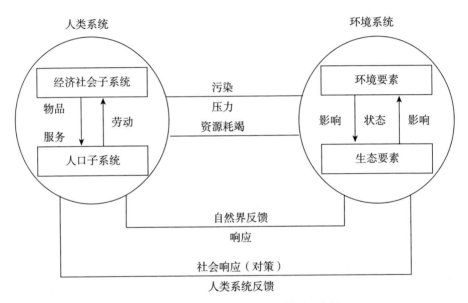

图 2.9　"压力—状态—响应"模型示意图

资料来源：OECD, *National Innovation Systems*, OECD, 1994。

与"压力—状态—响应"模型类似的模型还有经合组织（OECD）1996 年提出的"驱动力—状态—响应"模型（Driving force - State - Response，DSR）（见图 2.10）、"驱动力—压力—状态—暴露—影响—响应"模型（Driving force-Pressure-State-Exposure- Effect-Action，DPSEEA；Corválan，1996）、欧洲环境署（European Environment Agency，EEA，1998）提出的"驱动力—压力—状态—影响—响应"模型（Driving force-

---

① 谢邦生：《可持续发展战略下企业环境业绩评价研究》，硕士学位论文，福建农林大学，2005 年。

Pressure-State-Impact-Response, DPSTR)。

"压力—状态—响应"模型在目前的生态评价方法中，应用最为广泛，随着人们对生态文明认识的不断深化，"压力—状态—响应"模型开始注重生态过程评价，与生态预测及预警研究相结合，并将生态保障、维护与管理研究纳入其范畴。"压力—状态—响应"模型适合对可持续发展的脉络、演化过程进行综合评价，许多学者将"压力—状态—响应"模型应用于生态区域评价，取得了较好的效果。

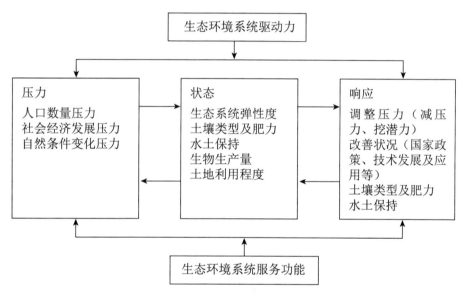

图 2.10 "驱动力—状态—响应"模型示意图

资料来源：OECD, *National Innovation Systems*, OECD, 1996。

二、生态文明评价指标体系

对生态文明程度进行定量化分析评价是近年来一些国际机构、学术团体和学者持续不懈的追求，并取得了很大的研究进展。但是，被全社会所普遍承认的生态文明评价指标体系尚不存在。

（一）代表性的指标体系

通过相关研究文献的梳理和总结，现阶段主要关于可持续发展的指标体系和生态文明评价指标体系如表 2.1 所示。

表 2.1　主要可持续发展指标体系/生态文明水平评价指标体系概要

类型	指标体系	具体内容
系统型	驱动力—状态—响应指标体系（DSR）	联合国可持续发展委员会（UNCSD）提出，分社会、经济、环境、制度四个系统
	可持续能力指标体系（SC）	中国科学院可持续发展研究组把可持续发展的指标体系分为总体层、系统层、状态层、变量层和要素层 5 个等级、208 个要素指标
	中国可持续发展指标体系	根据国务院发布的《中国 21 世纪议程》，国家科技部中国 21 世纪议程管理中心于 2004 年构建了中国可持续发展指标体系。该体系包括目标层、基准层 1、基准层 2 和指标层。在指标层上分别设置了描述性指标体系和评价性指标体系。描述性指标共计 196 个，评价性指标 100 个
社会型	人文发展指标（HDI）	联合国开发计划署（UNDP）于 1990 年首次把教育水平、预期寿命和收入状况三个指标综合成一个单一的国家人类发展尺度，提出人类发展指数 HDI
经济型	国家财富评价指标体系（NW）	世界银行于 1995 年提出以自然资本、生产资本、人力资本和社会资本四大要素来评价各国或地区的实际财富以及可持续发展能力随时间的动态变化
	可持续经济福利指标（SEW）	西方著名经济学家赫曼戴利和神学家约翰科布（Daly & Cobb）于 1989 年提出可持续经济福利指标。该指标不仅考虑了平均消费，也考虑了收入的分配和环境的退化，还考虑了全球变暖和臭氧层破坏带来的后果等因素
	绿色 GNP	由皮尔斯（Pearce）等人于 1993 年对传统国民经济核算方法进行修正的核算体系，即用传统的国民生产总值减去自然资本消耗和退化得到绿色 GNP
环境型	环境可持续发展指标体系	由环境问题科学委员会（SCOPE）于 1995 年创建，该指标体系综合程度高，包括环境、自然资源、自然系统、空气和水污染四个层面，由 25 个指标组成的可持续发展指标体系框架
生态型	生态服务指标体系（ES）	康斯坦萨（Constanza）等人于 1997 年在《自然》（Nature）上提出，首次系统地测算了全球自然环境为人类所提供服务的价值

类型	指标体系	具体内容
生态型	生态足迹（EF）	加拿大生态经济学家威廉·里斯（William Rees）和瓦克纳格尔（Wackernagel）提出并完善的一种衡量人类对自然资源利用程度以及自然界为人类提供的生命支持服务功能的方法

资料来源：曾刚：《基于生态文明的区域发展新模式与新路径》，《云南师范大学学报》（哲学社会科学版）2010 年第 5 期。

此外，国内还有许多学者对生态文明/可持续发展的定量评价分析问题展开了一系列研究。廖福霖（2001）提出了一套基于生态城市结构、功能和协调的生态城市综合评价指标。[①] 张志强（1994）提出"PRED（人口、资源、环境和发展）指标体系结构"，共包含 55 项指标，从人口、资源、环境、发展等方面来评价中国可持续发展状况。[②] 很多研究机构、研究部门也从不同的角度，不同的层次、领域和区域对可持续发展指标体系、评价模型和方法方面展开了积极的研究，并取得了很多成果。杨开忠（2009）以生态绩效定义经济发展的生态文明水平，以 GDP、人口规模、人均 GDP、劳动生产率、产业结构、城市化水平、经济能耗、人均生态足迹等作为核心指标建立了指标体系，并以此为依据，评价全国各省市的区域生态文明发展水平。[③] 樊杰（2007）构建了一套系统的我国主体功能区评价指标体系，将我国分为优化开发区、重点开发区、限制开发区、禁止开发区四种类型，较好地体现了对区域经济发展、生态保护、民生福利改善多重目标的追求。[④] 对应于主体功能区，胡忠俊等（2008）设立了全面发展、协调发展和可持续发展 3 大指数，51 个基本指标构建了区域经济社

[①] 廖福霖：《生态文明建设理论与实践》，中国林业出版社 2001 年版。

[②] 张志强：《区域可持续发展的理论与方法》，《中国人口·资源与环境》1994 年第 3 期。

[③] 杨开忠：《谁的生态最文明——中国各省区市生态文明大排名》，《中国经济周刊》2009 年第 32 期。

[④] 樊杰：《解析我国区域协调发展的制约因素探究全国主体功能区规划的重要作用》，《战略与决策研究》2007 年第 3 期。

会发展综合评价指标体系。① 严耕等（2009）从生态活力、环境质量、社会发展、协调程度4个核心领域，以22项具体指标对各省（自治区、直辖市）2005年至2007年的生态文明建设情况进行了综合评价。②

总体而言，基于生态文明评价指标体系研究虽日益趋向成熟和完善，但存在一定不足，忽略预警与调控、动态性不够、通用性不强、缺少主观指标等突出问题（刘峰，2013），③ 涉及生物多样性低、结构复杂、内容丰富、物质流动强度大和人口密度高的区域，更加难以客观和准确地评价（傅晓华、赵运林，2008）。④

（二）曾刚ESEEG生态文明综合评价指标体系

曾刚（2010）基于地域复合生态系统理论，建立了生态文明建设综合评价指标体系（ESEEG），包含经济、社会、生态、环境、管理5个专题领域、15个评价主题、24个核心指标。该研究采用分层结构，构建"五、三、X"指标体系。⑤

第一层次（A层）为专题领域，根据复合生态系统理论，将指标体系分为社会和谐、经济发展、环境友好、生态健康、管理科学五个方面，以专项指数的形式体现，反映建设总体进程，满足政府高层决策、宏观调控的需求。

第二层次（B层）为评价主题，依据"压力—状态—响应"（PSR）模型理论，为每个领域设计三个评价主题，彼此间相互促进形成互动关系，构建起复合互动的三角形架构，实现建设行动的相对稳定性，维系其可持续性。评价主题以评价指数的形式体现，满足政府相关职能部门监督管理、引导方向的需求（见表2.2）。

---

① 胡忠俊、姜翔程、刘蕾：《区域经济社会发展综合评价指标体系的构建》，《统计与决策》2008年第30期。
② 严耕等：《中国省级生态文明建设评价报告》，《中国行政管理》2009年第11期。
③ 刘峰：《构建宁德生态文明建设指标体系及实证分析》，《经济研究导刊》2013年第6期。
④ 傅晓华、赵运林：《可持续发展视域下的城市生态探微》，《城市发展研究》2008年第1期。
⑤ 曾刚：《基于生态文明的区域发展新模式与新路径》，《云南师范大学学报》（哲学社会科学版）2010年第5期。

表2.2　生态文明建设指标体系评价主题设计

专题领域 A	评价主题 B	设计依据
社会和谐 A1	社会安全 B1	是人类社会发展的共性要求，关注社会生态，保障社会成员共同发展和全面发展的权利
	生计质量 B2	关注民生，不断提高居民物质文化生活水平是社会和谐发展的本质要求和根本目的
	社会进步 B3	人文素质、教育科技是推动社会经济发展的原动力，为生态文明建设提供强有力支持
经济发展 A2	产业模式 B4	引导生态化的产业发展模式，调控经济发展的生态阈值与空间格局
	经济绩效 B5	衡量经济发展水平，实现"生态经济"又好又快发展
	资源效率 B6	体现经济发展效率，引导经济发展过程中资源利用效率向国际领先水平靠近
环境友好 A3	环境压力 B7	反映区域发展的环境约束条件，以环境污染物排放水平或强度等指标来衡量
	环境质量 B8	表征区域环境状态，围绕舒适健康的人居环境要求，衡量评估生态
	环境保护 B9	从污染防治角度，引导、规范污染治理行为，体现生态文明建设的环境保护
生态健康 A4	生态风险 B10	反映区域面临的生态压力，是生态文明建设首要考虑的前提与基础
	生态安全 B11	表征区域生态系统所处"状态"，生态系统健康状态是提供生态服务功能的基础
	生态保障 B12	从主动性考虑，通过人为的干预、修复与重建，用以改善和提高生态系统的结构和功能
管理科学 A5	管理能力 B13	是可持续发展的基本能力，涵盖了科学决策、创新示范、法治保障等方面的能力
	管理机制 B14	是可持续发展的运行机理和实现方式，是基于提高管理能力的运行机制保障
	公众参与 B15	是可持续发展管理能力外延式的管理机制，本质上是一种民主机制

资料来源：曾刚：《基于生态文明的区域发展新模式与新路径》，《云南师范大学学报》（哲学社会科学版）2010 年第 5 期。

第三层次（C层）为具体指标，筛选反映评价主题核心内容的若干具体指标。该层依据世界先进标准，参照现有国内外研究和区域特色，根据简洁明了的原则，精练了由24个核心指标组成的指标集。其中，每个主题对应指标集里的 X 个指标（见表2.3）。最终，具体指标以数值的形式体现，满足生态文明衡量标准量化、建设行为规范化的需要。

表2.3　指标体系核心指标及贡献率

领域 A 及编码	主题 B 及编码	核心指标 C 及编码		贡献率（%）
社会和谐 A1（12%）	社会安全 B1	城市生命线完好率（%）	C1	4
	生计质量 B2	调查失业率（%）	C2	4
	社会进步 B3	人均社会事业发展财政支出（万元）	C3	4
经济发展 A2（15%）	产业模式 B4	主要农产品中有机、绿色和无公害农产品种植面积的比重（%）	C4	3
		现代服务业增加值占 GDP 比重（%）	C5	2
	经济绩效 B5	园区单位面积产出率（万元/亩）	C6	5
	资源效率 B6	单位 GDP 能耗（吨标准煤/万元）	C7	5
环境友好 A3（30%）	环境压力 B7	化学需氧量排放量（万吨）	C8	5
		土地开发强度（%）	C9	5
	环境质量 B8	空气 API 指数达到一级天数比例（%）	C10	3
		骨干河道功能区达标率（%）	C11	4
		土壤内梅罗指数（%）	C12	3
	环境保护 B9	园区外污染行业工业企业所占比例（%）	C13	3
		城镇污水处理率（%）	C14	4
		太阳能/风能占能源使用比例（%）	C15	3
生态健康 A4（30）	生态风险 B10	自然灾害损失率（%）	C16	6
		占全球种群数量1%以上的水鸟物种数	C17	4
	生态安全 B11	自然湿地保有率（%）	C18	6
		饮用水水源地达标率（%）	C19	4
	生态保障 B12	森林覆盖率（%）	C20	6
		城镇人均公共绿地面积（平方米）	C21	4

续表

领域 A 及编码	主题 B 及编码	核心指标 C 及编码		贡献率（%）
管理科学 A5（13%）	管理能力 B13	环境优美乡镇占比（%）	C22	5
	管理机制 B14	实绩考核环保绩效权重（%）	C23	4
	公众参与 B15	公众对环境满意率（%）	C24	4

资料来源：曾刚：《基于生态文明的区域发展新模式与新路径》，《云南师范大学学报》（哲学社会科学版）2010 年第 5 期。

三、区域创新网络评价

（一）区域创新网络定量刻画与可视化表达

创新网络的刻画需要的基本步骤，包括获取数据，确定节点、边界和联系方式，获取合作信息和分析网络链接等方面。可视化主要旨在通过图形化手段，清晰有效地传达信息，从而实现对复杂数据集的深入分析。本书拟运用社会网络分析软件 UCINET、StOCENT 和空间分析软件 ARCGIS、CRIMESTAT，结合社会学和地理学的相关理论，绘制创新网络图谱。

1. UCINET

社会网络的可视化工具很多，主要有 Netdraw、Pajek 等。本书借助 UCINET 软件，在数据库中检索、收集、提取样本数据的行为主体信息，构建合作矩阵，分析长江流域装备制造业创新合作网络的属性特征值，采用中间中心性、网络密度、网络规模、核心—边缘模型、度数中心性、中心势、平均路径长度、多元回归分析（QAP，Quadratic Assignment Procedure）用来评估区域创新网络的结构特点以及各节点在网络中地位及其变化，并通过相关性分析，结合统计年鉴中公布的相关指标，建立多元线性回归模型，探究影响网络势能的因子及其重要程度。

2. StOCENT

一般而言，创新网络研究包括两个方面，即创新网络结构的成因和结果，而创新网络演化是结构的动态体现。创新网络中行为主体的战略选择与创新网络的构建、演进紧密相关，如何构建创新联系并伴随创新网络演进实现互动，是行为主体获取资源、产生竞争优势继而持续增长的重要过程。基于此，本书将创新网络的变化看作是马尔科夫过程，用 SIENA 进行模拟，这一方法在经济地理学新近的文献中已有所应用（Balland，2012；Pierre，2012；Ter Wal，2013），利用 StOCNET 软件执行创新网络结构动态变化的模拟（SIENA 模块），使参数经历马尔科夫链蒙特卡罗（MCMC）1000 次迭代，得到各个阶段模型的收敛度及网络参数估计变化图，以此来探求不同因素对网络演化的影响。

3. ARCGIS

空间分析是基于地理对象的对位和形态特征的空间数据分析技术，其目的在于提取和传输网络、统计、位置、关联等空间信息。知识溢出、场理论、城市空间网络等方法和视角的研究较为丰富。本书在地理空间分析中采用位序—规模分析、探索性空间数据分析、泰尔指数、基尼系数、核密度等指标研究网络的空间结构差异及其时空演化过程。其中，借鉴其他学者的研究成果，用长江流域各地级市之间合作次数度量合作强度，通过两两合作次数联系进行核密度分析，绘制核密度图，研究城市间合作强度及相互作用的时空演化过程。

4. CRIMESTAT

集聚是经济活动最突出的地理特征，产业集聚是一个世界性的经济现象，很多研究关注集聚的形成机制及集聚经济效益，但集聚在哪个空间尺度发生？集聚是否一定会带来创新等仍旧是个悬而未决的科学议题。本书以长江流域装备制造业为例，拟通过对创新过程中所涉及的企业、高校、科研院所等节点的空间区位进行精确的地址匹配，并结合企业的微观数据信息，对行为主体的空间动态变化进行考察，谋求计算创新集聚的最优距离。运用标准差椭圆的分析方法，从宏观上反映长江流域装备制造业创新网络分布中心与分布走向的变化，并运用 Crimestat 软件的 Ripley's L（r）函数进行计算，对不同距离范围内行为主体的集聚情况进行分析，以此来探讨供应商、客户、高校及科研机构和核心企业的空间布局关系。

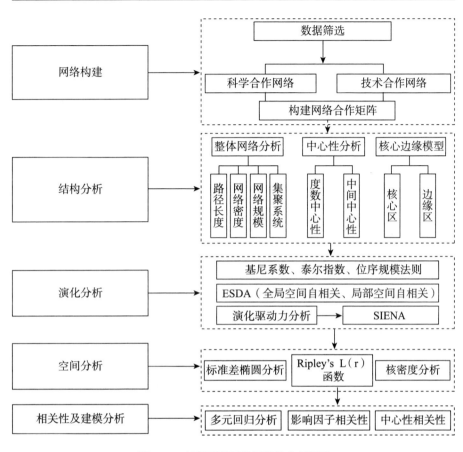

图 2.11 区域创新网络可视化分析框架

（二）创新网络数据获取

获取数据的渠道包括实地调查数据和各种公开数据库等。

1. 实地调查

在问卷设计过程中，本书邀请了德国吉森大学李英戈（Ingo Liefner）教授和加拿大多伦多大学巴泽尔（Harald Bathelt）教授给予一定的指导。调研问卷主要涵盖了企业基本情况、企业主要产品信息及企业创新情况三方面的内容，其中企业情况涉及企业规模、所有制性质、研发投入、融资方式等；产品信息涉及新产品类型、部件生产及来源、新产品的市场销售与售后服务等；创新情况包括企业的主要创新伙伴及创新合作联系、政府创新支持等。

笔者主要以装备工业为例，对 2011 年、2012 年、2013 年在上海举办的国际工业博览会进行了问卷调查，国际工业博览会共持续 5 天，根据参展商的展会议程，调研组可选择恰当时间开展调研，提高实地调研效率。一般来说，展会的第 2 天、3 天、4 天和第 5 天的上午适合开展问卷发放工作。围绕参展企业的新产品、创新合作、创新效果等主体进行深入的交流，共获取有效问卷 300 余份。同时，还对上海电气集团、临港产业区重点企业进行了深入访谈，获取了大量有效的一手资料，为本课题的完成奠定了坚实的基础。

2. 公开数据

（1）联合申请专利

专利数据相对比较完善，专利是技术创新活动的指示器。与发明专利相比，外观设计专利和实用新型专利的经济价值、技术含量和研发投入水平偏低。由于发明专利能够较有效地衡量创新产出，近年来被广泛地用于创新研究。陈伟等（2012）借助联合申请发明专利数据，构建了东北三省装备制造业创新网络，并检验了中心性、结构洞和中间中心性对网络主体创新产出的影响。[①] 吕国庆等（2014）认为合作申请专利是创新合作的一种表现形式，以联合申请发明专利作为数据源构建长三角和全国装备制造业创新网络，并对网络演化和演化机制进行深入研究。[②]

1984 年中国专利法正式颁布，国家知识产权局提供的专利数据始于 1985 年。国家知识产权局设置的国家重点产业专利信息服务平台提供了国家十大重点产业专利信息，通过该检索平台可以获取全部的联合申请发明专利数据。

---

　　① 陈伟、张永超、田世海：《区域装备制造业产学研合作创新网络的实证研究——基于网络结构和网络聚类的视角》，《中国软科学》2012 年第 2 期。

　　② 吕国庆、曾刚、郭金龙：《长三角装备制造业产学研创新网络体系的演化分析》，《地理科学》2014 年第 9 期。

（2）合著发表科技论文

科研合作是产学研合作创新的重要形式，合著发表的论文是科研合作最显著的表现形式（吴素春、聂鸣，2013）。[1] 王弓、赵新力（2007）认为合著论文能够客观反映不同主体之间的科技交流与合作，合作发表的论文数量是衡量群体交流与合作水平的重要指标。[2] 论文合著是科研合作网络研究的主要切入点，学者们对科研合作网络的结构特征和合作模式进行了细致的研究（陈伟等，2014）。[3] 汪涛等（2011）以国际 ISI 和国内 VIP 数据库中 2000—2009 年发表的生物技术领域的合作论文作为创新网络的数据来源，从国际和国内省级层面分析知识网络的空间极化与扩散规律。[4] 刘凤朝、姜滨滨（2012）利用燃料电池领域的合著科技论文为样本数据构建创新网络，考察节点属性、联系强度等网络结构要素对创新绩效的影响。[5]

中国知网（CNKI）是一家全球领先的数字化出版平台，该平台致力于为海内读者提供中文文献、外文文献、学位论文、年鉴、报纸、工具书、专利等各类资源的统一检索、统一导航、在线阅读和网络下载等服务，其涵盖了基础科学、哲学与人文科学、工程科技、农业科技、经济管理、医药卫生、信息科技等各个领域。

---

[1]　吴素春、聂鸣：《创新型城市内部科研合作网络特征研究——以武汉市论文合著数据为例》，《情报杂志》2013 年第 1 期。

[2]　王弓、赵新力：《从 SCI 合著论文看海峡两岸科技合作》，《中国软科学》2007 年第 8 期。

[3]　陈伟、周文、郎益夫等：《基于合著网络和被引网络的科研合作网络分析》，《情报理论与实践》2014 年第 10 期。

[4]　汪涛、Henneman Stefan、Liefner Ingo 等：《知识网络的空间极化与扩散研究——以我国生物技术知识为例》，《地理研究》2011 年第 10 期。

[5]　刘凤朝、姜滨滨：《中国区域科研合作网络结构对绩效作用效果分析——以燃料电池领域为例》，《科学学与科学技术管理》2012 年第 1 期。

第三章　我国生态文明建设现状：问题与成因

　　生态文明是基于人地关系和生态系统内在规律的、具有更高产出效率的人类文明进步新形态。因此，建设生态文明需要一定的基础条件，各区域在不同发展条件下建设生态文明也应探索不同的路径和模式。基于此，本章以国家和重点地区生态环境领域的数据资料为基础，深入剖析当前我国生态文明建设的基础条件、关键性问题及其深层原因，进一步认清加快推进生态文明建设的重大意义。

第一节　生态文明建设基础条件

　　生态文明理念在我国的提出与工业化、城市化进程中遇到的资源环境压力密切相关（曾刚，2014）。[①] 尽管历史上我国很早就存在"道法自然""天人合一"，但是在走向现代化的过程中已经逐渐丧失。改革开放以来，随着经济的高速增长，引起了人类与自然之间的对立和冲突。依据2012年11月，党的十八大报告全面系统地阐述了生态文明建设的战略思想和部署，本节从国土空间开发、资源利用、生态环境保护三个方面探讨生态文明建设的基础条件。

一、国土空间开发

（一）生态文明城市呈现"V"形空间格局

城镇化是我国将来一段时期发展的重要途径之一，城市在生态文明建

[①]　曾刚：《崇明岛生态文明建设的经验与未来展望》，《中国社会科学报》2014年9月26日。

设中发挥着十分重要的作用。生态文明城市是由自然、经济和社会三个子系统共同构成的，具有自然和谐、经济高效、社会公平特征的城市复合生态系统，其建设水平直接关系到中华民族的复兴。

华东师范大学曾刚教授（2013）任首席专家的国家社科重大项目组以复合生态系统理论为基础，以压力—状态—响应为方法，借鉴国内外 35 个重要的可持续发展相关指标体系，从生物多样性、环境协调性、创新性三个主题，生态、经济、政治、文化、社会五个领域，构建了由空气质量优良天数、城市绿地面积、建成区绿化覆盖率、人均用水量、生活垃圾无害化处理率、工业废水排放达标率、单位 GDP 综合能耗、工业固体废物综合利用率、每万人从事环境等管理业人数、百人公共图书馆藏书、每万人在校大学生数、人均绿地面积、人均 GDP、R&D 经费占 GDP 比重、百万人口专利授权数、高新技术产业产值占 GDP 比重、机场客货运年吞吐量、轨道交通运营里程等 18 个指标组成的生态文明城市评价指标体系，利用国家统计局 2011 年公开发布的面板数据，对我国 116 个城市的生态文明建设水平进行了评价，发现我国生态文明城市的空间分布呈现出"V"形格局，与不少人头脑中我国生态环境质量"西优东劣"的印象完全不同（曾刚，2013）。

根据笔者的分析计算，我国东部沿海地区的长三角、珠三角两大城市群属于生态盈余城市区，环渤海、海西经济区属于生态持平城市区，这些区域的生态文明建设水平相对较高，居于"V"字的右边；在"V"字的左边，是广大西北部、西南部地区的生态亏空性城市，生态文明建设水平较低；在"V"字的内部，是中部地区的生态持平城市区、东北地区的略亏城市区（曾刚，2013）。①

1. 长三角生态盈余城市区

长三角生态盈余城市区位于我国长江三角洲地区，包括上海、苏州、南京、无锡、杭州、宁波等城市。长三角生态盈余城市区总体上处于全国

---

① 曾刚：《生态文明建设需要谋划空间战略》，《中国建设报》2013 年 2 月 7 日。

领先位置，城市发展基础较好、生态创新综合能力较强。在 2010 年至 2012 年间，区域中一些原本不太突出的城市发展迅速。例如，徐州不仅进入了总分前 50 名，而且是所有 116 座城市中得分进步最大的城市。究其原因，徐州在工业固废综合处理率、高新技术产业产值占 GDP 比重等指标上进步显著。展望未来，长三角生态盈余城市区应该进一步提升生态技术水平、优化产业结构。

2. 珠三角生态盈余城市区

珠三角生态盈余城市区位于我国珠江三角洲地区，包括广州、深圳、中山、珠海等城市。珠三角生态盈余城市区的综合发展水平同样较好，且大部分城市得分在 40 分以上。但在 2010 年至 2012 年，深圳等城市保持稳步上升态势的同时，河源等城市得分却出现了下降。展望未来，本地区城市需要加强生态环境、创新能力建设。

3. 环渤海生态持平城市区

环渤海生态持平城市区处于我国环渤海地区，包括北京、天津、沈阳、大连、济南、青岛、石家庄等城市。从地区内部差异来看，北京的综合实力非常突出，但其他城市表现相对较差。在 2010 年至 2012 年，该区内城市地位有升有降，烟台、东营等城市得分有所提升，鞍山等城市则出现了不同程度的下降，内部稳定性较差。展望未来，这些城市应当重视生态与经济发展的协调关系，重视资源型城市的升级改造。

4. 海西生态持平城市区

海西生态持平城市区位于我国台湾海峡西岸，包括厦门、福州、泉州、赣州、鹰潭、汕头等城市。在 2010 年至 2012 年，区内城市得分变化不大，呈现略微上升的趋势。其中，鹰潭跃升至 2012 前五十强，排名较为靠前。究其原因，鹰潭在绿化覆盖率、单位 GDP 综合能耗等指标上进步明显。展望未来，鹰潭在生态环境优化和资源利用效率提升方面积累的经验值得其他城市学习借鉴。

5. 中部生态略亏城市区

中部生态略亏城市区位于我国中部，包括武汉、宜昌、长沙、张家界、怀化、南昌等城市。从区内差异来看，武汉、长沙、南昌的综合水平较高，其他城市综合水平不高。2010 年至 2012 年，长沙等大部分城市得分变化不大，而怀化虽然仍未进入 2012 年的 50 强，但其得分在两年间已经有了显著进步，生活垃圾无害化处理率上升幅度很大。怀化在城市生态优化方面积累的经验，值得其他城市学习。

6. 东北生态亏空城市区

东北生态亏空城市区位于我国东北，包括长春、吉林、哈尔滨、大庆等城市。该区大部分城市为东北老工业基地，资源开发过度，产业转型升级压力较大。2010 年至 2012 年，区内许多城市进步明显，哈尔滨、大庆等城市的得分有所增加，绿化覆盖率、生活垃圾无害化处理率等指标上提升不少。但吉林等城市的得分也出现了下降，在工业固废综合处理率、高新技术产业产值占 GDP 比重等方面表现欠佳。从提升综合水平考虑，区内城市应该重视城市生态环境改善、城市生活质量提升，在技术创新、产业的生态化、产业结构调整方面作出更大的努力。

7. 西部生态亏空城市区

西部生态亏空城市区位于我国西部，包括重庆、成都、贵阳、西安、兰州等城市。2010 年至 2012 年，区内城市得分变化较大，西南的钦州、西北的榆林得分、排名大幅度上升，提升幅度分别位居全部 116 座城市中的第 2 名和第 4 名，其中榆林跃升至全国 50 强的前列，这两个城市在绿化覆盖率、工业固废综合处理率、单位 GDP 综合能耗等指标上进步显著；而西北的金昌、西南的攀枝花等城市得分则出现了下降。对于得分较低的城市，应该重视城市生活质量提升、生态环境改善、产业技术升级，逐步扭转目前的生态亏空状态。

（二）综合创新型生态城市发展评价

借助构建的综合创新型生态城市指标体系以及 2013 年各相关省的统计年鉴、各相关城市的统计年鉴、各相关城市的国民经济和社会发展统计公报、2012 年全国运输机场生产统计公报等发布的 2010 年统计数据，我们对全国 116 个地级及以上城市的综合创新水平进行了评价。

1. 指标权重确立

指标体系权重的确立方法采取逐级等分分配的方式。首先，将目标层的权重设为1，再将目标层下属的各个主题层均分，例如生物多样性占目标层的1/3；又将每个主题层视作1，把该主题层所包括的各个分主题层均分，例如分主题层的生态环境占主题层生物多样性的1/2，占目标层的1/6；同理，将分主题层视作1，把该分主题层所包含的各个具体指标均分，例如建城区绿化覆盖率占分主题层生态环境的1/6，占主题层的1/12，占目标层的1/36（见表3.1）。

表3.1　综合创新型生态城市评价体系及权重

目标层	主题层	主题层相对目标层的权重	分主题层	分主题层相对主题层的权重	指标层	指标层相对分主题层的权重
综合创新型生态城市	生物多样性	1/3	生态环境	1/2	建成区绿化覆盖率（%）	1/6
					空气质量优良天数（天）	1/6
					城市绿地面积（公顷）	1/6
					人均用水量（吨/人）	1/6
					生活垃圾无害化处理率（%）	1/6
					工业废水排放达标率（%）	1/6
			生态经济	1/2	单位 GDP 综合能耗（吨标准煤/万元）	1/2
					工业固体废物综合利用率（%）	1/2
	环境协调性	1/3	生态体制	1/3	每万人从事水利、环境和公共设施管理业人数（万人）	1
			生态文化	1/3	百人公共图书馆藏书（册、件）	1/2
					每万人在校大学生数（人）	1/2
			生态社会	1/3	人均绿地面积（平方米）	1/2
					人均 GDP（元/人）	1/2

续表

目标层	主题层	主题层相对目标层的权重	分主题层	分主题层相对主题层的权重	指标层	指标层相对分主题层的权重
综合创新型生态城市	综合创新性	1/3	创新能力	1/2	R&D 经费占 GDP 比重（%）	1/3
					百万人口专利授权数（项）	1/3
					高新技术产业产值占 GDP 比重（%）	1/3
			服务能力	1/2	机场客货运年吞吐量	1/2
					轨道交通运营里程（公里）	1/2

资料来源：曾刚：《崇明岛生态文明建设的经验与未来展望》，《中国社会科学报》2014年9月26日。

2. 计算方法

在对指标计算前，首先区分该指标是属于正指标还是逆指标。对于属于正指标的数据，将其中最大的打 100 分；对于属于逆指标的数据，将其中最小的打 100 分；随后，其余城市的得分，按与得分最高城市的比例，计算出该项指标的最终得分。

$$具体正指标的得分 = \frac{现状值}{统计城市中该类指标最大值} \times 100$$

$$具体逆指标的得分 = \frac{统计城市中该类指标最小值}{现状值} \times 100$$

正、逆指标得分取值范围均为 0—100，也就是说，若出现负值统一进行归零处理。得分越高，表示该指标越好；得分越低，则表示该指标越差。

我们围绕生物多样性、环境协调性及综合创新性三个主题，生态环境、生态经济、生态制度、生态文化、生态社会、创新能力及服务能力七个分主题，最终落实到各个具体指标，对综合创新型生态城市的发展状况进行计算和比较。分别得到 116 个城市相应的 18 个具体指标、各主题层和分主题层得分，城市的某一级得分越高表示该城市在这一级表现越好，而整体得分越高则表明该城市在综合创新型生态城市中的发展水平越高。

3. 综合创新型生态城市排名

对 116 个城市 2012 年、2010 年的综合创新水平进行了计算和比较，并选取了排名前 50 名的城市进行了更深入的分析。总得分排名位列前 50 名的城市主要包括北京、上海等直辖市；广州、杭州等省会城市；烟台、连云港等沿海开放型城市；东营、克拉玛依等资源型城市；还有无锡、镇江等交通地理区位优越的城市（见表 3.2）。

表 3.2　2012 年综合创新型生态城市前 50 名

排名	城市名称	总分	排名	城市名称	总分	排名	城市名称	总分
1	北京	64.39	18	南京	40.62	35	连云港	37.02
2	深圳	63.23	19	长沙	40.49	36	东莞	36.93
3	上海	59.86	20	鹰潭	39.97	37	威海	36.63
4	广州	55.14	21	常州	39.93	38	舟山	36.21
5	珠海	50.33	22	成都	39.37	39	济南	35.67
6	厦门	50.30	23	武汉	39.19	40	湖州	35.59
7	杭州	49.49	24	镇江	39.15	41	克拉玛依	35.57
8	三亚	46.10	25	中山	38.94	42	郑州	35.57
9	苏州	45.85	26	青岛	38.85	43	汕头	35.49
10	无锡	42.74	27	福州	38.79	44	绍兴	35.44
11	西安	42.57	28	合肥	38.69	45	廊坊	34.87
12	海口	42.35	29	沈阳	38.53	46	宜春	34.83
13	宁波	41.98	30	南昌	37.72	47	重庆	34.73
14	大连	41.89	31	长春	37.59	48	绵阳	34.53
15	东营	41.45	32	烟台	37.54	49	哈尔滨	34.36
16	天津	41.42	33	嘉兴	37.54	50	黄山	34.36
17	榆林	40.99	34	徐州	37.26			

资料来源：曾刚：《崇明岛生态文明建设的经验与未来展望》，《中国社会科学报》2014 年 9 月 26 日。

从排名前 50 位的榜单中可以看到，排在前 3 名的北京、深圳、上海三个城市得分都在 60 分左右，几乎是 50 名中靠后城市得分的两倍。这表明全国综合创新型生态城市之间的差距仍然较大。同时，登上榜单的城市，尤其是其中较为靠前的城市主要分布在东部沿海地区，西部地区城市的数量较少，地域差异明显。

将 2012 年计算结果与 2010 年计算结果对比分析表明：第一，我国综合创新型生态城市前 50 名城市的总体得分水平呈上升趋势。前 50 名城市的得分均值由 2010 年的 40.45 分提高到 2012 年的 40.96 分，排名在第 50 名的城市得分由 31.92 分上升到 34.36 分。第二，许多城市的赶超式发展趋势显著。例如，深圳的排名从 2010 年的第 3 名上升至 2012 年的第 2 名，而榆林、鹰潭等未进入 2010 年前 50 名的城市出现在 2012 年前 50 的榜单中，且排名较为靠前。第三，各个城市之间的差距正在逐渐缩小。前 50 名城市得分的方差由 2010 年的 63.13 缩小到 2012 年的 50.94。

4. 综合创新型生态城市聚类分析

为了对各种城市的类型进行更为细致和精确的划分，以指标体系中的七个分主题（生态环境、生态经济、生态体制、生态文化、生态社会、创新能力、服务能力）作为变量，综合创新型生态城市前 50 名的城市作为样本，利用系统聚类法进行聚类分析，采用离差平方和算法，得到这 50 个综合创新型生态城市的聚类谱系图。按照各个城市在七大分主题上得分的特征与区别，可以将这 50 个城市分为四类：第一类城市：北京、深圳、上海、广州（共 4 个）；第二类城市：珠海、厦门、杭州、三亚、海口、沈阳、舟山（共 7 个）；第三类城市：苏州、无锡、西安、宁波、大连、东营、天津、南京、长沙、常州、成都、武汉、镇江、青岛、合肥、长春、烟台、东莞、济南、湖州、克拉玛依、重庆、绵阳、哈尔滨（共 24 个）；第四类城市：榆林、鹰潭、中山、福州、南昌、嘉兴、徐州、连云港、威海、郑州、汕头、绍兴、廊坊、宜春、黄山（共 15 个）。

通过各类城市在不同分主题上的得分情况（见图 3.1），可以看出各个类型城市的不同特点。

第一类城市的综合实力特别突出，各方面几乎都在全国处于领先地位。从总分上看，4 个第一类城市的平均分达到了 58.70 分，遥遥领先其

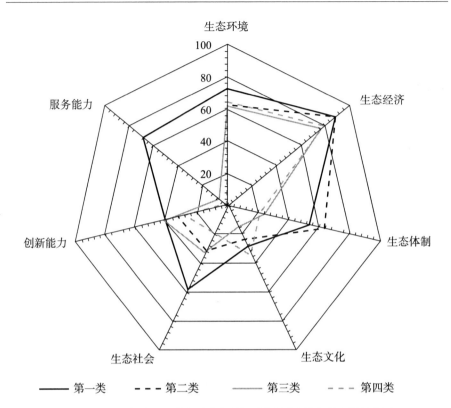

图 3.1　2012 年我国四种类型综合创新型生态城市的各分主题得分图

资料来源：曾刚：《崇明岛生态文明建设的经验与未来展望》，《中国社会科学报》2014
年 9 月 26 日。

他类城市。从各个分主题来看，第一类城市在服务能力上特别突出，平均
分达到 68.90 分，比其他类别的城市拥有非常显著的优势。北京、深圳、
上海、广州 4 个城市在我国综合创新型生态城市的发展中各方面基本都位
居前列，起到了引领和示范作用。

　　第二类城市的综合水平较高。从总分上看，7 个第二类城市的平均分
达到了 44.10 分，对第三、第四类城市具有一定领先优势。从各个分主题
来看，第二类城市的强项在于生态经济和生态体制，平均分分别达到
86.89 分和 64.71 分。尤其是在生态体制方面，第二类城市的得分在所有类
别的城市中是最高的。珠海、厦门、杭州、三亚等城市在综合创新型生态城

市建设发展势头良好，而经济和机制优势是其内部重要的支持和保障。

第三、第四类城市虽然在总分上并不占优势，但也有着各自的突出领域。对于第三类城市而言，24 个城市的总分平均分为 36.87 分。第三类城市的优势体现在生态社会和创新能力方面，平均分分别达到了 32.68 分和 41.01 分，它们在这两个分主题上的水平是第二、第三、第四类城市中最高的。苏州、无锡、西安、宁波等城市在生态社会和创新方面独树一帜，在未来拥有较大的发展潜力。

第四类城市平均得分为 35.39 分，略低于第三类城市。不过 15 个第四类城市的强项在于生态环境和生态文化方面，平均分分别达到 64.00 分和 34.18 分。其中生态环境水平在第二、第三、第四类城市中是最高的，而生态文化方面的得分更是在所有类别城市中最高。但是，第四类城市的缺陷十分明显，它们在服务能力方面的平均分只有 0.94 分，表现明显不佳。榆林、鹰潭、中山、福州等城市的生态环境保护较好，生态文化氛围的培育也较为成熟。

二、资源利用

（一）资源环境基础

中国作为世界上最大的发展中国家，资源总量大，耕地面积、森林面积等在世界总量上占有较大比重（见表 3.3）；但由于人口众多，人口密度是世界人口密度的 3.3 倍，人均资源量不到世界人均水平的一半，资源的时空分布不均衡（郭而郛，2013）。[①]

表 3.3　2015 年中国主要资源环境要素占世界比重

	耕地面积 （万公顷）	森林面积 （万公顷）	国土面积 （万平方公里）	人口 （万人）
中国	10572	20678	960	137122.0
世界	140784	400244	13432.5	734663.3
比例（％）	7.51	5.17	7.15	18.66

① 郭而郛：《城市工业生态化评价研究应用》，硕士学位论文，南开大学，2013 年。

续表

	人均耕地面积 （公顷/人）	人均森林面积 （公顷/人）	人口密度 （人/平方公里）	森林覆盖率 （%）
中国	0.08	0.15	146.1	22.2
世界	0.19	0.54	56.6	30.8
比例（%）	42	27.78	258.13	72.08

资料来源:《国际统计年鉴2016》，中国统计出版社2017年版。

1. 水资源

截至2013年，我国水资源总量达到27860亿立方米，人均水资源量2060立方米，水资源空间分布极不均衡。我国用水总量呈逐年递增趋势，2003年用水总量为5320.4亿立方米，人均用水量412.9立方米，其中农业、工业、生活、生态用水分别占用水总量的64.5%、22.1%、11.9%、1.5%；2013年用水总量达到6183.4亿立方米，人均用水量455.5立方米，其中农业、工业、生活、生态用水分别占用水总量的63.4%、22.7%、12.1%、1.7%。可见，2003—2013年间，用水总量共增加16.2%，人均用水量增加10.3%，各用水比例变化不大。

2. 耕地资源

2013年，我国耕地面积为12171.6万公顷，人均仅1.37亩。1954—1974年间，全国耕地减少944.3万公顷；1975—1994年间，耕地减少493.1万公顷；1995—2000年间，耕地增加3457.4万公顷，2001—2013年间，全年耕地减少832.4万公顷（见图3.2）。

持续不断的大规模占地和圈地，耕地资源消耗过多。"十五"期间，各地大搞所谓"国际大都市"、大广场、大马路等。近十年来，许多城市以大搞各种类型的"新区"而进行大规模圈地，一规划就是几十平方公里甚至上千平方公里（陆大道，2014）。[①]

3. 森林资源

森林面积逐年提升（见图3.3），2013年我国森林面积为2.08亿公

---

① 陆大道:《我国经济增长速度的基本要素和支撑系统研究》，中国科学院学部咨询项目，2014年。

耕地面积（万公顷）

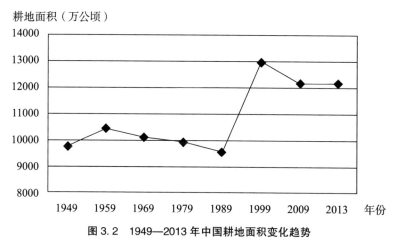

图3.2　1949—2013年中国耕地面积变化趋势

资料来源：《中国统计年鉴 1949—2013》，中国统计出版社 1950—2014 年版。

顷，人均森林面积只有 0.15 公顷，其中人工林 6933.4 万公顷，占 33.4%；森林蓄积量为 151.4 亿立方米，森林覆盖率为 21.6%。2013 年，我国林业有害生物防治面积 766.83 万公顷，防治率达 62.7%；当年完成林业投资达 3782.3 亿元，包括生态建设与保护 49.5%，林业支撑与保障 5.9%，林业产业发展 28.5%，林业民生工程 4.9% 及其他投资 11.3%。

森林面积（万公顷）

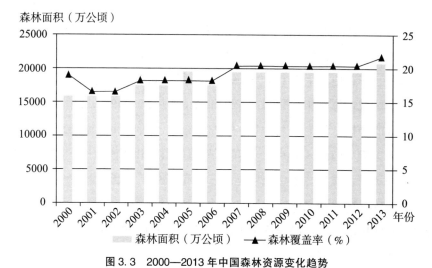

图3.3　2000—2013年中国森林资源变化趋势

资料来源：《中国统计年鉴 2000—2013》，中国统计出版社 2001—2014 年版。

4. 矿产资源

能源消费量不断攀高，上升到世界第一。由于产业技术层次不高，低端产品"世界工厂"特征鲜明，资源利用效率低下、浪费严重，导致我国能源消费弹性系数居高不下。能源供应、能源安全已经成为影响我国经济和社会持续发展的重大障碍因素之一（陆大道，2014）。[①]

为了适应全球低碳发展趋势，我国必须优先进口优质能源。对我国国民经济意义特别重大的大宗金属矿产资源，国内资源严重不足，主要依赖于从其他国家进口。维持近年来巨大的金属矿产资源（精矿）的进口，不仅难度很大，价格不断攀升，且面临着现实的和潜在的（地缘）政治风险。过去十年，铁矿石价格上涨6倍，我国的钢铁业因此超额支出达2万亿元之巨。

（二）能源消费结构

1. 各区域城市低碳差异

近三十年我国城市快速的经济增长速度使得我国从贫穷落后的状态一跃成为仅次于美国的全球第二大经济体，民众生活也得到了提高。然而，我国持续的经济增长带来了高碳排放、高资源消耗和环境破坏，也带来了内外经济、社会和地区发展失衡等后果。因此，在自然资源受到限制的情况下，我国城市如何获得低碳经济增长成为区域可持续发展面临的关键问题。

图3.4显示了我国七大区的城市GDP总量和碳排放总量之间的关系。总体而言，华东地区呈现GDP和碳排放总量双高结构，这是与其中国制造业中心的区域定位是相匹配的；华北和西南的城市GDP总量差异不大，但华南地区的碳排量仅为华北地区的2/3；东北、西南和华南地区的碳排放总量类似，但华南地区的GDP总量远远超过东北和西南地区。因此，华南地区的经济增长质量，要高于华北、东北和西南等区域。

除了碳排放总量之外，人均碳排放量和单位GDP碳排放量两大指标也能显示各区域的自然资源消耗水平。2012年，我国的人均碳排放量呈现明

---

① 陆大道：《我国经济增长速度的基本要素和支撑系统研究》，中国科学院学部咨询项目，2014年。

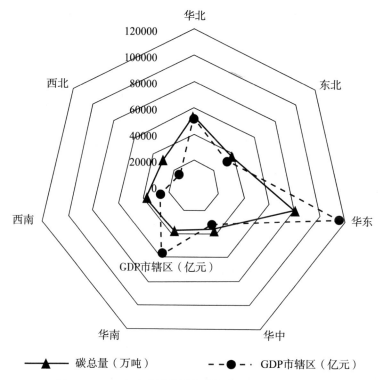

图3.4 2012年七大区域城市碳排放总量和GDP比较图

显的南北差异，这与我国矿产、土地等自然资源的南北差异基底是一致的。总体而言，改革开放早、产业和技术较高的华东、华南地区的城市经济增长较为健康，但是西北地区低经济总量、高经济增长速度和高人均碳排量的传统粗放型增长模式前途堪忧。

2. 典型地区城市低碳经济剖析

我国城市的碳排放量和GDP总量成正相关关系，并且大部分城市的单位GDP碳排放量高于全国城市平均水平。其中位于第二象限唐山低GDP、高碳排放的现状得到了相对较多的重视。因此，笔者以双高象限的天津和双低象限的乌鲁木齐为案例，探讨我国高GDP碳排放量城市的发展态势和面临问题。

（1）天津（华北地区）：高GDP、高碳排放量、高GDP碳排放量

天津市是我国东部地区GDP、碳排放量双高区域内的代表。与北京、

上海等其他直辖市相比，天津的单位 GDP 碳排放量自 2000 年开始一直处于上升趋势（刘露，2013），[①] 2011 年仍居于高位，这与其产业结构重工化密不可分。北京、上海从 20 世纪 90 年代开始由"二三一"型结构向"三二一"型结构转型，但天津更突出的是制造业发达，天津制造业占整个工业经济的比重达 93.2%，第三产业发展不够完善，高新技术产业前进动力略显不足，导致产业结构不尽合理（张涛，2014）。[②] 制造业的技术升级和创新并没有跟上制造业产值扩张的脚步，导致能源消耗强度增加，加上城镇化过程中人口向城市的大量输入，都造成了天津等制造业重镇碳排放量快速增加的现状（见图 3.5）。以天津为代表的这些城市，面临着保持经济高质量发展、解决大量城镇就业和人民生活水平提高的压力，其在 GDP 高位上实现经济增长转型的压力巨大。

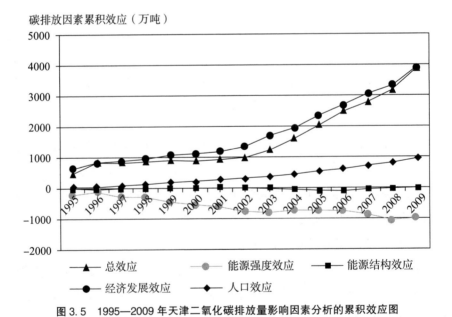

图 3.5　1995—2009 年天津二氧化碳排放量影响因素分析的累积效应图

资料来源：刘露：《低碳经济发展的影响因素实证分析——以天津地区为例》，《生态经济》（学术版）2013 年第 2 期。

---

　　① 刘露：《低碳经济发展的影响因素实证分析——以天津地区为例》，《生态经济》（学术版）2013 年第 2 期。

　　② 张涛：《经济转型期中北京与天津的低碳经济发展水平差异》，《天津经济》2014 年第 11 期。

（2）乌鲁木齐（西北地区）：低 GDP、低碳排放量、高 GDP 碳排放量

位于双低象限的高 GDP 碳排放量城市较多，最有代表性的是西北地区的乌鲁木齐。我国西北地区多为干旱、半干旱地区，草地资源退化严重，城市绿地覆盖率低，自然环境脆弱。同时，西北地区是我国丝绸之路建设的重点区域，其经济作用和政治价值不容小觑。但是，无论是人均碳排放量或单位 GDP 碳排放量指标来看，西北地区是我国低碳经济水平最低的区域。乌鲁木齐的单位 GDP 碳排放量是天津的 2 倍、深圳的 20 倍，经济发展高能耗、高排放、高污染特征明显。乌鲁木齐市形成了以煤炭、石油、天然气、电力为主的能源消费结构，但是其能源生产方式粗放，能源加工转换效率较低，能源利用仍以传统方式为主，使用技术水平比较低，主要耗能行业钢铁、石油化工、火力发电等工业技术水平相对落后（见图 3.6）（雷军等，2011）。[①] 所有的因素叠加，使得我国西北地区未来低碳经济发

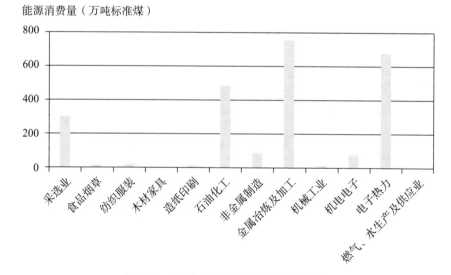

能源消费量（万吨标准煤）

图 3.6　乌鲁木齐工业各部门能源消耗情况

资料来源：雷军、张利、张小雷：《中国干旱区特大城市低碳经济发展研究——以乌鲁木齐市为例》，《干旱区地理》2011 年第 9 期。

---

① 雷军、张利、张小雷：《中国干旱区特大城市低碳经济发展研究——以乌鲁木齐市为例》，《干旱区地理》2011 年第 9 期。

展面临着巨大的挑战。无论是位于东北经济发达区还是西北欠发达区，各城市都面临着技术升级、经济轻型化和环境保护的挑战。

三、生态环境保护

(一) 环境与经济发展关系日益密切

经济增长、社会发展和生态环境保护，是国家发展的三个主要目标。在工业化的早期，经济增长几乎是唯一的目标；之后社会发展成为国民收入分配的主要方向之一；工业化中期，生态环境保护逐渐成为国民收入分配又一个主要目标。因此，增长速度低于二维空间，更低于一维空间的结构状态。在经济发展总量和发展水平达到一定高度，且生态环境问题异常突出的情况下，环境保护和维护生态平衡会成为国家发展重要的决策因素之一。我国对环境保护的投入逐年递增，2007 年环境保护的国家支出占国家财政总支出比重为 2.0%，2012 年增长至 2.4%；2012 年环境保护国家支出比 2007 年增长 197%，中央支出增长 82.9%，地方支出增长 201.8%（见表 3.4）。

表 3.4　2007 年与 2012 年国家财政主要支出项目对比

项目	2007 年			2012 年		
	国家支出	中央	地方	国家支出	中央	地方
一般公共服务	8514	2160	6354	12700	998	11702
外交	215	214	2	334	332	1
国防	3555	3482	73	6692	6481	211
公共安全	3486	608	2878	7112	1183	5928
教育	7122	395	6727	21242	1101	20141
科学技术	1783	925	858	4453	2210	2242
文化体育与传媒	899	127	771	2268	194	2075
社会保障和就业	5447	343	5105	12586	586	12000
医疗卫生	1990	34	1956	7245	74	7171
环境保护	996	35	961	2963	64	2900

续表

项目	2007 年			2012 年		
	国家支出	中央	地方	国家支出	中央	地方
城乡社区事务	3245	6	3238	9079	18	9061
农林水事务	3405	314	3091	11974	502	11471
交通运输	1915	782	1133	8196	864	7333
工业商业金融等事务	4257	1442	2815	1831	230	1601
其他支出	2952	575	2377	17278	3926	13352
合　计	49781	11442	38339	125953	18763	107189

资料来源：陆大道：《我国经济增长速度的基本要素和支撑系统研究》，中国科学院学部咨询项目，2014 年。

（二）环境保护成效显著

1985 年以来，中国环境污染治理投资总额逐年增加，环境污染治理投资占 GDP 比重稳步提高。环境污染治理的投资总额从 2001 年的 1166.7 亿元增加到 2015 年的 8806.4 亿元，年均增长率达到 20.17%，环境污染治理投资总额的增长速度超过了 GDP 的平均增长速度。从环境污染治理投资占GDP 的比重来看，2015 年占 GDP 的比重 1.28%，整体上也呈现出上升的趋势。北京、河北、内蒙古、辽宁、安徽、江西、重庆、甘肃、宁夏、新疆 10 个省份环境污染治理投资占 GDP 比重大于全国平均水平。其中，工业污染源治理投资从 2001 年的 174.5 亿元增加到 2015 年的 773.7 亿元，2015 年完成环保验收项目环保投资达到 3085.8 亿元。矿山环境恢复治理成效显著，2015 年共投入资金 126.9 亿元，本年恢复面积达 4.1 万公顷。2015 年城市用水普及率已达到 98.1%，城市污水处理率达到 91.9%，城市生活垃圾无害化处理率为 94.1%；城市污水排放量却逐年升高，从 2000 年的 331.8 亿立方米增长到 2015 年的 466.6 亿立方米，2015 年城市生活垃圾清运量达 1.91 亿吨。

（三）生态系统服务功能日趋完善

近年来，在国民经济"十一五"规划和"十二五"规划中均制订了明确的生态保护约束性目标。自 2008 年起中央财政对国家重点生态功能区范围内的部分县（市、区）建立生态补偿机制。2008—2014 年，中央财政累计下拨国家重点生态功能区转移支付 2004 亿元，年度资金由 2008 年的 60.5 亿元增加到 2014 年的 480 亿元；享受转移支付的县市由 221 个增加到 512 个。

2000 年，全国自然保护区 1227 个，自然保护区面积为 9821 万公顷，保护区面积占辖区面积比重为 9.9%；截至 2015 年，全国自然保护区增长至 2740 个，增长了 123.3%；自然保护区面积为 14702.8 万公顷，增长 50%；保护区面积占辖区面积比重为 14.8%，增长 4.9 个百分点。2015 年，全国草原总面积占 3.93 亿公顷，其中可利用草原面积为 3.31 亿公顷，占草原总面积的 84.3%，当年新增种草面积增至 7569.9 万公顷；湿地面积达 5360.3 万公顷，其中天然湿地 4667.5 万公顷，人工湿地 674.6 万公顷，湿地面积占辖区面积比重为 5.56%。

2015 年，全国造林总面积增长至 768.4 万公顷，其中人工造林 436.3 万公顷，占 56.8%。各地区退耕还林情况取得进展，2015 年全国退耕还林面积达到 44.6 万公顷，林业投资完成额达 275.3 亿元，国家投资 252.1 亿元，占总投资的 91.6%。建成区绿化覆盖率、人均公园绿地面积逐年升高，分别从 2000 年的 28.2%、3.7 平方米增长至 2015 年的 40.1%、13.4 平方米。

第二节　生态文明建设面临的问题

生态文明作为崭新的社会发展形态，涉及社会、经济、文化、政治等诸多方面，还有很多问题需要解决。我国属于发展中国家，经济发展任务仍然十分艰巨，很多欠发达地区还处在快速工业化和城市化阶段。总的来说，我国生态文明建设过程中仍存在以下几个主要矛盾与问题：国土空间开发与可持续发展的矛盾，经济格局与国土资源承载力的矛盾，工业化（重化工业）阶段发展现实与时代对绿色发展要求之间的矛盾，生态文明制度体系的建设问题。

一、国土空间开发与可持续发展之间的矛盾

（一）国土开发格局不尽合理

我国水资源、矿产资源空间分布与土地资源、经济布局不相匹配。南方地区水资源量占全国的 81%，而北方仅占 19%，北方地区水资源开发利用程度已经达到了 48%；能源、矿产资源大多分布在西部地区，但东、中、西部地区能源消费量占全国能源消费总量的比重分别为 50%、30% 和 20%；位于东部沿海的上海人均国内生产总值是位于内陆的贵州省人均国内生产总值的十倍以上。东、中、西部之间、城乡之间在教育、医疗、交通等公共服务领域也存在巨大差距，导致人口在巨大空间上的"钟摆式移动"，直接影响了我国人口资源环境的协调发展。

（二）资源利用效率低下

资源利用效率低下，资源浪费严重，无序开发现象突出（曾刚，2013）。① 我国不少地区政府不顾当地的资源承载能力和要素禀赋条件，竞相发展价高利大的重化工业，在水资源严重匮乏地区发展高耗水产业（缺水的河北省钢产量接近 1 亿吨），在能源短缺地区发展高耗能产业，在环境容量不足地区发展高污染产业。我国国内生产总值占全世界的 9% 左右，但能源消费量占比却达到了 19%。从产值能耗上看，我国单位 GDP 能耗是日本的 7 倍、美国的 6 倍、印度的 2.8 倍。从产品能耗看，我国主要产品的能耗与世界先进水平相比有很大差距，钢差距在 11% 左右，水泥综合能耗差距在 23% 左右。水资源利用效率也不高，我国单位 GDP 耗水量为每立方米水产生 4.80 美元，而其他中等收入及高收入国家的平均水平为 35.80 美元。水资源利用效率低，工业用水重复率只有 30% 左右，损耗量高出发达国家 2 倍；农业灌溉渠系配套率低，基本上没有防渗处理。我国单方灌溉水粮食产量约为 1 公斤，而发达国家为 2.5—3 公斤；我国灌溉水有效利用系数为 0.45，发达国家为 0.7—0.8；节水灌溉面积与灌溉面积之比我国

① 曾刚：《生态文明建设需要谋划空间战略》，《中国建设报》2013 年 2 月 7 日。

为35%，而发达国家为80%。

（三）恶性环境事件频发

近年来，报刊、网络上报道我国恶性环境事件层出不穷，太湖蓝藻、湖南大米重金属含量超标、农夫山泉水源地污染事件无不牵动国人的神经。海洋污染甚至直接影响了我国海产品的出口外销。可以预料的是，随着世界环境意识的增强、低碳生活的普及，人们对我国环境污染事件的关注程度还会进一步提高，环境污染事件的不利影响还将进一步扩大。我国现有耕地18.26亿亩，其中9000万亩耕地受到工业"三废"污染，我国化肥用量达到5000多万吨，超过世界总用量的30%，利用率仅为35%左右；农药使用量达到140万吨，利用率仅为30%左右，未被农作物吸收的部分导致我国至少1300万—1500万公顷耕地受到严重污染；由于片面追求畜产品产量，造成我国草地退化和沙化。据调查，我国沙区草场牲畜超载率在50%以上，有的地方甚至高达100%；全国90%以上可利用天然草原出现了不同程度的退化（王欧，2006）；[1] 其中：轻度退化面积占57%，中度退化面积占31%，重度退化面积占12%。我国严重退化草原近1.8亿公顷，并以每年200万公顷的速度继续延伸。在2010年监测评价的3902个水功能区中，水质达标率仅为46%；17.6万公里河流中，38.6%的河长水质劣于Ⅲ类；339个省界断面中，有48.7%的劣于Ⅲ类，直接威胁着城乡居民饮水安全和人民身心健康。

二、经济增长与资源供给之间的矛盾

（一）资源与能源供应出现"瓶颈"

改革开放以来，中国经济高速增长，但也导致了资源、能源消费量的持续增长；中国国内拥有的资源储量和能源生产能力已经无法满足经济高速增长的需求。BP世界能源统计结果表明，2010年中国已经赶超美国成为世界最大能源消费国，中国能源结构呈现出"富煤、缺油、少气"的特

---

[1]　王欧：《退牧还草地区生态补偿机制研究》，《中国人口·资源与环境》2006年第4期。

点（见表3.5），2010年能源消费量分别占探明储量的2.7%、21.5%和39.3%，2010年，全球能源消费量增长5.6%，中国的能源消费增幅为11.9%，中国占全球能源消费20.3%；中国的煤炭消费占全球煤炭消费的48.2%，几乎占全球消费增长的2/3。

表3.5　2010年中国能源探明储量

	探明储量	占全球比例（%）	储产比（R/P）	2010年消费量
煤炭	1145.0亿吨	13.3	35.0	31.0亿吨
石油	20.0亿吨	1.1	9.9	4.3亿吨
天然气	2.8万亿立方米	1.5	29.0	1.1万亿立方米

注：探明储量指经过详细勘测后可用现有技术开采的储量。
资料来源：《中国能源统计年鉴2010》，中国统计出版社2011年版。

　　迅速增长的能源消费给中国能源供给造成了巨大的压力，这促使中国寻求国际资源和能源供给，中国的能源依存度也在不断增加。2011年8月15日，国家发改委公布，上半年中国原油资源对外依存度为54.8%；中国社科院2010年发布的《能源蓝皮书》预测，10年后中国原油对外依存度将达到64.5%；国际能源署预测的形势更为严峻，认为中国的进口依存度或将升至80%。但由于中国人口众多，市场巨大，加之国际资源、能源供求涉及国际政治关系等敏感问题，利用国际资源也无法保证中国经济的长期增长。2000—2010年，中国城市的能源消费总量从94587万吨标准煤增长到188207万吨标准煤，年增长率为7.12%，增长率比全国水平高出1.5个百分点。

　　虽然中国经济得到飞速发展，但是若长期以这样的能源消耗量来维系发展，不仅经济增长难以持续，还使得中国经济持续增长空间受到资源和能源的限制，且可能引发各种经济和社会危机的出现。但随着低碳发展理念逐渐深入人心，社会各界采用新资源节约型技术的热情高涨，资源利用效率必将大幅提高，单位GDP消耗的资源量将随之下降。可见，资源与能源问题对于中国经济转型升级，既是机遇，又是挑战（曾刚，2015）。[1]

―――――――――

① 曾刚：《资源环境约束背景下中国城市经济发展研究报告》，华东师范大学曾刚课题组，2015年。

（二）碳减排使经济增长造成压力

改革开放以来，中国经济总量迅速增加，与此同时，中国的能源消费总量也在迅速增加；这种经济高增长、高能耗的发展模式也带来了高资源消耗、高排放和环境破坏的后果，长此以往，必将影响中国经济健康发展。

1. 碳排放总量大，单位 GDP 碳排放与人均碳排量高

根据 2011 年世界银行报告，2010 年发展中国家的人均碳排放量远远低于高收入国家，且低于世界平均水平。但是值得关注的是，中国的人均碳排量已经超过世界平均水平。同时，基于庞大的人口基数，中国的碳排放总量占到全球总量的 23%，成为碳排放大国。尽管中国采取了严格的减排措施，但由于经济迅速扩张，无论其年排放量还是人均历史累计碳排放，均在迅速增加。虽然中国人均历史碳排放仍然较低，但目前已经超过了法国和西班牙。

比较中国几个典型大城市与国际特大城市的人均碳排放（见图 3.7），上海的人均碳排放量接近伦敦、东京、纽约。广州和北京的人均碳排量略高，接近费城等城市数据，天津的人均 GDP 碳排量最高，达到 25 吨/人。需要指出，发达国家城市的服务业经济所占的比例均接近 90%。尽管城市规模大，空间结构复杂，但是由于轨道交通为主题的公共交通体系相对完善，交通产生的温室气体排放大大降低（白栋，2013）。[①] 而中国目前城市基础设施建设还不够完善，未来城市建设所产生的碳排量将继续上升，情况堪忧。

纵向比较改革开放以来，中国城市与中国香港、新加坡人均碳排放量（见图 3.8），中国的人均碳排放量呈现明显上升趋势。且到 2009 年，均已经超过中国香港和新加坡，2010 年，中国城市人均碳排量达到 7.27 吨每人。而新加坡的人均碳排量呈现明显的下降趋势，中国香港则基本保持稳定。

---

① 白栋：《特大城市低碳空间策略的经验借鉴——以伦敦、东京、纽约为例》，《南方建筑》2013 年第 4 期。

人均碳排量（吨/人）

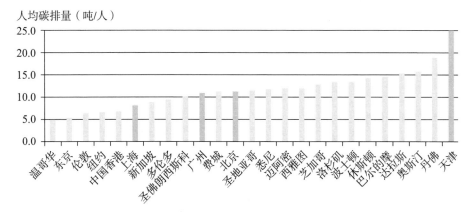

图 3.7　国际大城市温室气体年人均排放量比较

资料来源：白栋：《特大城市低碳空间策略的经验借鉴——以伦敦、东京、纽约为例》，《南方建筑》2013 年第 4 期。

人均碳排量（吨/人）

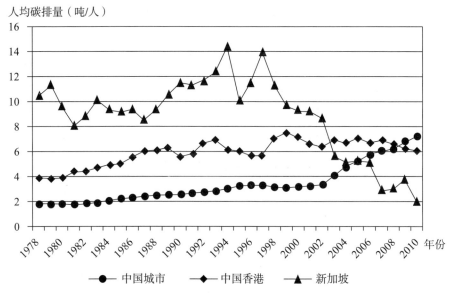

图 3.8　1978—2010 年中国城市与中国香港、新加坡人均碳排量比较

注：中国城市人均碳排放量为笔者计算，表示中国城市人均碳排放量平均水平。

资料来源：CDIAC，http://cdiac.ornl.gov/CO$_2$_Emission/timeseries。

目前，中国城市碳排放总量也在逐年增加。从 2000 年的 6.21 亿吨增长到 2010 年 12.03 亿吨，翻了近一倍（见图 3.9）。从碳排强度来看（见图 3.10），中国的单位 GDP 碳排强度有所下降，能源的使用效率有一定的提高。

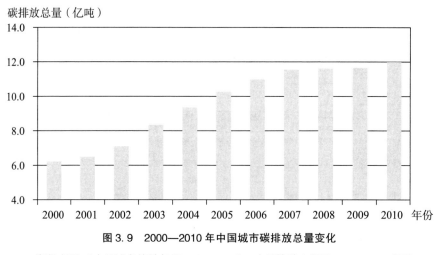

图 3.9　2000—2010 年中国城市碳排放总量变化

资料来源：《中国城市统计年鉴 2000—2010》，中国统计出版社 2001—2011 年版。

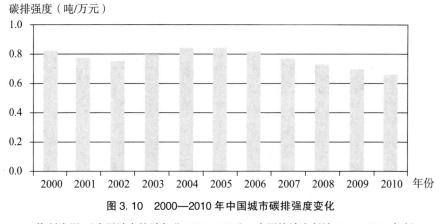

图 3.10　2000—2010 年中国城市碳排强度变化

资料来源：《中国城市统计年鉴 2000—2010》，中国统计出版社 2001—2011 年版。

对比 2010 年，中国几个大城市与世界城市的碳排强度变化情况（见图 3.11），可以看出中国几个大城市的碳排强度远远高出东京、伦敦的碳排强度，东京的碳排强度仅为 0.48 吨/万美元，而上海是中国几个大城市碳排强度最低的，为 1.38 吨/万美元，是东京的 2.87 倍。天津的碳排强度最大，为 15.04 吨/万美元。

碳排强度（吨/万美元）

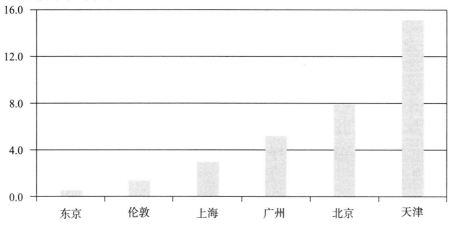

图 3.11　2010 年中国大城市与国外城市碳排强度比较

资料来源：《中国城市统计年鉴 2010》，中国统计出版社 2011 年版。

2. 碳排放使经济增长面临压力

根据 2009 年的哥本哈根会议，中国要实现 2050 年碳排放的目标计划。"2050 中国能源和碳排放课题组"将中国到 2050 年的碳排放分为基准情景、低碳情景和强化低碳情景进行模拟（见图 3.12），得出结论：即使中国在强化低碳情景下，到 2050 年的碳排放还将达到约 900 亿吨。根据情景 I，假定碳排放增长率以每年 0.188%递减，到 2036—2037 年增长率为 0，后以 0.494%的速率快速减排到 2050 年，但在现实情况下，中国很难达到这一目标。1996—2005 年中国的年均增长率为 6.0%。在近年来中国大力推动可再生能源发展的前提下，2006 年和 2007 年人均排放增长率为 10.7%和 7.5%，因此，增长率并没有下降的趋势，未来的碳排放目标难以实现（丁仲礼，2009）。[1]

---

[1]　丁仲礼、段晓男、葛全胜等：《国际温室气体减排方案评估及中国长期排放权讨论》，《中国科学（D 辑：地球科学）》2009 年第 12 期。

年碳排放量（G+C）　　　　　　　　　　　　　　　　　　　　年碳排放量（G+C）

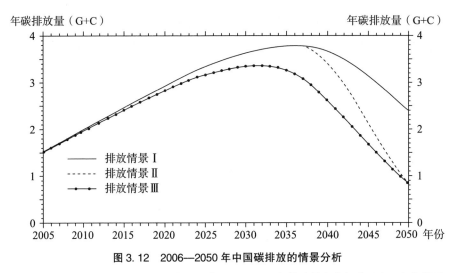

图 3.12　2006—2050 年中国碳排放的情景分析

资料来源：丁仲礼、段晓男、葛全胜等：《国际温室气体减排方案评估及中国长期排放权讨论》，《中国科学（D 辑：地球科学）》2009 年第 12 期。

　　同时，中国目前处于工业化中期阶段，是能源需求的高增长时期——城市化进程加速。我国能源结构主要以煤、石油、天然气等为主，且清洁工序欠缺。若继续保持现有的高速增长，必然消耗大量化石燃料，进而造成碳排放总量的上升。要实现《京都议定书》上的碳排放目标更是难上加难。未来，如果要获得额外的碳排放量，则需要向别国购买，而购买成本也将成为巨大的压力。因此，从长期来看，碳排放问题也是制约经济发展的瓶颈问题。

三、工业化发展与生态环境保护之间的矛盾

（一）环境污染严重

　　高速和超高速经济增长，使我国环境、生态系统承受了越来越大的压力。我国环境污染具有以下五大特点：第一，在有机污染日趋严重的同时，有毒有害物的污染开始显现；第二，越来越严重的环境污染，导致生态系统严重退化，生态灾害事件频繁发生；第三，对农村环境问题的忽视使得我国农村地区成为"藏垢纳污"的主要场所，农业和农村环境污染问题越来越广泛和突出；第四，我国环境污染已经开始从周边环境进入生态

系统并进一步浸入食物链开始影响到人体健康；第五，我国的人口、城市群和经济密集地区是环境污染的重灾区。

我国水污染问题呈现出从局部河段到区域和流域、从单一污染到复合型污染、从地表水到地下水污染蔓延的趋势（陆大道，2014）。[①] 淮河、海河、辽河、松花江、珠江、长江、黄河等大江大河的水质在恶化，而太湖、洞庭湖、鄱阳湖、洪泽湖、滇池、巢湖等大湖的水质恶化还伴随着日趋严重的富营养化，大气质量堪忧。我国东部沿海城镇密集区，普遍存在城市群大气复合性污染（陆大道，2014）；土壤污染方面，中国工程院院士罗锡文指出，全国 3 亿亩耕地正在受到重金属污染的威胁，占全国农田总数的 1/6，而广东省未受重金属污染的耕地仅占 11%。杭州湾、长江口、辽东湾、珠江口和渤海湾水质均为重度污染，闽江口为中度污染。

近千亿元巨额投资治不好"三河三湖"的污染，边治理、边污染现象普遍，"再投 910 亿元也没用"。国家审计署发布审计调查结果显示，2003 年至 2009 年期间，国家共投入资金 910 亿元治理"三河三湖"，虽然水污染防治取得了一定成效，但整体水质依然较差，像巢湖、太湖、滇池的平均水质仍为 V 类或劣 V 类；遍布太湖周边的上万家纺织印染、化工制造、食品加工等企业，在创造了大量 GDP 的同时，也制造了大量的污染物。与此类似，安徽巢湖、云南滇池受围网养鱼、围湖造田、建厂兴业的影响，湖面萎缩、水质恶化等问题依次出现。废水、废弃、酸雨、固体物等污染严重。在全球 41 个城市中的大气悬浮颗粒物浓度监测中，西部的西安、兰州、乌鲁木齐进入前十名的行列。

（二）生态安全面临严峻挑战

生态环境破坏、自然灾害频发、水土流失严重直接导致自然生态环境失调。土地沙化日趋严重，并且呈现增长趋势，局部地区土壤盐渍化增长势头不断加重，石漠化是西南地区最突出的生态环境问题之一。草场退化严重，中国大部分草原超载过量问题突出，内蒙古、新疆、甘肃和四川等

---

① 陆大道：《我国经济增长速度的基本要素和支撑系统研究》，中国科学院学部咨询项目，2014 年。

省区天然草原家畜超载 40% 以上。森林生态系统的多样性遭到破坏，退耕还林（草）政策实施以来，西部地区森林覆盖率增长到 12.54%，低于全国 13% 的平均水平。

水土流失依然严重并有加剧趋势。中国是世界上水土流失最严重的国家之一，每年流失土壤 50 多亿吨，占世界总流失量的 1/12，西部地区尤为突出。全国水力侵蚀面积超过 10 万平方公里的省区有七个，西部占了六个（四川、内蒙古、云南、陕西、新疆、甘肃），主要表现为：西北地区的风蚀、西南地区的水蚀和青藏高原的冻融侵蚀。

自然灾害频发。截至 2012 年，全国共计地质灾害 14675 次、地震灾害 12 次、海洋灾害 138 次、森林火灾 3966 次，直接经济损失约 300 亿元。因旱灾、洪涝、山体滑坡、泥石流和台风、风雹灾害、低温冷冻和雪灾等灾害，共计受灾 2496 万公顷，受灾人口达 29421.7 万人次，死亡人口（含失踪）达 1530 人，直接经济损失 4185.5 亿元。2012 年全国突发环境事件 542 次，包括重大环境事件 5 次，较大环境事件 5 次和一般环境事件 532 次；其中上海的突发环境事件次数最多，占总突发环境事件的 35.4%。

生态多样性受损严重，经济损失巨大。人类活动破坏西部草原与草甸生态系统，除大规模土地利用的变化外。主要是乱挖乱采生物资源和非法偷猎。长江、黄河与澜沧江上游的生态系统已遭到严重破坏，并有进一步恶化的趋势。近 50 年来，西南地区的森林被大面积砍伐，不仅造成严重水土流失，更构成对生物多样性的严重威胁。

四、生态文明制度建设需求与现实之间的矛盾

（一）法律制度不健全

在法律制度体系方面，目前尚无操作性强的生态环境监督管理条例，生态环境监督管理的职责、定位和分工模糊，权利和责任脱节。以矿产资源管理制度为例，生态补偿制度建设推进快，框架初步形成，但是存在着政策精细度不够、可操作性不强等问题，由于受多方面因素的影响和制约，森林与自然保护区生态补偿机制还存在一些不尽如人意的地方：生态

补偿概念不清、覆盖面不全、补助标准偏低、资金来源单一、缺乏长效的补偿机制等，需进一步完善。

（二）执法力度不严

目前我国生态环境保护行政执法主要有行政检查、监督，行政许可和行政审批，行政处罚以及行政强制执行四种方式。但是这些方式在执法过程中，还存在程序不规范、不完备和不适应构建社会主义生态文明的要求等问题。具体表现在：执法行为的偏误及其损害后果往往难以被追究责任、监督检查的结果往往无人负责处理、对监督者自身的违法失职行为缺乏监督；滥用自由裁量权等。这些问题不能不说是行政法制的一个缺陷，值得我们进行深刻的反思。

2006 年年底，国家环境保护总局宣布成立华东、华南、西北、西南、东北五个环保督察中心。其作为国家环境保护总局派出的执法监察机构，协调处理跨省区域和流域重大环境纠纷，督察重大、特大突发环境事件应急响应与处理。然而，自督察中心成立以来，面临两大难题。首先，执法地位不明确。就目前督察中心的身份来说，它们是参照公务员管理的事业单位，作为国家环境保护总局监察局行政职能的延伸，它们事实上从事着环境执法的工作；但其执法行为由于缺乏高规格的法律、法规依据，而缺乏有效性。其次，如何定位、协调与地方环保部门的关系。由于地位模糊，环保督察中心到污染现场调查需要事先由总局与地方环保部门沟通后，才能得到地方环保部门的配合，没有地方环保部门的引领，他们很难进入事故现场和企业内部进行调查取证，给现场快速取证带来很大困难。此外，五大督察中心如何在职权范围内与地方政府协调、沟通，做好国家环境保护总局与地方政府的桥梁，将是考验其能否长期存在并发挥作用的关键要素。

第三节　成因分析

我国当前面临着如此严重的生态文明问题，究其原因，既有历史性的因素，如庞大的人口规模及巨大的人口压力，传统的片面强调增长的发展观的影响；又有一些与时代同步出现的原因。归纳起来主要包括以下几个方面，即社会上，人口急剧膨胀带来生态环境压力；经济上，高速发展的工业化和城市化使环境问题集中爆发；政治上，政府和市场活动的局限性，加之发达资本主义国家环境污染的转嫁；文化上，社会公众生态意识淡薄，配套制度不完善。

一、人口膨胀增加生态环境压力

（一）劳动力增长放缓

从 1978 年至 2015 年的 37 年间，中国人口从 9.6 亿人增长到 13.7 亿人，增长了 42.7%。中国有着巨大的人口规模，长期以来年轻劳动力占据人口结构的主体，为中国经济高速增长提供了无穷的劳动力增量。世界上没有哪个国家像中国一样，在过去三十多年里向生产部门提供了如此巨大规模的廉价劳动力，使中国享受世界上最大的"人口红利"，有力地促进了经济增长。但是随着老龄化增加、生育率下降等问题的出现，使得中国的"人口红利"收获期已经结束，劳动力从无限供给向有限供给转变，所谓的"刘易斯拐点"开始出现。目前，东西部地区收入差距仍然持续拉大：2010 年全国 4007 万贫困人口中，中西部地区所占比重高达 94.1%。2009 年西部地区年人均收入为 18090 元，东部地区年人均收入为 38587元，差距达 2 万余元；最低的贵州省为 9187 元，最高的上海市年人均收入为 76976 元，两地差距达 67789 元。[①]

总体上，2011—2030 年发展中国家与其人口增速将超过高收入国家，世界上绝大多数国家未来劳动力供给增速将会放缓，甚至出现负增长。尽管对于中国劳动力供应是否出现瓶颈，是否出现"刘易斯拐点"众说纷纭，但不可忽视的是，与印度、巴西和其他中低收入国家相比，中国劳动力总量将会从缓慢增长向逐渐下降的趋势转变，使得中国难以像以前一样依靠大量廉价劳动力推动经济增长（见图 3.13）。

---

① 数据来源：《中国统计年鉴 2009》，中国统计出版社 2010 年版。

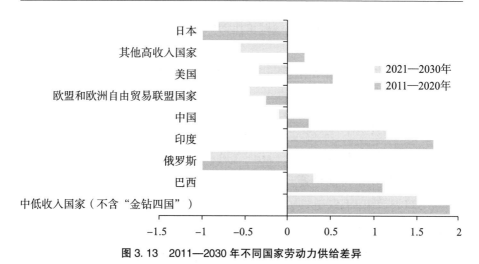

图 3.13　2011—2030 年不同国家劳动力供给差异

资料来源：世界银行发布报告《2030 年的世界》。

（二）就业压力增大

我国拥有庞大的基础原材料产业，依靠这些产业的继续扩张来吸纳农村劳动力和农村人口的空间已经不大。同时，能源、原材料和设备制造业的技术进步将使劳动生产率得到提高，以轻纺产品为主的中小企业劳动力成本上升将促使企业用工减少。2010 年以来，在我国中小企业集中的珠三角和长三角地区，劳动力成本上涨了 20%—25%（陆大道，2014）。[①] 经济结构调整和科学技术发展，必然导致就业岗位的流失。据测算，2008 年创造一个就业岗位需要增加值数量：资源密集型部门 1.6 万元，劳动密集型部门 3 万元，资本密集型和技术密集型则高达 7 万元。一般制造业和低端服务业不超过 5 万元，高新技术产业、高端服务业等高附加值的新兴产业普遍需要 10 万元以上。截至 2012 年，沪深两市 2246 家上市公司中，98 家在 2012 年出现员工人数减少的企业中，减少最多的是钢铁、汽车、石油等重型企业。因此，应该改善企业的规模结构，改善教育结构，发展社会服务业，建设好新农村（减轻城镇就业压力），创造新的就业岗位；以产

———————————

[①] 陆大道：《我国经济增长速度的基本要素和支撑系统研究》，中国科学院学部咨询项目，2014 年。

业链延伸和服务化为路径，构筑城镇化的就业及经济支撑体系。①

二、工业化和城市化使环境问题集中爆发

（一）低端产品生产为主

2002—2012 年，通过铝材、铜材、钢材、水泥、平板玻璃等高耗能产品的大规模出口，有力地促进了我国经济高速增长，低端产品生产的"世界工厂"发展模式特征显著。然而，2007 年前后，由于能源、资源的过量消耗，环境污染压力巨大（"世界工厂" = "世界污染中国"），市场竞争过度、经济效益低、国民经济几乎陷入了结构性危机等，"世界工厂"的发展模式已经到了尽头。中央曾计划改变经济发展模式，但受 2008 年源自美国的全球金融危机打乱了中国政府的转型升级设想，转而推动中国政府实施大规模经济刺激计划，使低端产品生产的"世界工厂"发展模式得以持续。

工业，特别是制造业获得了巨大发展。中国 2013 年装备制造业占全球1/3 产值，居世界首位；多数装备产品产量位居世界第一：发电设备，造船，汽车，机床。载人航天与探月，大型运输机和大型客机等一大批重大技术装备的研制成功。新兴产业发展取得重大进展：先进轨道交通装备、智能制造装备、新能源汽车、海洋工程装备等新兴产业发展，智能化仪器仪表、工业机器人、增材制造等新兴产业。但近十多年来获得的迅速发展，其一，基本上是在追赶世界先进水平的框架内；其二，基本上是为满足国内大规模设备更新的需要。今后，要在更高技术水平及与世界发达国家产品竞争市场的平台上发展，将会面临着更艰难的任务。

（二）城市化与工业化脱节

随着工业化和开发进程的加快，中国生态环境加速恶化。1978 年中国有大小城市 193 个，城镇人口 1.72 亿人，占总人口的 17.92%；到 1990年，城市增长至 467 个，城镇人口 3.02 亿人，占总人口比重为 26.44%；2000 年拥有 663 个城市，城镇人口 45906 万人，占总人口的 36.22%；

---

① 数据来源：周成金：《我国战略性新兴产业发展对就业结构的影响》，湖南大学，2014 年。

2010 年拥有大小城市 658 个，城镇人口占总人口比重为 51.27%。1978 年后，中国城镇化进入迅速增长期。至 2010 年，仅 32 年时间，中国的城市化水平从 1978 年的 17.9% 提升到 49.68%，总体增加了 31.78 个百分点，每年增长高于 1%。[①]

工业化方面，当代中国工业化发展的四个特点，对环境状况具有明显的不利影响：（1）工业化超速增长，导致环境问题呈现爆发趋势；（2）工业发展持续呈现重型化，加重了环境污染压力；（3）原有工业技术体系已落后于世界先进水平，加上 20 世纪 80 年代乡镇企业异军突起，规模小，技术起点低，又极分散，形成了污染的泛滥；（4）国有、乡镇企业大都片面追求产值，加以产权不清，造成对环境后果的普遍漠视。

城市化方面，当代中国快速推进的城市化除直接加大了三大非污染等的排放以外，也从四个方面对环境产生了不利影响：（1）文化变迁慢于人口发展，导致文化差距；（2）主要采取外延式扩张发展方式，土地利用率低，土地资源浪费巨大；（3）小城镇迅速发展，加剧了环境污染和破坏；（4）相对落后的城市规划与管理，也加剧了环境污染和破坏。

（三）技术创新不足

徐瑛、杨开忠（2007）认为，中国经济增长的驱动力从 20 世纪 90 年代完成了由成本驱动到规模报酬驱动的转型，尤其是中国东部地区转型更为明显。[②] 长期以来，中国经济粗放型的大规模增长，消耗了大量的资源、能源、土地、劳动力等生产要素，但这也造成了资源价格的上涨，进而增加了企业运营成本，降低了中国制造的国际竞争力；积累了大量的社会经济矛盾，如果中国不能在预见的时间内从这种局面中摆脱出来，便可能陷入中等收入陷阱。而增加人力资本投资、强化创新和转向高价值的服务业，使经济增长获得新动力，将有助于中国避开中等收入陷阱。

随着中国逐渐进入依靠科技进步和创新驱动社会经济发展的历史阶段，提高自主创新能力、建设创新型国家成为国家的战略核心，近年来，

---

① 数据来源：《中国统计年鉴 2010》，中国统计出版社 2011 年版。
② 徐瑛、杨开忠：《中国经济增长驱动力转型实证研究》，《江苏社会科学》2007 年第 5 期。

技术创新对中国经济发展的贡献不断增强。2015 年，以市辖区为统计口径的规模以上工业企业的总产值（当年价）达到 60.98 万亿元，利润总额达到 3.55 万亿元，人均工业总产值达到 108.66 万元，较十年前分别增长了 6.2 倍、2.1 倍和 2.9 倍，十年间，中国企业整体实力得到极大提升（见表 3.6）。产业结构也不断优化，2010 年高新技术企业主营收入较 2000 年增加了 6.4 倍，尤其是具有创新能力、掌握核心技术和拥有自主品牌的企业抵御风险的能力和市场竞争力也得到较大提升。

随着中国技术不断创新，技术进步对中国经济增长的推动力也逐渐增强，据学者测算，1953—1978 年，中国技术进步对经济增长的平均贡献率为 8.61%，而 1979—2011 年则达到 44.35%，技术进步对中国经济增长的贡献作用十分明显（刘烔松，2014）。[①] 尽管进步明显，但与发达国家相比仍有较大差距，以芯片制造为例，许多核心知识产权掌握在高通、联发科、三星等国外科技企业手中，而中国则需缴纳高额的专利使用费。尽管我国在许多产品上已经处于世界领先地位，但是诸多关键环节仍与欧美发达国家有着较大差距。

表 3.6　2002—2015 年中国城市辖区工业行业主要指标

年份	工业总产值（万亿元）	年末从业人员数（万人）	人均工业总产值（万元）	利润总额（亿元）
2002	7.42	3270	22.69	8577.99
2015	60.98	5612	108.66	35454.13

资料来源：《中国城市统计年鉴 2002—2015》，中国统计出版社 2003—2015 年版。

三、政府和市场活动的局限性

（一）顶层设计缺失

战略考虑不周。改革开放以来，尽管我国制订了一些国土规划方案，

---

① 刘烔松、高一兰：《技术进步对中国经济增长贡献多少？》，《工业技术经济》2014 年第 11 期。

但由于方案不够完善，加上配套政策法规不到位，造成国土开发利用缺乏战略布局、统筹规划、顶层设计，总体谋略不清，条块分割严重，国土资源"重开发，轻整治"，在有些地区甚至出现了土地等资源开发失控的现象，工业污染项目从发达地区向欠发达地区转移，落后产能从城市向农村地区移动，这不仅没有缩小东部沿海地区与中西部内陆地区之间、城市与农村之间的发展水平差距，而且还由于知识、技术在经济发展中的地位上升，总体战略上的考虑不周还进一步扩大了我国地区之间的发展失衡，影响了东西部之间、城乡之间的互动效果和我国社会的稳定。

发展模式选择失误。我国地域辽阔，各地情况相差很大，东部长江三角洲地区、珠江三角洲地区总体上已经步入工业化后期和后工业化时代，而我国西南、西北不少地区还处在工业化的初期阶段，全国各地所处的发展阶段不完全相同。但是，不少地区特别是部分欠发达地区不顾自身资源禀赋条件和现实发展基础，盲目追求经济发展的高速度。在争夺工业投资项目过程中，人为过分地压低土地价格、能源使用价格，夸大了控制商务成本的重要性，导致我国工业用地浪费问题突出。

考核机制存在偏差。我国不少地区地方领导片面理解、曲解了邓小平同志"发展是硬道理"的讲话精神，不顾所在地的条件，一味地追求经济上规模，出现了过于偏重地区经济规模的政绩观，投资项目挂帅，政府各个部门成为了招商公司的办事员。在政绩考核过程中，有些地区甚至出现了所谓的项目招商业绩的"一票否决制"，干部的任免全看引资绩效的怪现象，导致经济活动的低效，我国部分地区经济可持续发展基础受损，沙漠化愈演愈烈，环境污染加剧。

（二）"三驾马车"结构失衡

"三驾马车"分析脱胎于凯恩斯主义的宏观分析模型，即总供给＝总需求，总需求＝消费＋投资＋出口；长期以来，学界和政界就"三驾马车"对于经济增长的驱动作用进行了分析。1990年以来，中国经济飞速增长，最终消费支出和资本形成总额对经济增长的平均贡献率分别为46.5%和47.3%，而净出口则为6.2%（见图3.14）。可见投资（资本）对经济增长的贡献占据较大比重，经济学界和社会各界也将其称为"投资依赖型经济增长"或"投资饥渴症"（郭庆旺，2014）。[①]

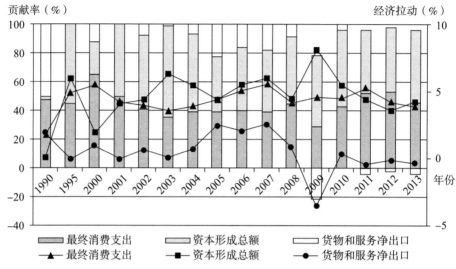

图3.14　1990—2013年三大需求对国内生产总值增长的贡献率和拉动

资料来源：《中国统计年鉴1990—2013》，中国统计出版社1991—2014年版。

而美国三大需求结构上，消费占据主体地位，而投资、出口占比均不到20%。1981年以来，消费始终占GDP的60%以上，且呈现出不断增加的趋势，2011年，消费占GDP比重达到71.2%，而投资占比逐渐下降，到2011年仅为15.5%，出口占14.3%（见图3.15）。三大需求对GDP的贡献率上，出口占比最大，而消费高于投资；2011年消费、投资、出口对GDP拉动率分别为-1.95%、-1.19%和6.68%。与美国相比，中国的消费对GDP的贡献明显偏低，而投资占比远远超过美国；中国经济增长的投资驱动型特征明显，而国内需求相对不足。居民最终消费占GDP比重总体不高，低于欧美发达国家，且近年来处于不断下降的趋势。以出口为例，中国出口产品主要以货物出口为主，附加值相对较低，而美国服务出口占比较大，且占比不断增加，2011 年美国服务贸易占总出口的 28.8%。可见，中国出口贸易质量和效益较低，进而也影响了出口对 GDP 的拉动作用，中国需要不断提高贸易质量，增强服务贸易水平（李春顶，2014）。①

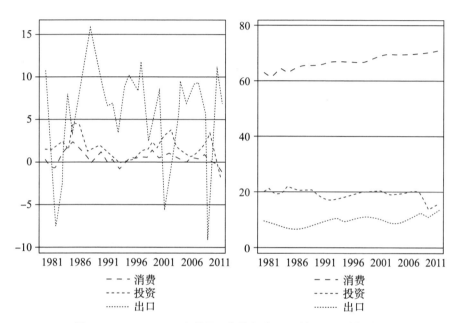

图 3.15　1981—2011 年美国三大需求对 GDP 的贡献及其拉动率

注：左图为三大需求对 GDP 的拉动率，右图为三大需求对 GDP 的贡献。

资料来源：Wind 数据库。

（三）市场前景堪忧

国内市场扩展空间巨大，但近年来国内消费占 GDP 的比重却呈下降趋势。2014 年 9 月 8 日，英国《每日电讯报》网络版发布了研究能源、经济、地理政治风险等问题见长的 HIS 公司的最新研究报告。该报告称，中国消费市场大幅上升将使中国经济在 2024 年超过美国成为世界第一；中国消费总额未来十年将从目前的 3.5 兆亿美元增加到 10.5 兆亿美元，投资主

① 李春顶、赵美英、彭冠军：《美国三大需求结构演变及其对中国的启示》，《中国市场》2014 年第 19 期。

导的经济增长模式将成功转型为国内消费主导的模式，使国民经济生产总值从 2014 年的 10 兆亿美元提高到 2024 年的 28.3 兆亿美元。而同期美国经济规模将从目前的 17.4 兆亿美元增加到 27.4 兆亿美元，中国将使美国百年独霸世界经济第一的局面成为历史。国内消费拉动 GDP 增长动力不足：中国居民最终消费总体比例不高，低于欧洲发达国家水平。近年来，中国居民消费占 GDP 比重呈现不断下降的态势。

驱动我国经济高速增长的外贸也面临不断增长的竞争和压力。全球技术进步速度减缓降低了世界经济增速，抑制中国外部需求的扩大。发达国家深陷债务困境，对中国商品和劳务的需求增速趋于降低，国际市场日趋饱和，我国出口规模难以继续高速扩张。

（四）投资边际效益下降

投资作为发展中国家经济起飞的助推器，中国经济的增长也长期依赖较大规模的投资，投资驱动成为中国经济高速增长的主要特点。经过三十多年的经济建设，中国在基础设施和工业上的大规模投资热潮也已经过去，今后想要保持大规模投资也十分困难。近年来，中国投资动力趋于衰减，投资增速持续走低。2014 年前 10 个月，固定资产投资累计同比增长15.9%，增速比上年同期回落 4.2 个百分点，创 2001 年以来同期最低（见图3.16），投资增速下滑主要源自两个方面：一是房地产开发投资增速回落明显，2014 年较上年同期回落 6.8 个百分点；二是制造业投资增速较上年同期回落 5.6 个百分点（中国银行国际金融研究所，2015）（见图 3.17）。[①]

中国城市固定资产投资也存在增速放缓的趋势，尽管 2012 年较 2011年有所增长（见图 3.18），但是这是在"新四万亿"带动下的结果，而这种大规模投资很难长期保持。尽管 2013—2014 年城市固定资产投资数据尚未公布，但通过中国总体固定资产投资增长情况可判断出城市固定资产投资也将呈现出放缓态势。

---

① 中国银行国际金融研究所中国经济金融研究课题组：《探寻新常态下经济增长新动力——中国银行中国经济金融展望报告（2015）》，《国际金融》2015 年第 1 期。

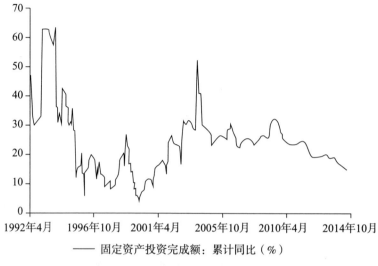

—— 固定资产投资完成额：累计同比（%）

图 3.16　1992—2014 年投资增速

资料来源：中国银行国际金融研究所中国经济金融研究课题组：《探寻新常态下经济增长新动力——中国银行中国经济金融展望报告（2015）》，《国际金融》2015 年第 1 期。

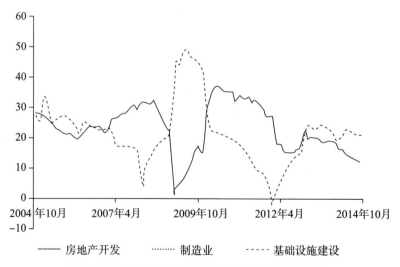

—— 房地产开发　　……… 制造业　　---- 基础设施建设

图 3.17　2004—2014 年房地产开发和制造业投资增速

资料来源：中国银行国际金融研究所中国经济金融研究课题组：《探寻新常态下经济增长新动力——中国银行中国经济金融展望报告（2015）》，《国际金融》2015 年第 1 期。

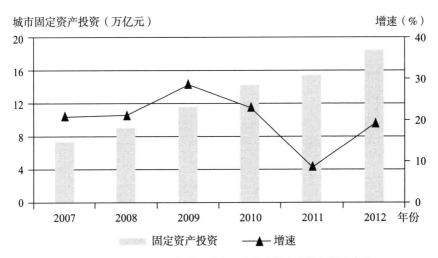

图 3.18 2007—2012 年中国城市固定资产投资总量与增速变化

资料来源:《中国城市统计年鉴 2007—2012》,中国统计出版社 2008—2013 年版。

近年来,中国中长期经济分析思路存在一个错误,即国内不少人基于凯恩斯主义,从消费、投资、出口(外贸顺差)即所谓经济增长的"三驾马车"出发,过于强调投资对我国经济健康发展的贡献,中央政府一直忙于制订并实施所谓的"经济刺激计划",目前中央政府投资力度甚至高于2009 年,2014 年年底国家发改委共批准了总投资额达 9000 亿元的项目,导致投资效果下降(对 GDP 增长的拉动作用下降),而环境污染、政府负债、经济增长"泡沫"等负面影响越来越明显,甚至可能会诱发我国经济系统的全面危机。实际上,凯恩斯本人很早就指出,凯恩斯主义分析方法主要是服务短期经济发展分析,而国内却把它运用在国家经济的长期发展战略制定之上,"错位"十分明显,为此有必要转变过去依赖投资拉动经济增长的局面。

(五)增长动力不足

由于劳动力成本低廉,以及其他生产要素价格偏低(过去很长时间里,中国的土地和资本使用价格均低于世界平均水平),加上政府的鼓励政策,使得中国出口规模持续扩大,出口一直是经济增长的重要动力(徐康宁，2013）。[1] 但随着劳动力成本的上涨，人民币汇率上升，以及国际市场的波动，外需疲软等，中国的出口受到严重冲击。由于国内生产成本上升，部分外资企业开始迁往越南、印度、孟加拉国等劳动要素价格更低的国家，中国的出口很难保持高速增长的趋势，也很难带动与历史上相同比例的经济增长。1978 年以来，中国出口长期保持高速增长，尤其是 2001 年加入 WTO 以来，多年平均增速达到 30% 左右。而自 2010 年以来，出口增速不断下降，2014 年出口增速仅为 4.9%，是 2000 年（除 2009 年受金融危机影响以外）以来的最低值（见图 3.19）。

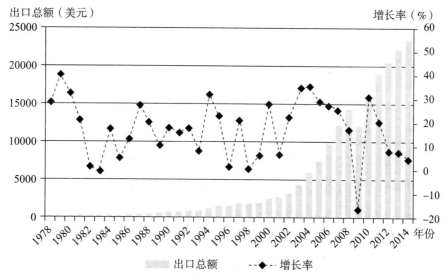

图 3.19 1978—2014 年出口总额及增长率变化

资料来源：《中国统计年鉴 1978—2014》，中国统计出版社 1979—2015 年版。

相比欧美发达国家，中国外贸出口结构也不够合理，2013 年，中国出口产品中，机电产品占出口总值的 42%，纺织服装等劳动密集型产品占 20.9%。而欧美出口结构相对较为均衡，美国出口产品前四位的分别为机电（24%）、交通（16%）、化工（11%）和石油矿物（10%）。欧美国家

---

① 徐康宁：《中国经济持续增长的动力来源》，《金融纵横》2013 年第 5 期。

也在进行产品结构调整，这对中国外贸出口构成了挑战。商务部于 2014 年 5 月 4 日发布的《中国对外贸易形势报告（2014 年春季）》显示，随着发达国家加大对先进制造业的重视和投入，如美国的"再工业化"，德国的"工业 4.0"等，中国相关出口产业面临的国际竞争日趋激烈。2013 年有 19 个国家对中国发起了贸易救济调查，比 2012 年增长了 17.9%；其中反倾销调查 71 起，中国连续 18 年成为遭遇反倾销调查最多的国家。

四、社会公众生态意识淡薄

（一）社会响应不足

受片面追求经济利益的影响，我国部分地区的企业、国民，忧患意识不够，责任感不强，对资源开发的界限认识模糊，国土保护意识不强，进一步放大了我国国土开发利用保护中存在的问题，损害了我国可持续发展的基础。近期发生的上海黄浦江死猪事件（浙江嘉兴养猪户随意向江河抛弃死猪）、河南农民使用造纸厂废水灌溉农田造成的农产品污染事件、黑龙江松花江化工企业水质污染事件等给我们敲响了警钟。

事实上，公众不仅可以通过环境影响评价环节参与环境保护工作，环境信息知情权的满足、各项环境事务的参与等都是公众参与环境保护的重要体现，都需要得到法律保障，因此，制定更广泛意义上的公众参与环境保护活动相关法规就成为必然选择。最近，专家学者已经开始着手拟定"公众参与环境保护办法"的专家意见稿，希望迈过环境影响评价环节这道门槛，将公众参与环境保护引领到更广阔的空间，让公众的环境知情权、参与权和救济权得到更全面的实现和保障（俞可平，2008）。[①]

目前，在我国生态环境保护、构建社会主义生态文明决策过程中，经常会出现一些重集中轻民主的现象。在生态环境问题决策上重集中轻民主，有关环境污染与治理的知情权、决策权高度集中，民主意愿无法体现，导致生态环境事件频频发生。污染物排放和能源节约行为，由于其具

[①]　俞可平：《和谐社会与政府创新》，社会科学文献出版社 2008 年版，第 20 页。

有点多面广的特点，如果没有公众的参与，仅靠政府换届监察部门人员的抽查，显然不能满足节能减排的要求。政府亟须建立全覆盖的实时监控系统，但建设和使用的成本高昂，既冲抵了制度创新的收益，又不符合生态文明的要求。

（二）环保监督机制不健全

在实施机制方面，受各种利益博弈的影响，生态环境监察执法工作还有待完善。以新修改的《中华人民共和国水污染防治法》为例，一是按日计罚制度能有效解决"违法成本低"问题，为许多发达国家的立法所采纳，但在立法中未能确认。二是对环境监察执法机构的执法地位定位不明确，环境监察执法机构只是委托执法。三是没有授予环保部门对环境违法行为的现场强制权，也没有规定行政拘留向水体排放有毒物质的行为主体的处罚方式等。

与经济发展速度相比，中国环保公共财政投入比例严重失调，生态环境保护资金投入不足，自1979年《中华人民共和国环境保护法》颁布实施以来，承担着环境保护主导型角色的政府却没有专门的环境保护预算支出科目。虽然近年来以环境保护为目的的财政支出总量有所提高，但主要按部门、项目分配，往往具有应急的性质，缺少统筹规划，易造成资金配置的不合理和不可持续性。

（三）配套制度不完善

公众参与在我国还是新生事物，有一个发展和完善的过程。同时，与西方国家不同的是，我国的公众参与具有明显的"自上而下""政府推动"的特点，政府始终居于主导地位。这种模式虽然具有激发民众，在社会条件不充分情况下主动建设，推动制度较快发展的特点，但也具有参与范围局限、公众独立性不强、制度约束力弱等缺憾。这种格局下的环境保护公众参与，也因此存在一些"硬伤"，影响参与的实际效果。有效的环境保护公众参与绝不是仅靠参与制度本身所能实现，还需要一系列配套制度的支持，尤其是主体能力、信息渠道和法制环境。

在专家方面，专家意见虽然重要，但如何保证入选专家的权威性及其意见的客观、中立也是一个需要解决的问题。实践中常常出现不同专家意见迥异而缺乏令人信服的理由的情形，影响到决策的正确性及专家的公信力。在"深圳西部通道侧接线工程环评""厦门 PX 项目""怒江开发"以及地方一些垃圾处理场的环评事件中，都暴露出专家管理方面的一些问题。因此，普通民众的环境素质对于环境保护而言具有根本性的意义。如果没有具有良好环境素质的"生态公民"，那么生态文明不可能真正实现。而我国公民政体环境素质水平普遍较低，"环境意识在整体上还是属于比较浅层次"，极大限制了公民参与环境保护的力度。

要想成功地开展公众参与，必须清楚地向公众提供正确的信息，保障信息渠道进行通畅，信息通达。在环境信息公开方面，近年来我国立法虽有较大进步，颁布了《政府信息公开条例》和《环境信息公开办法》等法律法规，但相较于公众参与的实践需求，仍不够完善和细化。2010 年 7 月发生的"紫金矿业污染"事件，肇事企业隐瞒污染事故达十几天之久，给人民群众生命财产及生态环境造成巨大损失，暴露出现行法制对信息披露要求不高，缺乏责任性规定，监管乏力的弊端，值得反思和总结。

第四章　长三角区域生态文明建设之道：一体化发展

作为国家主体功能区中优先开发区的典型代表，长三角区域的生态文明建设特色体现在生态、产业以及创新三个方面。本章重点探讨了长三角区域生态环境条件、问题及改进措施；以浦东新区集成电路产业为案例，探讨了长三角跨区域产业联动的现状、条件及措施，并基于区域创新系统理论，探讨长三角区域创新中心形成的基础、问题及区域创新中心建设的对策建议。

第一节　长三角区域发展现状特征

一、区域生态环境特征

（一）区位优势明显

长江三角洲地区地处我国中东部沿海地区，是我国最大的河口三角洲冲积平原。

长三角区域地处亚热带向温带的过渡带，为亚热带季风气候，温暖湿润、雨量充沛，年降水量在 1000 毫米—1500 毫米，主要集中在春夏季，雨热同期，利于生物的生长与繁衍，生态系统类型多样，生物多样性高。

长三角区域位于我国沿海与沿江生产力布局主轴线的结合部，扼长江出海口，集"黄金海岸"与"黄金水道"于一体，是"长江经济带"的龙头和"海上丝绸之路"的重要节点，成为我国最发达地区和国际第六大城市群。据统计，2012 年长三角区域仅占全国 2.2% 左右的土地却创造了全国近四分之一的国民收入，在全国的经济地位越来越突出。作为全国三大经济圈之一，长三角地区在国家政策支持和区位优势等共同作用下成为20世纪90年代以来全国发展速度最快、开放程度最高、投资环境最佳、经济内在素质最好的地区。经济的发达带来了高素质人口、产业和财富的高度聚集，区域内部产业之间的联系和合作也越来越频繁。长三角地区从20世纪80年代起就意识到区域产业合作的重要性，经过二十多年的努力，长三角地区的产业联系和合作有了很大的进展，政府、企业、社会、市场等不同层面的合作有了一定的基础。但是，由于许多历史和现实的因素，长三角地区的产业合作中依然存在不少问题，产业联动发展的效果还有很大的提升空间。除企业和地方政府有着强烈的进一步加强合作的动机外，鉴于长三角在全国的经济地位，中央政府对长三角的合作也寄予了厚望，2008年9月，国务院专门发布了《关于进一步推进长江三角洲地区改革开放和经济社会发展的指导意见》，期望进一步加强长三角地区的合作，以提升长三角地区的整体国际竞争力，为我国的改革开放作出更大的贡献。

（二）地形复杂多样

长江三角洲区域西部和南部的山地或丘陵，占整个区域面积的1/3左右，山体不大，如天目山、莫干山、宁镇山地和宜溧山地等，是自然森林和人工经济林分布的区域；中北部的绝大部分地区地势低平，构成长江中下游平原的重要组成部分，是我国传统粮棉油生产基地，但中部地区已发展成连绵的城市群。

中部的太湖是区域内最为低洼的地区，形成太湖的蝶形洼地，这种特征导致太湖宣泄不畅，易形成区域内的洪涝灾害；西部山区在自然植被被破坏后，在强降水天气容易发生水土流失和滑坡；而东部沿海低洼地区容易受到海平面和风暴潮的影响。

（三）水网密布

长江三角洲的水系分属长江北部的里下河水系、南部的太湖水系、钱塘江水系以及浙东南水系。区域内除了包含基本完整的太湖流域和浙东南部分小水系外，长江、钱塘江则属下游和中下游区域，汇集了上游省区客境来水，水资源量和水环境质量容易受到上游地区的影响。

长江和钱塘江从区域中部穿越，对区域生态环境产生重要影响，特别是长江南部形成差异明显的气候条件和不同的社会经济特征。

太湖流域水系为"井"字形河网，其形成条件复杂，下游地区由于受到潮汐作用的影响，形成往复流，加上地势低平，水流速度慢，不利于污染物的扩散。境内主要河流和湖泊跨越省级行政区，导致上下游间水环境矛盾突出，跨行政区环境冲突。

（四）土地类型多样

土地是社会经济发展的重要资源，在地貌、岩石、土壤、水文、气候、植被以及人类利用等综合作用下，形成的各类型土地，均有其自然特性，利用方向和改善措施也应有所不同。长三角地区以平原土地类型为主体，山区土地类型亦占有相当比重。根据其地形特征，长江三角洲地区可分为两大类土地类型，即平原类和山地丘陵类两大类八小类。

（五）城市生态系统服务功能齐全

长三角地区由于良好的区位优势和改革开放的巨大机遇，本区城市得到巨大发展，形成了以上海为中心，包括特大城市南京、杭州、苏州等城市构成的国际第六大城市群。然而从生态系统的角度分析，这些城市规模大、人口密度高、森林覆盖率低、人均绿地少，大气、水污染严重，是不宜居住或生态不健康的城市，人居环境亟待改善。

生态系统服务是人类生存发展的条件和基础，生态系统和自然资本间接和直接地为人类的服务作出了巨大的贡献。根据相关计算，整个生物圈目前提供的生态系统服务价值为16万亿美元—54万亿美元，同期全球国民生产总值每年18万亿美元。长三角地区生态系统类型多样，生态系统服务功能齐全。

二、区域产业联动特征

（一）区域产业联动概念

在经济地理学和区域经济学中，产业联动一般指的是不同区域间的产业协调发展。但由于不同的研究需要不同的角度，学者对产业联动的内涵界定也不是完全相同的。王红霞认为产业联动强调的是产业之间的互补、合作与相互作用的关系。它是指在一个区域的产业发展中，不同地区通过产业结构的战略调整，形成合理的产业分工体系，实现区域内产业的优势互补，实现区域产业的协同发展，从而达到优化区域产业结构、提升产业能级、增强区域产业竞争力的目的（王红霞，2007）。[1] 郭明杉、张陆洋（2007）认为，在区域经济一体化过程中，在区域合作的基础上，依靠政府的力量或者依靠市场的自发力量，为加强和延伸地区产业的生命力，实现产业国际化而进行产业区际合作，进而采取一系列措施和产业调整活动，这种合作的机制叫作"产业联动"。[2] 吕涛、聂锐认为产业联动可以定义为：以产业关联为基础，位于产业链同一环节或不同环节的企业之间进行的产业协作活动（吕涛、聂锐，2007）。[3]

在实践中，产业主体之间的相互联系和合作表现为多种形式。在生产要素层面，表现为资金、技术、劳动力等的相互流动或形成一些统一的要素市场；在企业层面，表现为企业跨区域的投资、并购等经营活动，企业之间基于产业链的垂直联系或基于联合技术攻关、市场开拓等共同目标的水平合作；在政府层面，表现为为了区域的共同发展而采取的共同制订产业规划、产业政策等产业合作行为；在社会层面，一些产业社会组织为了整体产业利益而采取制订共同的产业标准、行业规范等行为。产业之间的联系和合作也是宽领域的，不仅同一产业内部存在合作，不同的产业之间也存在合作（叶森，2009）。[4] 因此，产业之间的联系与合作是多形式、多层次、宽领域的。产业是一些具有相同特征，彼此之间有相互联系、相互作用的经济组织和活动所组成的集合或系统，是具有某种同类属性的企业总称。

---

① 王红霞：《产业集聚是否就是产业联动》，《解放日报》2007年8月27日。

② 郭明杉、张陆洋：《高新技术产业集群的区域经济一体化效应分析》，《哈尔滨工业大学学报》2007年第1期。

③ 吕涛、聂锐：《产业联动的内涵理论依据及表现形式》，《工业技术经济》2007年第5期。

④ 叶森：《区域产业联动研究》，博士学位论文，华东师范大学，2009年。

（二）区域产业联动尺度

产业联动在空间上大致可分为全球尺度、区域尺度和地区尺度这三个主要层次，其主要特征如表4.1所示。

表4.1 不同空间尺度产业联动的基本特征

指标	全球尺度	区域尺度	地区尺度
空间尺度	大	较大	较小
产业联动实质	全球价值链分工、合作	不同等级产业集群之间的联系合作	产业集群
联动主体	国家、区域、大型跨国企业	大型企业为主，或集群中有活力的中小企业	中小企业
联动方向	高势能→低势能的单向联动	由以高势能→低势能的单向联动向区域互动转变	双向联动
流动的要素	以原料、设备等硬要素为主	硬要素和软要素	以知识、技术等软要素为主
影响因子	经济发展水平、国家制度和政策	经济发展水平、产业关联度、基础设施、区域制度和政策、区域创新环境	产业关联度、基础设施、集群创新环境、社会文化环境
主要联动形式	全球产业转移、全球生产网络	区域性产业转移、产业联盟、区域生产联盟	产业集群、地区生产网络

全球尺度的产业联动以跨国公司在全球所建构的相互联系合作的全球产业链和生产网络为主要代表。产业联动不仅发生在地区之间，也在全球层面上蔓延，而跨国公司特别是跨国公司总部对于联动的区域具有较强的选择权。全球尺度的产业联动主要表现为跨国公司根据各国的比较优势，将产业链条在全球布局以降低生产成本或扩大市场；也表现为各国为促进产业的发展而寻求消除产业互动的壁垒、刺激贸易需求、提升产业能级而联合采取行动的过程。世界贸易组织等全球尺度产业联动的主要制度安排。全球尺度产业联动的主要方式是全球性产业转移以及全球生产网络的

构建（Egeraat，Jacobson，2006）。[①]

　　区域是介于全球和地区之间的一个中观空间尺度，兼有宏观与微观尺度产业联动的特征，其主体以大型企业为主，也可是集群中具有活力的中小企业。其产业联动的影响因子更为复杂，区域经济发展水平、产业关联度、基础设施、区域创新环境和制度是影响区域尺度产业联动发展阶段和水平的主要因子，产业转移和产业联盟是其主要表现形式。区域性产业联动的典型代表有地理上相互临近的一些国家所组成的一定区域范围的合作，如欧盟、东盟等；也有不同国家部分地区之间的合作，如边境贸易区；有一个国家范围内的大区域范围的产业合作，如我国的东西部产业联动；也有一国之内地理相近的地方区域之间的合作，如长三角合作。

　　从区域产业联动的实证研究来看，贝格曼（Bergman，2008）认为在大都市区可能存在着不同类型高技术产业集群之间的联系，甚至发生空间上的重叠，一些价值链上下游的企业因为天然的联系集中在某一区位。他们同时指出，不同产业部门之间的技术流动速度不同，其区位和空间集聚度不同，区域间集群联动的效应也不同。[②]也有学者指出采用主成分分析法分析南加州地区20个制造业产业集群，他指出，某一特定的产业在地方空间集聚形成了地方制造业产业集群，不同的产业集群之间存在着产业联动和人员流动，因此若干地方产业集群共同构成了地区统一体（Funderburg，Boarnet，2008）。[③]

　　（三）长三角产业联动的发展历程

　　考虑到上海浦东新区的开发开放不仅是20世纪90年代以来长三角地区经济取得长足发展的重要动力源泉，而且浦东新区经过二十余年的开发

　　① Egeraat C. V., Jacobson D., "The Geography of Production Linkages in the Irish and Scottish Microcomputer Industry: The Role of Information Exchange", *Tijdschrift Voor Economische en Sociale Geografie*, No. 4, 2006.

　　② Bergman E. M., "Cluster Life-cycles: An Emerging Synthesis", in Karlsson, C. (Eds.), *Handbook of Research on Cluster Theory*, *Handbooks of Research on Clusters Series*, Edward Elgar, Northampton, 2008.

　　③ Funderburg R. G., Boarnet M. G., "Agglomeration Potential: The Spatial Scale of Industry Linkages in the Southern California Economy", *Growth and Change*, No. 1, 2008.

开放所形成的巨大的经济能量，使浦东新区在长三角产业联动发展中具有举足轻重的地位，同时带动、辐射长三角地区的发展本身就是中央政府对浦东新区开发开放的战略定位之一。因此，将浦东新区与长三角其他地区的产业联动作为区域产业联动发展的案例研究，具有重要的应用价值。

早在 1990 年浦东新区还没有成立与对外开放之前，包括浦东在内的上海市，已经与江苏、浙江的产业联动就以民间自发的、地下形式、小规模的存在与开展起来。20 世纪 80 年代以前，浙江、江苏集体企业与私营企业的营销人员，就以跑供销的形式去上海国营企业联系推销工业零件与工业半制成品，同时积极主动地将最新的产品与市场信息、技术信息等带回家乡。而上海国营企业的技术人员则利用节假日去上海周边的江苏与浙江市、县、区进行技术指导与技术合作，赚取外快。因为 1978 年党的十一届三中全会之前，市场经济受到打压，所以，1980 年之前，长三角地区的产业联动，产业技术与产业合作形式，均是以非公开的、民间地下形式开展的，所以规模小，且以个人参与形式为主。1978 年至 1990 年，中国进入经济改革试点阶段，国家工作重心开始由政治领域转向经济领域，由计划经济逐渐向市场经济转轨。这一阶段长三角产业联动出现了新的特点。长三角两省一市的企业与人员，开始以单位合作形式，半公开地参与产业有关的技术、产品的开发与生产中。上海与江苏、浙江省产业合作与联动的范围进行了拓宽，不仅局限于过去的技术、原材料、初级加工品的合作，还表现在异地设厂等直接投资形式，产业联动的规模有了很大提高，联动内涵有了加深。但总体上，1990 年浦东开发开放之前，长三角的产业联动还处于初级阶段。但不可否认的是，上海工业上的技术、信息、人才优势对江苏与浙江省工业的快速发展有不可估量的重要意义。

1990 年，浦东新区的开发与开放，使以上海浦东为龙头的长三角经济区域取得了长足的发展，浦东开发开放的效应吸引了大量外商投资进入长三角地区，长三角地区承接了大量的国际工业制造业的转移，大量工业园区开始在长三角地区涌现，浦东与长三角的产业联动进入了新的时期。

1. 以要素绝对集聚为主阶段（1990—2000 年）

1990 年，国务院宣布浦东新区开发与开放以后，浦东凭借着紧临浦西这个全国最大的经济中心城市的核心城区的地理优势，以及中央政府赋予的特殊功能定位和政策，紧紧抓住国际产业转移的重大历史机遇，吸引了全球大量的资金、人才等资源。"八五""九五"期间，是浦东以形态开发为主的阶段，这一阶段，浦东最重要的任务就是尽快形成一个外向型、多功能的现代化城区的框架。这一时期浦东和长三角其他地区产业联动的最主要特征就是资源向浦东集聚，而长三角其他地区的企业则利用浦东这个窗口，走向世界。至 2008 年年底，浦东累计批准外省市企业户数达到13209 家，注册资本 905 亿元，其中来自江、浙两省企业超过三分之一，注册资本在四分之一以上。

2. 要素集聚与传统要素扩散并存阶段（2001 年至今）

进入"十五"时期，浦东进入形态开发和功能开发并举的时期。经过前十年的开发开放，浦东以陆家嘴金融贸易区、金桥出口加工区、张江高科技园区、外高桥保税区四个国家级开发小区为核心功能的城市框架基本形成，经济能量有了跨越式提升，城市功能明显增强。在此基础上，浦东一方面继续把集聚要素资源和完善城市建设放在重要位置，同时功能拓展越来越提上议事日程。与之相对应，在这一阶段，浦东与长三角其他地区的产业联动，除了继续集聚周边地区的资金、人才等要素资源外，浦东对周边地区的辐射、带动作用逐步增强。主要表现在：一是功能辐射。经过十多年的开发，浦东在金融、贸易、航运等功能方面积聚了较大能量，一批要素市场也集聚浦东，浦东基本形成了上海国际经济、金融、贸易、航运中心的核心功能区的框架，成为全国重要的要素集散中心之一。这些功能对辐射、带动长三角其他区域的发展起到了重要作用。二是产业转移。随着浦东产业结构的不断升级，加上商务成本的不断提高，新区产业转移的速度不断加快。从总体上看，目前浦东新区与长三角产业联动仍处于这样一个阶段之中。

（四）长三角产业联动的现状——以集成电路产业联动为例

集成电路是信息产业发展的基础，是改造和提升传统产业的核心技术，它已成为事关国民经济、国防建设、人民生活和信息安全的基础性、战略性产业。集成电路产业具有产业链长、产业关联效应明显的特点，集成电路企业的区域联动发展方式和机理对于解释中观尺度产业集群之间的联动现象有着较强的代表性。长三角地区是我国集成电路产业最集中、产业能级最高的区域。区域内已经拥有国内55%的IC制造企业、80%的封装测试企业和近50%的集成电路设计企业，成为全国最重要的集成电路产业基地。其中，浦东已形成了我国投资规模最大、产业链最完整、建设速度最快和生产能力最强、技术水平最高、产值增幅最大的集成电路产业基地和产业集群，是全国集成电路产业发展的主力军。集成电路产业也是浦东和长三角整个区域的重要支柱产业，其无论从企业个数、规模、总产值和从业人员来看，都处于经济总量的前列，占有举足轻重的地位。目前，浦东与长三角地区集成电路产业已形成了明显的集聚优势，一体化合作现象也广泛存在，但集成电路产业也面临着产业能级不高、产业同构、竞争力不足等问题。因此，选择浦东与长三角地区集成电路产业进行产业联动的案例分析，具有典型意义和实践价值。

1. 浦东与长三角地区集成电路产业发展概况

（1）长三角地区集成电路产业发展概况

自2000年以来，中国集成电路产业快速成长，各基地依托不同地域特点、不同产业环境而各具特色。产业群聚效应日益凸显，长三角、珠三角和京津地区成为中国集成电路产业的主力军；随着英特尔、美光、英飞凌等国际领先半导体公司纷纷落户成都、西安，西部也开始成为另一处潜力发展区域。2010年国内集成电路产业销售额1440.15亿元，同比增长28.4%。其中，设计业销售363.85亿元，同比增长34.80%；芯片制造业销售447.12亿元，同比增长31.10%；封测业销售629.18亿元，同比增长26.30%。在我国集成电路产业的地区分布中，以上海为轴心的长江三角洲地区集成电路产业销售规模增长最快，2009年销售额达到861亿元，占全国集成电路产业的 77.6%；其次是京津环渤海地区，销售额达到 104 亿元，占全国集成电路产业的 9.4%（见图 4.1）。从企业类型来看，在中国前 50 大集成电路企业中，长三角地区企业数量占 68%，达到 34 家。其中集成电路设计企业有 7 家，合计销售收入达到 76.1 亿元；集成电路封装测试企业有 16 家，合计销售收入达到 309.0 亿元；芯片制造企业拥有 11 家，合计销售收入达到 375.7 亿元。

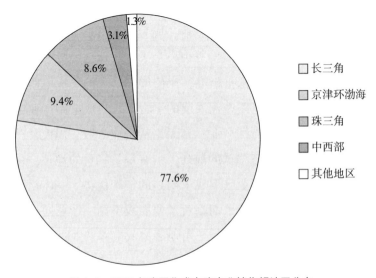

图 4.1　2009 年我国集成电路产业销售额地区分布

资料来源：上海市经济和信息化委员会，2011 年。

　　长三角初步形成了开发设计、芯片制造、封装测试及支撑服务业在内的完整的集成电路产业链。区域内拥有 ChipPAD、Amkor、日月光、Intel、泰隆等世界级封装测试工厂，中芯、宏力、华虹 NEC、台积电四大芯片代工厂，本土的华晶、苏州和舰等大型芯片制造企业，杜邦、Photronics 两家顶尖掩膜制造商和美国应用材料公司等几百家配套企业，产业体系完备。由于长三角拥有较完整的产业链，集成电路制造工艺能够代工国际高端产品，因而设计技术进步较快，目前主流设计企业的设计水平都在 0.18 微米水平，同时也具备了 0.13 微米和 0.09 微米设计能力。长三角已拥有包括硅知识产权交易中心、集成电路设计服务公司、集成电路产品验证机构在内的规模完备的集成电路设计产业体系。长三角地区集成电路设计企业已经在芯片设计开发技术方面有了一定突破，实现了知识产权的原始积累。如上海展迅、凯明和鼎芯分别成功开发了3G的TD-SCDMA基带处理芯片、射频收发芯片及其解决方案，实现了一批具有知识产权的核心技术突破。

长三角有着深厚的集成电路产业科研积淀和丰富的人才资源。区域内全国重点大学林立，设有微电子及其相关专业的正规高校共有十几所之多。另外在长三角的中科院和部属科研机构也有长期与产业结合的优良传统，如中科院上海微系统与信息技术研究所等。在产学研紧密结合较好的研发中心方面，有上海广电（集团）公司中央研究院、上海贝岭研发中心、上海集成电路设计研究中心等；特别是长三角的高校和科研院所将其科研成果作为股份成立了许多设计公司，如复旦微电子、上海华虹集成电路等，它们聚集了优秀人才，开发了一系列项目，逐渐形成了自己的核心竞争力。国际IT巨头入驻长三角的研发中心，使得本土人才和国外的人才不断流向长三角地区（吴俊如，2004）。[①]

虽然上海、江苏和浙江地域发展条件相似，但是由于软性因素的作用，在发展集成电路产业上还是存在一定差异。从产业链的完整性来看，江苏和上海都已形成了完整的产业链，浙江正在不断完善的过程中。从产品的生成环节来看，上海浦东的设计、封装测试在两省一市中具有明显的优势，尤其以设计为最，其设计主要针对芯片、晶圆制造、消费类电子需求；而江苏的设计依托性比较强，如手机芯片类优势突出，虽然规模较大，但是产业能级上要弱于上海；杭州主要存在个别的设计企业，由于起步晚，受上海辐射较之江苏弱，发展相对缓慢。通过表4.2比较来看，上海在技术能级、产业能级上都占据着首要和核心的位置，其次由于资金来源和产业发展环境不同，江苏在国际化影响下，与上海的差距逐步拉小，呈现追赶趋势。浙江则与前两者体现明显的差距，从产业规模、技

---

① 吴俊如：《如何放大集成电路业长三角效应——访上海市集成电路行业协会常务副秘书长赵建忠》，《科技资讯》2004年第10期。

术能级和产业配套来看，在长三角地区集成电路产业中都处于相对落后的位置。

表4.2　2010年长三角集成电路产业区域分工与发展模式比较

区域	上海	江苏（以苏南为重）	浙江（浙北为重）
产业规模（亿元）	540	600	150
技术能级	90纳米（中芯）	0.13微米（和舰）	0.5微米（中纬）
重点产品	晶圆代工（8、12寸）、集成电路卡、DRAM/Driver集成电路、Log集成电路	晶圆代工（8、12寸）、DRAM、LCD Draiver集成电路+消费性集成电路	消费性电子、LCD Draiver集成电路、晶圆材料
发展模式	国家计划（909计划、十五计划）、国际合资	国家计划（908计划）、海外世界级公司独资	民间创造、台湾企业投资、海外自由资本
区域产业属性分析	国家资本为主，规模大，配套完善	外资为主，规模中，配套相对完善	民间资本为主，规模小，配套依附

资料来源：上海市经济信息化委员会，2011年。

（2）浦东新区集成电路产业发展概况

浦东已形成了我国投资规模最大、产业链最完整、建设速度最快和生产能力最强、技术水平最高、产值增幅最大的集成电路产业基地和产业集群，浦东已成为全国集成电路产业发展的主力军，2009年浦东微电子产业带的集成电路产业销售收入为226.18亿元，占上海集成电路产业销售收入总数的56.2%，其在上海集成电路产业中占主要地位，且综合产业能力居全国第一。以张江为核心的浦东微电子产业带共集聚集成电路产业上下游企业220多家，总投资超过80亿美元。并且形成了以集成电路制造业为主体，包括设计开发、封装测试、设备材料制造、光掩膜、模具、零配件、测试分析服务、人才培训等较为完整的产业链。集成电路设计、制造、封装测试和设备材料方面均有世界著名的公司和品牌领衔，世界10大集成电路设备制造企业有7家落户张江园区。目前，新区集成电路产业正向"以中芯国际 12 英寸项目以及华虹 NEC、宏力、日月光等企业为龙头，围绕国家微电子产业基地建设，打造更为完整的产业链，形成具有世界领先水平的微电子生产基地"的目标迈进（见表 4.3）。

表 4.3　2010 年浦东新区集成电路产业重点企业分布情况

技术领域	上海市排名	企业名称	销售收入（亿元）	分布地区
设计	1	展讯通信（上海）有限公司	25.4	张江高科技园区
	3	上海华虹集成电路有限责任公司	6.9	张江高科技园区
	5	格科微电子有限公司	5.8	张江高科技园区
	8	超威半导体（上海）有限公司	2.8	张江高科技园区
	9	昂宝电子（上海）有限公司	2.7	张江高科技园区
	10	华亚微电子（上海）有限公司	2.6	张江高科技园区
生产制造	1	中芯国际集成电路制造（上海）有限公司	54.5	张江高科技园区
	2	上海华虹 NEC 电子有限公司	24.8	金桥出口加工区
	4	上海宏力半导体制造有限公司	15.5	张江高科技园区
	7	凸版中芯彩晶电子（上海）有限公司	1.4	张江高科技园区
封装测试	1	环旭电子股份有限公司	79.33	张江高科技园区
	3	日月光封装测试（上海）有限公司	30.02	张江高科技园区
	5	安靠封装测试（上海）有限公司	14.51	外高桥保税区
	6	上海雅斯拓智能卡技术有限公司	7.52	金桥出口加工区
	7	上海旭福电子有限公司	7	张江高科技园区
产业配套	1	日月光半导体（上海）有限公司	13.53	张江高科技园区
	3	应用材料（中国）有限公司	4.65	张江高科技园区
	4	三井高科技（上海）有限公司	3.94	金桥出口加工区
	7	东电电子（上海）有限公司	2.2	张江高科技园区

资料来源：上海市经济和信息化委员会，2011 年。

　　浦东新区集成电路产业外向型程度很高，外资企业在 220 多家集成电路企业中占 80% 以上，其中外商独资企业占全部企业数的 3/4 左右；2010年全年集成电路产业实现销售产值 183.30 亿元，其中出口 145.62 亿元，产品出口率达到 79.4%。

浦东充分发挥全市聚焦张江效应和自身优势，继国家微电子产业基地落户张江之后，相继引进了北京大学上海微电子研究院、清华大学信息学院上海微电子中心。随着设计企业和研发中心的引进，浦东微电子产业开始从芯片代工转向芯片代工与研发设计、装备制造、营运中心并重的升级阶段，注重产业链的整体建设，注重项目产出效应。新区集成电路产业技术领先，尤其在芯片制造领域已跟上国际主流水平，产业的工业技术已进入 0.13 微米和 90 纳米工艺阶段，标准 CMOS、Mixed-Signal CMOS、RF CMOS、HVCMOS、Flash、Bipolar、BiCMOS 和 BCD 等技术被广泛采用。集成电路产业全年研发投入超 10 亿元，占主营收入比重的 4%，远高于长三角地区平均水平。拥有国际专利超过 300 件，国内专利逾 800 件，其中发明专利近 600 件，占比 73%，在上述专利等知识产权中，绝大部分由企业自主研发或通过外部合作联合完成，仅有不到 2% 的知识产权或者专有技术由企业通过外部购买实现。人才优势明显，截至 2010 年，浦东新区集成电路产业从业人员中硕士研究生以上高端人才占 26.4%，科技活动人员占 43.2%。

2. 浦东新区与长三角地区集成电路产业联动情况调查

为摸清浦东新区与长三角地区集成电路产业联动情况，本书选取了浦东新区范围内的 125 家位于集成电路产业链上重要节点的集成电路企业作为研究对象，对其与长三角其他区域的产业联动情况进行定性和定量分析。125 家集成电路企业中，设计企业 57 家，占 45.6%；制造企业 19 家，封装测试企业 8 家，IDM 企业 2 家，产业配套企业 39 家，占 31.2%。46.4% 为无其他分支企业的独立公司，20.8% 为子公司，18.4% 是公司总部。从产品类型看，多数是专用集成电路和多媒体芯片；产品规格处于较先进水平，多为 0.18 微米，部分产品已达到 90 纳米工艺技术；产品工艺基本为 8 英寸。

（1）浦东新区集成电路企业与长三角其他地区资金联系情况

从资本来源情况看，2010 年，新区集成电路企业合计实收资本 1105.8

亿元，平均每家企业实收资本 8.85 亿元。资金来源多集中于境外，占 64.8%，其中 75 家企业实收资本全部来自境外。来自除浦东之外长三角其他地区的资金只有 8.8%，其中来自江苏和浙江的资金十分有限，分别只有 2.4% 和 0.8%。企业从这两地获得产业发展的资金有限（见表 4.4 和图 4.2）。

表 4.4　2010 浦东新区集成电路企业资本来源与融资的地域分布

指标	浦东	上海其他地区	江苏	浙江	国内其他地区	境外
资本来源	24.8	5.6	2.4	0.8	5.6	64.8
融资区域	24.8	11.2	0	0	3.2	33.6

从企业融资情况看，主要融资区域为境外和浦东本地，分别占 1/3 和 1/4；来自除浦东之外长三角其他地区的融资只有 11.2%，没有任何企业在江浙地区融资。

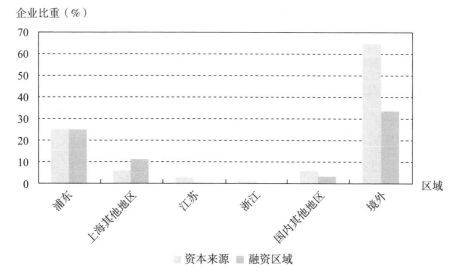

图 4.2　浦东新区集成电路企业资本来源与融资的地域分布

资料来源：林兰、叶森、曾刚：《长江三角洲区域产业联动发展研究》，《经济地理》2010 年第 1 期。

从企业对长三角地区的投资方式来看，仅有 12 家企业有对外投资，累计对外投资额 55 亿元。其中 61.5% 的企业是为了设立新公司或分支机构，选择并购的企业只有 7.7%；从重要投资领域来看，生产和销售两大领域占 75.0% 以上，研发领域只有 16.7%；从投资动机来看，选择打开市场的企业比重为 71.4%，而选择提高技术水平和吸纳人才的企业只有 21.4%；从未来投资的意愿来看，浦东新区和国内其他地区是调查企业重点选择的投资区域，选择除浦东之外长三角其他地区投资的仅占 16%，其中选择投资江浙地区的只占 6.8%（见表 4.5）。

表 4.5　浦东新区集成电路企业未来地分布情况

指标	浦东	上海其他地区	江苏	浙江	国内其他地区	境外
未来投资地分布	39.8	9.3	5.9	0.9	33.1	11.0

（2）浦东新区集成电路企业与长三角其他地区产业链联系情况

从设计企业的制造地、设计与制造企业的封测地、所有企业订单的来源地、制造与封测企业的主要生产设备和辅助生产设备来源地以及制造企业的生产原料来源地分布情况来看，原料供应和产品输出多为境外地区，中间的制造和封装测试过程在国内完成的相对较多，但与江浙地区联系并不十分密切。境外企业与浦东新区有着十分密切的产业链合作，这一点在制造企业原材料供应、制造与封测企业设备提供和企业订单来源上非常突出；相关产业在浦东配套集聚也形成了一定规模，本地的原材料与设备提供及订单来源占有相当大的比重；江苏与浙江两省则在制造企业的原材料供应上与浦东的联系比较紧密，而江苏省在制造能力、封装测试和原材料供应上要明显优于浙江省，体现了长三角地区内部集成电路产业发展的区域不平衡（见图 4.3）。2008 年至 2010 年，江苏省承接来自浦东的接单制造和封测业务有着快速的提升，其中制造接单的比重由 21.1% 上升到 32.8%，封测接单的比重由 26.3% 上升到 42.2%。而同期浙江省制造接单未出现增长，封测接单不升反降（林兰、叶森、曾刚，2010）。①

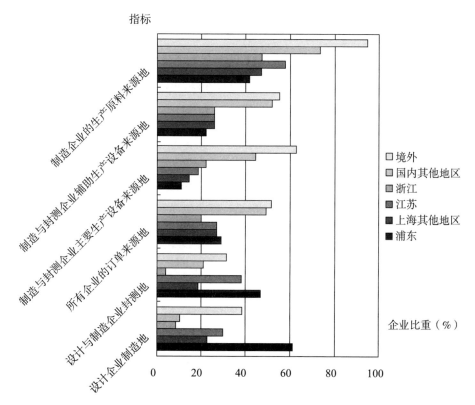

指标

图 4.3　2010 年浦东新区集成电路产业各领域与区外产业链合作情况

　　从浦东新区集成电路制造企业与本地产业链联系情况来看，调查企业与当地的设计企业联系最紧密，2010 年有 61% 的制造企业接受了本地的产品设计并代工生产，其次为封装测试和原材料，这一联系比例分别达到 48% 和 42%。设计、封测、原材料和订单的企业联系在 2008—2010 年都有较快的增长，而设备来自本地的很少。

　　与此形成鲜明对比的是浦东新区集成电路制造企业与境外的产业链联系情况。2010 年，浦东制造企业中只有 38% 的制造企业为境外设计代工，31% 的制造企业为境外代工产品进行封测，而生产原料则有 95% 都来自境

① 林兰、叶森、曾刚：《长江三角洲区域产业联动发展研究》，《经济地理》2010 年第 1 期。

外。浦东集成电路产业对境外设备依赖严重，有超过一半的主要和辅助设备来自国外，而这些设备往往是生产的关键与核心设备。

从浦东新区集成电路制造企业与江苏、浙江和国内其他地区产业链联系的情况来看，江苏省集成电路相关产业与浦东新区集成电路制造的关系最为紧密。其与浦东的产业链联系程度除设备外，普遍高于浙江省，考虑到地域范围，也远远高于全国其他地区，尤其在产品设计与产品封测方面具有显著的联系优势。

从2008—2010年浦东新区集成电路制造企业与江苏、浙江和国内其他地区产业链联系的变动情况来看，江苏省有越来越多代工产品到浦东进行封测，为浦东提供的原材料比例逐年增加；国内其他地区给浦东的订单比重增长较快，由2008年的42%增长到2010年的49%，封测、辅助生产设备与主要原材料等与浦东的联系也日渐紧密，从侧面反映了浦东近年来生产能级的提高。浙江省与浦东的集成电路产业联系增长不明显，几乎各项都无明显提高。

（3）浦东新区集成电路企业与长三角其他地区人才联系情况

从浦东新区集成电路产业人才（大专及大专以上学历）的流入和流出方向来看，浦东的集成电路产业人才高地效应非常显著，人才的流入量大大高于流出量。浦东新区集成电路产业人才（大专及以上）来源地较广，其中，境外高级人才的贡献十分突出，而江浙两省的产业人才流入也很明显。浦东集成电路企业人才外流现象也较为严重，近半数企业反映存在人才外流现象，但大部分在上海地区内部流动。

企业非常重视内部员工的培训，91.2%的企业开展人员培训工作，但主要由公司内部自行开展或由母公司培训。在与同类企业合作为主要方式的人员培训地域分布上，91%的企业与浦东和上海其他地区的企业或机构进行过培训合作，与江苏合作的企业比重为5.0%，与浙江合作的企业比重为0，与境外的培训合作也很少。

（4）企业对浦东新区与长三角地区集成电路产业产业联动制度环境的评价

从调查情况来看，企业对长三角地区合作环境总体评价较好，大部分企业与该区域同类企业合作较为顺利。56.8%的企业认为区域分工合理，形成良性互动；32%的企业认为浦东与长三角其他地区自成体系，互不影响；56%的企业认为长三角产业分工合作正在不断形成完善之中。但同时，企业对于知识产权保护不力、长三角地区缺少统一的政策和规划以及交通通信等基础设施一体化不足等因素，影响了长三角地区集成电路产业的进一步互动和发展，三地政府应更多地联合统一制定长三角地区集成电路产业的政策、发展规划、行业技术标准等，以进一步促进长三角地区集成电路产业良性互动发展。

3. 浦东新区与长三角产业联动的基本态势分析

（1）浦东新区与长三角产业联动的基本态势

从浦东新区与长三角其他地区集成电路产业联动调查的情况看，现阶段浦东新区与长三角其他地区集成电路产业联动有以下几个明显的特点：

第一，浦东新区集成电路产业最重要的合作对象是国外，与长三角其他地区的产业联动相对较少。从调查情况看，无论是资金、产品、技术、人才等资源，还是企业之间的横向合作，新区集成电路企业都主要与境外地区相联系。

第二，与长三角其他地区的产业联系主要以上海其他地区为主，江浙地区相对较少；在与江浙地区的联系中，与江苏的联动程度明显好于浙江。

第三，与其他地区的联系主要以基于产业链联系的制造、封测和原材料供应为主；企业之间横向联系很少，创新合作几乎没有。

第四，企业对外投资还不多，且主要目的是开拓市场。

根据浦东新区统计局近年来开展的有关专项调查中涉及的与长三角产业联动有关的内容及其他资料，也存在同样的特点。2009年开展的浦东新区物流企业调查中，物流企业的主要客户对象也是浦东本地和上海其他地区，为江浙地区企业服务虽明显高于国内其他地区，但只占15%左右，与以为国外企业服务为主的基本相当（见表4.6）。

表 4.6　浦东新区物流企业客户分布情况表

客户或合作伙伴类型	道路运输	超级市场零售业	仓储	装卸搬运及其他	其他物流相关行业	水上运输	批发	合计	比重（%）
总数（户数）	25	6	55	6	3	4	30	129	100
以浦东新区内企业为主	12	2	17	2	1	1	4	39	30.2
以市内其他区企业为主	6	1	21	3	1	1	7	40	31.0
以外省市（江浙）企业为主	3	1	6	1	0	1	8	20	15.4
以外省市（除江浙以外）企业为主	1	—	1	—	—	—	4	6	4.7
以国外企业为主	3	—	8	—	1	1	5	18	14.0
没有固定客户或合作伙伴			2	2			2	6	4.7

资料来源：根据浦东新区统计局 2007 年物流业发展状况调查整理。

2009 年开展的浦东投资型跨国公司地区总部调查中，地区总部在华投资的区位分布大致可以划分为长三角经济圈、环渤海经济圈、珠三角经济圈、中部六省、西部地区等几个区域（见表 4.7）。长三角经济圈作为上海的经济腹地，成为浦东新区跨国公司地区总部在华投资的主要区域，投资项目数和投资额分别达 212 家和 214.8 亿元，均占在华投资的半壁江山，其中对江苏的投资要明显高于浙江。调查企业对长三角经济圈吸引总部投资的主要优势排序分别是市场、政策环境、资源和产业配套。

表 4.7　浦东跨国公司地区总部在华投资区域分布表

区域	项目数		投资额	
	个数	比重（%）	金额（亿元）	比重（%）
长三角	212	57.2	214.8	60.7
上海	115		116.77	

续表

区域	项目数		投资额	
	个数	比重（%）	金额（亿元）	比重（%）
江苏	85		91.19	
浙江	12		6.84	
环渤海	78	21.0	58.42	16.5
北京	26		17.82	
天津	19		9.74	
山东	16		11.85	
辽宁	12		12.09	
河北	5		6.92	
珠三角	26	7.0	23.49	6.6
广东	26		23.49	
中部六省	22	5.9	19.57	5.5
安徽	8		12.12	
湖北	8		2.41	
江西	4		3.52	
山西	1		1.05	
湖南	1			
西部	20	5.4	23.64	6.7
四川	6		1.03	
重庆	5		5.07	
陕西	5		9.25	
宁夏	2		4.95	
广西	1		2.92	
内蒙古	1		0.42	
其他	13	3.5	14.17	4.0
福建	6		7.55	
黑龙江	4		5.77	
吉林	3		0.85	
总计	371	100.0	354.09	100.0

资料来源：根据浦东新区统计局浦东投资型跨国公司地区总部在华投资调查整理。

综合上述调查的情况，我们可以判断当前浦东新区与长三角其他地区产业联动表现出以下的基本态势：浦东新区与长三角其他地区产业联动已经有了一定规模。由于浦东新区的产业具有高度外向型的特征，浦东的产业在市场、资金、技术、人才等方面与国外的联系和合作都更加密切，与国内的产业联动总体相对不足。与国内的产业联系与合作主要在长三角区域，但更多的是在浦东本地及上海其他区域之中，与江浙地区产业联动相对不足。浦东新区与长三角其他地区产业联动目前还主要表现在基于产业链的联系和合作上，尤其体现在市场拓展、原材料供应和生产环节的合作上，企业间水平联系不足，特别是基于创新的合作非常缺乏。在区域要素流动上，浦东总体上还处于净流入区的地位，但流入力度比开发初期有所下降。

（2）对浦东新区与长三角其他地区产业联动现状的理论分析

根据上述浦东新区与长三角其他地区产业联动现状的特点，运用本书所阐述的区域产业联动理论，我们可以得到以下结论：

第一，从产业联动的影响因子来看，上海本地的产业联动十分活跃，突出体现了距离因子的作用；江苏与上海的联动要远高于浙江，一方面，是由于在目前市场没有充分发挥作用的发展阶段，国有大型企业较多的江苏省比民营、私营企业比重较大的浙江省而言，具有更大的联动积极性与实效性。另一方面，江苏与上海的产业结构关联度较高，而浙江则与上海有着较大差异。此外，上海大都市圈核心圈层的联动要强于边缘地区，这与核心区相亲相近的社会文化也是密不可分的。

第二，从产业联动的方式和类型来看，以要素流动和产业转移为主要方式的垂直型联动仍然占据着主导地位，地区间产业前后向联系密切，而以产业联盟为主要形式的水平合作还非常有限，特别是以创新合作的水平联系几乎没有。

第三，从产业联动的模式来看，主要体现为基于产业链的产业联动模式，基于市场的联动模式处于起步和发展期，而基于创新的产业联动模式几乎还未形成。

第四，从产业联动的发展阶段来看，浦东新区目前处于由开放初期的要素绝对集聚向传统要素扩散的过渡时期。一方面，区域的产业优势已经形成，极化效应已十分明显，特别体现在对高级人才和资本的吸聚上；另一方面，其产业和创新势能还较低，对周围地区的辐射带动作用还较小，资金和技术输出的能力还较弱，与长三角其他地区基于技术合作的水平式联动还远远没有形成。

三、区域创新中心特征

有利于探索区域自主创新路径，提供制度安排。自主创新是国家核心战略，也是一种新的科技发展方式，需要进行系统设计，作出制度安排，提出路线图。自主创新战略实施，目前在国家、区域、地方层次上都面临诸多路径依赖，迫切需要探索新理论、新方法、新政策、新制度，以实现区域战略转变、发展路径转换和创新系统转型。长三角城市群区域创新中心建设，将是区域研究创新政策，选择创新路径，进行前瞻探索，服务国家战略的有效形式，并具有开创性意义。

有利于聚焦区域发展瓶颈，提供创新动力。长三角新一轮发展，面临诸多发展瓶颈。面对新的国内外发展形势和任务，长三角区域发展的希望越来越依赖科技，关键在增强自主创新能力，重点在摆脱区域产业技术依赖，完善区域产业技术链，提高区域国际科技竞争力，真正走上创新驱动区域经济社会发展道路。长三角城市群区域创新中心建设，将是区域强化创新布局，围绕重大共性问题，聚焦重点领域突破，建立科技作用经济新方式，服务区域发展的重要手段，已是紧迫性任务。

有利于破解区域科技合作难题，提供模式参考。创新型区域建设是社会系统工程，涉及多类型、多目标、多要素、多环节，需要系统设计，探索形成适合区域特点的合作模式。目前由于受行政区划的影响，区域科技合作一体化进程，仍大多停留在初级阶段，主要是信息共享、技术转移、要素合作等方面，仍缺乏区域整体科技规划和资源整合，缺乏创新链、产业链、服务链的对接延伸，更没有形成各具优势和特色的区域创新体系。

近几年国家相继启动了各种类型改革试点城市、试点工程、试点项目等，但跨省级行政区科技合作模式探索仍是薄弱环节。长三角城市群区域创新中心建设，将是拓展合作平台，打造合作载体，建立合作模式，服务全国区域统筹协调发展的积极探索，能够发挥带动性作用。

有利于深化政府管理创新，提供改革经验。建立全国一盘棋科技发展格局，促进跨省级行政区科技合作，政府创新管理体制机制改革是工作重点。目前我国地方及区域科技体制改革总体滞后于区域创新发展进程，建构政府与市场新兴关系，健全区域科技协调管理，优化地方科技布局，统筹科技经济政策等，已是区域科技发展的重要实践课题。长三角城市群区域创新中心建设，将是促进政府职能转变，加快体制机制创新，建设中国特色区域科技管理体系的发展要求，成为创新型政府建设的必然选择。

（一）战略地位重要

处于改革开放前沿，战略地位重要。长三角地处我国改革开放的前沿阵地，在增强区域国际竞争力，促进科技进步和经济发展，完善政府服务和管理方面具有先行先试的成功经验。已批准设立浦东国家综合配套改革试验区、江苏省沿海发展战略、江苏省国家知识产权战略试点省份、上海杨浦国家科技创新型示范城区、南京国家科技体制改革综合试点城市、江苏浙江安徽国家技术创新工程试点省份等多个国家级综合改革和试验示范区，在全国具有非常重要的示范作用和借鉴意义，为区域创新中心建设奠定了良好基础。

（二）经济发达

经济发展快，带动辐射强。长三角是我国发展最活跃、最具竞争力、综合实力最强的区域之一，在社会主义现代化建设中具有重要的战略地位和带动作用。长三角不仅是改革开放的桥头堡，经济的增长极和发动机，更是我国自主创新的主力军和排头兵，肩负率先发展、科学发展、和谐发展、一体化发展的区域使命。

（三）科技实力雄厚

科技实力雄厚，发展潜力大。长三角科技综合实力雄厚，科技创新资源丰富。R&D 投入、高技术产业产值占全国的比重达到 1/3 左右，国际论文数、发明专利授权量占全国的 1/4 左右，研发人员和两院院士数量、国内论文数、发明专利申请量均占全国的 1/5 左右。长三角在创新资源投入、创新产出效率和创新支撑发展等方面，均走在全国前列，具有建设区域创新中心的综合优势。

（四）一体化程度高

一体化程度高，合作基础好。长三角区域科技合作日趋紧密，科技一体化态势加速形成。近几年来，长三角在规划共绘、联合攻关、平台共建、资源共享等方面进行了积极探索，取得了显著进展和丰富经验，长三角科技发展基础好，技术知识关联性强，具备技术知识和科技整合的良好条件，以合作促创新成为长三角各级政府和全社会的共识。

第二节　长三角区域发展面临的问题

一、生态环境堪忧

（一）水环境问题突出

水是长三角地区自然、社会、经济发展的命脉，但随着区域经济快速发展和城市一体化建设，区域水环境问题日益凸显，逐步成为区域可持续发展的限制因素。久居不下的废水排放和源多面广的非点源污染，导致区域河湖水系、沿海水域普遍受到污染，水环境不断恶化，水生态严重退化；用水规模不断增加与水质性污染导致的供水不足的矛盾逐步显现；流域工程、气候变化、地面沉降等因素引发的咸水入侵将影响到长江口水源地的取水安全，区域水安全形势不容乐观。

1. 时空分布不均，易引起旱涝灾害

从时间上看，近十多年来区域降水量和地表水资源量呈波动上升的趋势，长江来水量呈年际波动，有丰枯年份。在空间上，本地地表水资源呈南多北少、山区多平原少的特点，与区内人口和经济布局很不一致。北部地区和平原地区人口密集，工农业较发达，需水量大而水量却不足；而南部和山区水资源相对过剩。

总体来看，本区地表水资源量年内、年际变化大，大部分水量随丰水年月迅速外流而不能及时蓄存利用，从而导致旱涝灾害频繁发生。外来水的年内、年际变化与当地径流基本同步，常造成过境水洪期助涝，枯季难引的两难局面。

2. 生产用水为主，生活用水呈上升趋势

以太湖流域为例，流域总用水量在2003—2012年可分为两个阶段，2007年之前呈快速上升趋势，之后趋于平稳；生产用水量的变化趋势与总体一致，生活用水量（包括城镇和农村）基本呈直线上升趋势，生态用水在2004年呈快速下降趋势，近几年波动幅度不大。

3. 近岸海域赤潮频发

根据国家海水水质分类的标准，2013年夏季长江口和钱塘江河口水域水质劣于第四类水质，氮、磷、溶解氧和化学需氧量等指标严重超标，属重度富营养化区域。长江口及邻近海域富营养化覆盖面较广，富营养化程度比较严重，富营养化比例在70.0%以上。春季，长江口及邻近海域的富营养化指数所占比例从77.0%上升到89.8%；夏季最低达到89.3%，最高达到100.0%；春夏两季基本上处于逐年增加趋势，说明富营养化覆盖面越来越大，水域受富营养化的程度也越来越严重，富营养化趋势越来越明显。

（二）大气环境整体质量偏差

根据2012年年初出台的最新的《环境空气质量标准》（GB 3095-2012），空气质量评价体系由以前旧的空气污染指数"API"，变成了空气质量指数"AQI"。AQI是定量描述空气质量状况的无量纲指数，参与空气质量评价的主要污染物为二氧化硫（SO_2）、二氧化氮（NO_2）、臭氧（O_3）、一氧化碳（CO）、可吸入颗粒物（PM_{10}）和细颗粒物（$PM_{2.5}$）六项。按照这六项污染物的实测浓度值，计算出空气质量分指数，然后从这六个空气质量分指数里，选择最大值确定为当天的AQI，将其对应的污染物确定为首要污染物。空气质量按照空气质量指数大小分为六级，指数越大，说明大气污染程度越大，对人体的健康危害越大。

长三角地区大气污染物重点排放区域主要集中在上海市、苏锡常地区、浙北地区，均位于上海市周边100千米—200千米的范围内，各城市间已很难分出明显的边界，在一定的气象条件下将极易出现区域性的大气污染。其中，二氧化硫和氮氧化物由于寿命较短很难长距离传输，主要集中在城市周围（李莉，2012）。[1] 二氧化硫的排放主要集中在四个区域：钱塘江两岸、环太湖、张家港和南京；氮氧化物的排放集中在上海地区；PM_{10} 的排放格局与二氧化硫的相似，反映出两者在污染源上的相似性。$PM_{2.5}$ 的排放区域主要集中在太湖东部的苏南地区；挥发性有机物的排放格局为城市分布区，氨气的排放区域主要为农村地区。

长三角东部沿海地区、上海南部、嘉兴、杭州、湖州、绍兴和宁波一带臭氧浓度相对较高，在城市中心区域，高浓度的氮氧化物和石油化工厂排放的烯烃能大量消耗臭氧，使得臭氧的浓度相对较低。总体上来讲，长三角臭氧浓度水平在城郊存在显著差异，郊区臭氧浓度显著高于城区，而在大气氧化性方面，上海及西北部（包括苏州、无锡、常州等地区）氧化性较高。

（三）生态系统退化严重

生态系统是人类社会赖以生存的物质基础和环境条件，为人类社会经济系统提供许多十分重要的服务功能。然而，近几十年来，长三角地区由于快速的工业化和城市扩张、不合理城市布局和土地利用方式，使得区域自然生态系统大幅减少，结构和功能严重退化，生态系统严重超载，生态问题日益凸显，影响到了区域社会经济的可持续发展。随着长三角城市群一体化的加速，亟待研究城市一体化过程产生的问题和一体化后的应对策略。

一些学者对上海市区土壤的监测发现，城市土壤中 Cr、Cu、Pb、Zn

---

[1]　李莉：《典型城市群大气复合污染特征的数值模拟研究》，博士学位论文，上海大学，2012年。

的含量值比背景值大幅偏高，并呈现不断积累的趋势（林啸等，2007；史贵涛等，2006）。沿江土壤污染区，扬州、南京、常州、无锡、苏州、上海、杭州、绍兴、宁波等城市及周边地区土壤污染、湖州—苏州酸化区是本区主要的区域性污染区。

由于基本农田的减少，长三角各地加大了对滩涂资源的围垦。近年来，上海、江苏、浙江等地都加大了对围垦土地的开发力度，滨海新城建设速度加快，又进一步促进了对滩涂的围垦，导致了自然湿地面积的大幅减少，大大地影响到湿地生态和生物多样性的保护。由自然湿地直接转化为建设用地的比例为17.8%，而由自然湿地转化为农业用地的比例则为66.4%；由已转化为农业用地的滨海湿地转化为建设用地的比例为15.8%。由此可见，长三角快速城市化进程导致建设用地直接占用滨海自然湿地资源的比例，超过了由已转化为农业用地的滨海湿地转化为建设用地的比例。

崇明岛以及杭州钱塘江入海口区域是滨海湿地土地利用变化最为强烈的区域；而土地利用变化的垂直海岸线影响距离分析表明，1990—2000年，长三角在距海岸线向陆一千米处土地利用变化最为强烈，以向陆方向发展为主。

从未来二十年发展需求的角度来看，即使现有两米高程线滩涂全部围垦补充城市建设用地，也不能弥补土地资源的缺口，何况这一区域是长三角生物多样性最为丰富的地区，如全部围垦，将和湿地生态保护形成矛盾，甚至与自然保护区管理条例相冲突，必将导致生态的破坏，得不偿失。

二、产业国际竞争力不强

（一）经济发展水平分析

长三角地区是中国经济特别是工业最发达的经济核心区域之一，经济的发达带来了高素质人口、产业和财富的高度聚集。本节从经济发展水平差异性、产业互补性、产业关联和互补性对区域产业联动的影响三个方面分析浦东新区与长三角产业联动的经济条件。

1. 经济发展水平的差异性分析

作为全国三大经济圈之一，长三角地区在国家支持政策和区位优势等共同作用下创造了 20 世纪 90 年代以来全国发展速度最快、开放程度最高、投资环境最佳、经济内在素质最好的格局。尤其浦东开发激发了上海经济的活力，使上海经济驶入高速增长的快车道，并以上海为龙头推动长三角地区经济快速增长。

20 世纪 90 年代浦东开放以后，长三角地区生产总值占全国 GDP 比重不断提高，仅占全国 2.2% 左右的土地却创造了全国近四分之一的国民收入，在全国的经济地位越来越突出。该地区的生产总值从 1990 年的占全国的 16.56% 增长到 2010 年的 21.51%，总量达 86313.77 亿元，同比增长19.06%，超过全国平均增长水平 1.38 个百分点。其中上海、江苏、浙江分别为 17165.98 亿元、4.28%，41425.48 亿元、10.32%，27722.31 亿元、6.91%。2015 年长三角人均 GDP 高达 89750 元，其中上海、浙江和江苏的人均 GDP 分别为 103796 元、77644 元和 87995 元，远远高于全国 49229 元的人均水平。这表明长江三角洲居民不仅具有较强的购买力，而且还具备较强的投资能力，即对区域产业的提升有强大的支撑能力。而且随着经济快速发展，长三角地区人均 GDP 与全国人均 GDP 的差距不断扩大。1990年，上海、浙江和江苏的人均 GDP 分别相当于全国人均 GDP 的 3.62 倍、1.30 倍和 1.29 倍，到 2015 年，两省一市的人均 GDP 分别达到全国人均 GDP 的 2.11 倍、1.58 倍和 1.79 倍。从对比的数字来看，上海的经济发展水平在长三角地区达到最高水平，充分展示上海作为长三角的核心城市和全国最大的经济中心城市的作用（见表 4.8）。

表 4.8　1990—2015 年长三角地区生产总值变化情况

年份	上海		江苏（亿元）	浙江（亿元）	长三角合计（亿元）	长三角占全国比例（%）
	全市（亿元）	浦东新区（亿元）				
1990	781.66	60.24	1416.5	897.99	3096.15	16.59

续表

| 年份 | 上海 | | 江苏
（亿元） | 浙江
（亿元） | 长三角合计
（亿元） | 长三角占
全国比例（％） |
	全市 （亿元）	浦东新区 （亿元）				
1991	893.77	71.54	1601.38	1081.75	3576.9	16.42
1992	1114.32	101.49	2136.02	1365.06	4615.4	17.14
1993	1519.23	164	2998.16	1909.49	6426.88	18.19
1994	1990.86	291.2	4057.39	2666.86	8715.11	18.08
1995	2499.43	414.65	5155.25	3524.79	11179.47	18.39
1996	2957.55	496.47	6004.21	4146.06	13107.82	18.42
1997	3438.79	608.22	6680.34	4638.24	14757.37	18.69
1998	3801.09	704.27	7199.95	4987.5	15988.54	18.94
1999	4188.73	801.36	7697.82	5364.9	17251.45	19.24
2000	4771.17	923.51	8553.69	6036.34	19361.2	19.51
2001	5210.12	1087.53	9456.84	6748.15	21415.11	19.53
2002	5741.03	1244	10606.85	7796	24143.88	20.06
2003	6694.23	1510.32	12442.87	9395	28532.1	21.01
2004	8072.83	1850.13	15003.6	11678.7	34755.13	21.74
2005	9247.66	2108.79	18598.69	13417.68	41264.03	22.31
2006	10572.24	2365.33	21742.05	15718.47	48032.76	22.21
2007	12494.01	2793.39	26018.48	18753.73	57266.22	21.54
2008	14069.87	3150.99	30981.98	21462.69	66514.54	21.18
2009	15046.45	4001.39	34457.3	22990.35	72494.1	21.27
2010	17165.98	4707.52	41425.48	27722.31	86313.77	21.51
2011	19195.69	5484.35	49110.27	32363.38	100669.34	21.29
2012	20181.15	5929.91	54058.22	34739.13	108978.5	20.99
2013	21818.15	6448.68	59753.37	37756.58	119328.1	20.98
2014	23567.70	7109.74	65088.32	40173.03	128829.05	20.24
2015	25123.45	7898.35	70116.38	42886.49	138126.32	20.41

资料来源：《上海统计年鉴 2016》《浙江统计年鉴 2016》《江苏统计年鉴 2016》，中国统计出版社 2016 年版。

　　长三角地区的经济国际化程度日益提高，利用外资增长强劲，出口连年提高。1990 年长三角地区实际利用外资仅 4.30 亿美元，2006 年达到 334.27 亿美元，占全国实际利用外资的比重从 12.3% 上升到 48.12%，到 2010 年长三角地区实际利用外资达到 528.45 亿美元，占全国实际利用外资的比重达到 48.56%。FDI 是长三角高新技术产业集群最重要的资本和技术来源，是当前长三角区域高新技术产业集群规模优势的主要来源。2010 年外贸出口总额 6317.9 亿美元，占全国的 40% 以上。

　　2. 产业互补性分析

　　长江三角洲区域经济已经完成工业化早期的结构转型，在经济取得较大发展的基础上，三次产业的比重也发生了明显变化，总体而言，第一产业比重持续下降，第二、第三产业比重持续上升。2010 年长三角地区三次产业比重为 4.6：50.1：45.3，产业层次明显高于全国平均水平的 10.1：46.8：43.1。与 1990 年相比，第一产业和第二产业比重分别下降 15.2% 和 1.7%，第三产业比重上升 16.9%。与全国对比来看，长三角地区第一产业比重比全国低 5.5 个百分点，第二产业比重高于全国的 3.3 个百分点，第三产业比重高于全国 2.2 个百分点，体现了以工业为主的产业结构仍然是长三角经济增长的主要方式。与此同时，第三产业成为经济增长的强大助力器，从社会的各个领域推动经济的快速发展，并在努力提升经济运行的质量。随着上海国际大都市的逐步建立，长三角地区金融保险业、交通运输业、物流业、文化艺术、广播传媒、房地产业、科学研究和综合技术服务等现代服务业发展更为突出，并对全国经济发展和产业结构调整和优化发挥着积极的示范和推动作用。

　　从长三角产业结构的区域空间分布来看，长江三角洲地区内部三次产业发展水平存在差异。上海已经实现"三二一"的产业格局，江苏与浙江第二产业仍是主要的产业部门，大量劳动力仍滞留在第一产业中。其中上海第三产业 2000 年以来一直保持在 50% 以上。批发和零售业、金融业、交通运输仓储和邮政业、房地产业、信息传输计算机服务和软件业五个行业占上海市生产总值的比重接近 40%。可见上海产业结构调整走在各城市前列，这与上海定位为长三角乃至全国的国际经济、金融、贸易和航运中心的要求相适应，从而带动长三角地区和整个长江流域的经济发展。而 GDP 总量较大的江苏由于制造业比较发达，第三产业比重相对较低，2015 年为48.61%，体现了长三角内部产业结构的区域差异性和不平衡性（见表4.9）。

表 4.9　2000—2015 年江、浙、沪三次产业结构变化情况

年份	第一产业（%）			第二产业（%）			第三产业（%）		
	上海	江苏	浙江	上海	江苏	浙江	上海	江苏	浙江
2000	1.61	12.26	10.27	46.27	51.86	53.31	52.12	35.88	36.42
2001	1.49	11.57	9.56	46.13	51.89	51.79	52.38	36.54	38.65
2002	1.39	10.47	8.56	45.68	52.84	51.11	52.93	36.69	40.33
2003	1.21	9.34	7.39	47.94	54.55	52.51	50.85	36.11	40.1
2004	1.03	9.12	6.99	48.21	56.24	53.66	50.76	34.64	39.35
2005	0.98	7.86	6.65	47.38	56.59	53.39	51.64	35.55	39.96
2006	0.89	7.11	5.88	47.01	56.49	54.15	52.1	36.4	39.97
2007	0.82	6.98	5.26	44.59	55.62	54.14	54.59	37.4	40.6
2008	0.79	6.78	5.11	43.25	54.85	53.89	55.96	38.37	41.0
2009	0.76	6.56	5.06	39.89	53.88	51.80	59.35	39.56	43.14
2010	0.67	6.13	4.91	42.05	52.51	51.58	57.28	41.36	43.51
2011	0.65	6.24	4.89	41.30	51.32	50.46	58.05	42.44	44.65
2012	0.63	6.32	4.80	38.92	50.17	48.94	60.45	43.50	46.26
2013	0.57	5.81	4.66	36.24	48.68	47.80	63.18	45.52	47.54
2014	0.53	5.58	4.42	34.66	47.40	47.73	64.82	47.01	47.85
2015	0.44	5.68	4.27	31.81	45.70	45.96	67.76	48.61	49.76

资料来源：《上海统计年鉴 2016》《浙江统计年鉴 2016》《江苏统计年鉴 2016》，中国统计出版社 2016 年版。

3. 产业关联与互补性对区域产业联动的影响分析

长三角地区经济发达，但是内部由于技术与需求层次差异，必然会带来相应的经济发展水平和产业结构的差异，客观上为区域内部的产业转移、垂直和水平分工提供了条件，带动了各区域之间的产业联动。从长三

角整体发展来看，浦东新区的产业结构高级化趋势更加彰显，与周边各大城市出现产业结构层级差异，有利于产业的梯度转移，并根据比较优势引导产业合理分工和协作，实现高效率的产业联动。不可否认产业结构的趋同会对区域造成消极影响，但是产业同构也使得企业在市场压力下不断更新产品，改造技术，推动企业产业转移、升级与跨地区跨行业的横向联合和兼并。

（二）基础设施可达性分析

1. 交通基础设施

长江三角洲地区具有面向海洋、依托长江、倚靠内陆，发达交通联系世界各地的区位优势。而浦东新区位于长江和东海海岸线的交汇点，直接依托经济实力雄厚的上海，背靠着中国最富饶的长江三角洲和长江流域，经济腹地广阔，市场容量巨大。不断完善的交通基础设施，为以浦东新区为龙头的长三角区域经济腾飞奠定了强而有力的硬件优势（见表4.10）。

表4.10　2015年长江三角洲主要交通里程情况

地区	公路里程（公里）	高速公路里程（公里）	铁路里程（公里）	内河航道里程（公里）
上海	13195	825	465.1	2176
江苏	151459	4539	2723.8	24389
浙江	115568	3917	2563.7	9765
长三角	280222	9281	5752.6	36330
全国	4577296	123523	120970.4	127001
长三角占全国（%）	6.1	7.5	4.8	29

资料来源：《中国统计年鉴2016》，中国统计出版社2016年版。

（1）公路交通建设方面

长三角区域主要以错综交错的高速公路网和国道（主要包括104、204、312、318、320）为主，形成以沪杭、杭甬、沪宁为主要构架的高速公路网络。从2010年统计数据显示，长三角区域公路交通承担着该地区92.9%的客运量和60.8%的货运量。2015年年底，长三角公路总里程达到280222公里，其中高速公路里程达9281公里，占据全国总量的7.5%。

2006 年相继疏通的苏通长江公路大桥和杭州湾跨海大桥为长三角地区的经济发展和区域联动注入新的动力。两桥的开通，将宁波和南通两市连接了起来，与沪宁线、沪杭线共同构成一个"反 K"字形的交通格局。目前，长三角各市正在大力发展省际快速交通网，共建"三小时都市圈"。

（2）在铁路方面

长三角区域形成以沪甬、沪杭、沪宁为主要干道，以城际列车为主要运输工具的铁路交通网。空间布局上，以上海为中心形成沿江铁路和沿海铁路南北双向扩散轴。据统计数据显示，2010 年长三角地区的铁路总里程达到 4083 公里，铁路网综合密度为 0.018（千米/万平方千米·万人），远高于全国平均水平。2010 年交通数据显示，长三角区域铁路完成客运量达 2.34 亿人次，货运量达 1.12 亿吨。目前铁道部已积极与上海市、江苏省、浙江省协商，共同开展长三角城际铁路规划研究。致力于以上海为中心，沪宁、沪杭甬为两翼的长三角城际轨道交通主构架，基本形成以上海、南京、杭州为中心的"1—2 小时交通圈"。浦东新区内部积极投资建设浦东铁路，2005 年建成的一期工程已与金山支线、沪杭铁路相连，与浦东机场及正在建设的洋山深水港衔接，重点满足洋山深水港建设和集装箱运输的需求。规划中的浦东铁路二期工程，将连接上海四大工业区（金山、海港新城、外高桥、吴淞）和两大国际机场（浦东机场、虹桥机场）。金山、海港新城、外高桥各种要素流动更便捷，而且还可以通过沪杭和沪宁铁路，连接和辐射整个长三角地区。届时浦东铁路架起这一条海、陆、空物流集散的大通道，不仅惠及长江三角洲经济发展，也有利于促进长三角城市间联动与合作。到 2020 年，长三角区域形成以沪甬、沪杭、沪宁为主要干道，以城际列车为主要运输工具的铁路交通网。空间布局上，以上海为中心形成沿江铁路和沿海铁路南北双向扩散轴。

（3）在港口方面

随着中国经济的高速发展和上海国际航运中心建设的推进，长三角已形成由众多的内陆口岸和一些国际知名港口所组成的港口运输体系。该地区分布有上海港、宁波港、南京港、舟山港、张家港、南通港、连云港、镇江港、温州港、江阴港、海门港等众多港口，其中作为长三角腹地对外贸易重要门户的上海港首次超过新加坡港，成为世界第一大港。2010 年长三角地区港口货物吞吐量完成 33.7 亿吨，增长 15.1%，占全国 37.7%，为长三角地区外向型经济发展发挥了重要作用。其中，上海市港口货物吞吐量完成 6.5 亿吨，同比增长 10.4%；江苏省港口货物吞吐量完成 15.9 亿吨，同比增长 19.7%，充分表明上海国际航运中心北翼的作用正在增强；浙江省港口货物吞吐量完成 11.3 亿吨，同比增长 8.7%，上海国际航运中心南翼的发展势头依然强劲。

2010 年在全国 22 个亿吨大港口中长三角地区占 9 个，分别是上海港、宁波—舟山港、苏州港、南通港、南京港、连云港港、湖州港、江阴港和镇江港（见图 4.4）。长三角区域港口经济的发展迅速带动港口集装箱吞吐量的发展，2010 年长三角地区港口集装箱吞吐量完成 5445.3 万 TEU，占全国的比重达到 37.6%。上海港的集装箱吞吐量中，长三角的箱量所占比重达 85% 至 90%，成为长三角集装箱国际物流基地。而且长三角区域形成的外贸集装箱生成量，约 71% 由上海港进出，26% 由宁波港进出，1.2% 由江苏沿江港口完成，1.6% 由其他沿海港口完成。外高桥港区的货物吞吐量不大，但增长较快，至 2010 年已达 13570 万吨（见图 4.5）。上海港作为长三角最重要的港口，一方面响应陆域临港新城建设国际物流中心，另一方面与浦东外高桥保税区建设自由贸易港区，实行区港联动，推动浦东新区与周边城市的物流建设。通过港区合作，服务长三角区域的对外港口活动。

（4）在航空方面

长三角已形成以上海浦东、虹桥国际机场为核心，以南京和杭州机场为次中心的航空运输体系。该区域现有各种等级的民用机场 17 个，平均每万平方米有 0.8 个机场，是世界上机场密度最高的区域之一，各机场规模情况如表 4.11 和表 4.12 所示。上海机场在长三角地区航运分布的集中度最高，2006—2010 年完成的客运量平均占到长三角地区航空客运总量的 64.5% 左右。2010 年上海机场旅客吞吐量已经达到 7170.09 万人次，同比增长 25.79%，货邮吞吐量 370.12 万吨，同比增长 24.1%。其中浦东机场

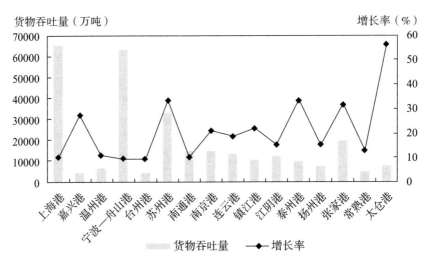

图 4.4　2010 年长三角地区各主要港口外贸货物吞吐量对比图

资料来源：http：//www.shzhg.gov.cn/ShowInfThr.aspx?ID = 13296。

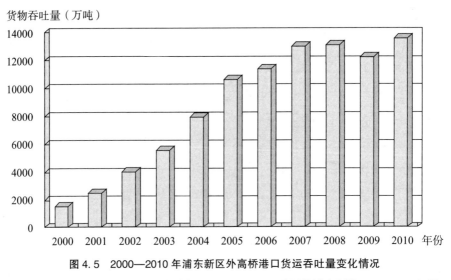

图 4.5　2000—2010 年浦东新区外高桥港口货运吞吐量变化情况

资料来源：《上海市浦东新区统计年鉴 2000—2010》，中国统计出版社 2001—2011 年版。

首屈一指，在客货方面占有绝对优势，从 2005 年到 2010 年，浦东机场的
旅客吞吐量年均增长 11.79%，占全国份额平均为 7.43%，货物吞吐量占
全国的份额更是接近 30%，年均增速 12.23%。根据国际机场协会（ACI）
公布的 2010 年世界前 30 家最大民用机场货运量排行榜，上海浦东国际机

场以年货邮吞吐量322.8万吨排名世界机场第三，年货邮吞吐量增幅率名列世界机场第四。从数据变化来看，以浦东机场为主，虹桥机场为辅的上海航空枢纽体系逐步形成，充分显示浦东大型国际枢纽机场的经济实力和辐射力。由于浦东机场辐射效应的凸显，也带动了大量物流业的快速发展。近年来吸引国际大型货运航空公司和物流集成商落户上海，例如，2007年全球领先的快递及物流公司DHL落户上海浦东国际机场，促进上海航空物流快速发展，更好地服务于上海、长三角地区乃至全国经济的发展。而且浦东机场多跑道、多航站楼的运行新模式，从管理世界级枢纽机场的目标出发，形成机场运行中心（AOC）、航站楼运行中心（TOC）、交通管理中心（TMC）、市政设施管理中心（UMC）和公安指挥中心（PCC）五个运行管理中心，将进一步带动和提升浦东机场自身运输能力及相关产业的发展。

表4.11 2005—2016年长三角地区运输机场旅客吞吐量占全国份额

年份	上海浦东（%）	上海虹桥（%）	南京禄口（%）	杭州萧山（%）	宁波栎社（%）	合计（%）
2005	8.32	6.26	1.89	2.85	0.89	20.21
2006	8.07	5.82	1.89	2.99	0.89	19.66
2007	7.46	5.84	2.07	3.03	0.85	19.25
2008	6.96	5.64	2.19	3.12	0.88	18.79
2009	6.57	5.16	2.23	3.07	0.83	17.86
2010	7.19	5.55	2.22	3.02	0.80	18.78
2011	6.68	5.34	2.11	2.82	0.81	17.76
2012	6.60	4.98	2.06	2.81	0.77	17.22
2013	6.26	4.72	1.99	2.93	0.72	16.62
2014	6.22	4.57	1.96	3.07	0.76	16.58
2015	6.57	4.27	2.09	3.10	0.75	16.78
2016	6.49	3.98	2.20	3.11	0.77	16.55
平均	6.95	5.18	2.08	2.99	0.81	18.01
年均增长率（%）	10.01	7.95	14.02	13.31	10.84	10.38

资料来源：《中国民航机场生产统计公报》2006—2016。

表 4.12　历年长三角地区运输机场货物吞吐量占全国份额

年份	上海浦东（%）	上海虹桥（%）	南京禄口（%）	杭州萧山（%）	宁波栎社（%）	合计（%）
2005	29.33	5.68	2.20	2.62	0.48	40.31
2006	28.78	4.83	2.02	2.46	0.51	38.60
2007	29.73	4.52	2.09	2.27	0.46	39.07
2008	29.47	4.71	2.12	2.39	0.45	39.14
2009	26.90	6.40	2.12	2.39	0.49	38.30
2010	28.59	4.26	2.07	2.51	0.49	37.92
2011	26.65	3.92	2.13	2.65	0.51	35.86
2012	24.50	3.58	2.07	2.82	0.51	33.48
2013	23.27	3.46	2.03	2.92	0.51	32.19
2014	23.46	3.19	2.24	2.94	0.58	32.41
2015	23.24	3.08	2.31	3.01	0.55	32.19
2016	22.78	2.84	2.26	3.23	0.71	31.82
平均	26.39	4.21	2.14	2.68	0.52	35.94
年均增长率（%）	6.20	1.72	8.66	10.42	12.67	6.22

资料来源：《中国民航机场生产统计公报》2006—2016。

2. 信息服务化网络设施

随着信息化社会的到来，高效的信息流成为区域经济发展最重要的条件之一，而这种信息流的主要载体互联网络和电信网络也成为最重要的基础设施之一。长三角地区是全国信息化程度最高的区域之一。到2010年年底，长三角的电话交换机总容量达到8688.61万门，占全国的18.6%，三地的移动电话用户数达到13331.65万门，是固定电话数的2.5倍。此外，三地的互联网用户总数达到了6593.2万户，占全国的35.1%。从2010年江浙沪信息化水平比较来看，上海的信息化水平具有明显优势，其中，国际互联网普及率、固定电话普及率和移动电话普及率都远远超过江浙，分别达到68.9户/百人、40.8部/百人和103.1部/百人，这在全国也是发展水平最高的。2010年浦东新区本地电话局用交换机容量由1992年的6.98

万门上升到 218 万门，约占上海市的 16.3%。本地电话用户由 1992 年的 4.9 万户上升到 2010 年的 161 万户，电信宽带用户数总量聚集上升，由 2005 年的 281408 门增加到 2010 年的 806341 门，年平均高速增长速度 31.1%。[①]

3. 基础设施状况对区域产业联动的影响分析

长三角地区内部的交通基础设施和通信设施建设相对完备和便捷，大大降低了运输成本，加快了区际间要素的流动性，使得整个长三角地区的硬件投资环境基本处于一种"均质"状态，这就使得外商投资进入长三角有比较大的选择空间，从而大大提高了对外商投资的吸引力，而在长三角地区内也可以很便捷地寻找到上下游的关联企业合作伙伴；也有助于聚集、组合长三角的各种资源参与国际竞争，提高整体竞争能力。但另一方面，这种"均质"也是一把"双刃剑"，要素流动性加快也使得企业的流动性提高。由于长三角各城市之间交通通信非常便捷，使得企业可以比较容易地在长三角区域内迁徙，随时可以根据各地优惠政策、商务成本等其他条件选择"用脚投票"，这对长三角区域合作提出了较高要求。如果地方政府之间处于互相割据、互相竞争的状态，则往往造成政府财力资金、税收、土地等可控资源的浪费，使企业获得类似"寻租"的非正常的收益。

（三）制度安排分析

1. 制度与政策的协调与合作取得了重大进展

自浦东新区开发以来，长三角产业联动的加剧，产业联动问题备受中央和地方政府以及企业的高度关注，纷纷通过合作机制会议、协议和论坛等的制度安排方式，为共同构建区域统一市场体系，消除壁垒，扩大相互之间的开放，创造平等有序的竞争环境，推动生产要素的自由流动，促进产业合理分工而不懈努力。在政府制度力量的推动下，浦东及长三角地区在金融、信用体系、企业组织、基础设施等方面达成了不少合作协议，客观上推动了长三角产业联动的发展。

---

① 数据来源：浦东新区发改委调研资料。

（1）中央政府牵头进行的宏观政策协调

国家对长三角地区的制度安排，最早可追溯到国家计委于 1975 年 8 月向国务院提出的《关于筹建华东地区经济协作机构的意见》、1982 年 12 月国务院发出的《关于成立上海经济区的意见》以及后来由交通部牵头制定的《长江三角洲地区现代化公路水路交通规划纲要》、国家发改委研究的通过国家干预的方式来制定和实施区域规划和区域政策等。从国家宏观政策上，给予相应的规划项目或者发展意见来协调长三角区域的发展，对长三角区域的产业联动在主方向上具有适当的牵引作用。2008 年 9 月，为促进长三角地区的合作，以提升长三角地区的整体国际竞争力，国务院又专门发布了《关于进一步推进长江三角洲地区改革开放和经济社会发展的指导意见》，这一意见对加强长三角地区的产业联动必将产生巨大而深远的意义。

（2）长三角区域内各行政主体之间形成的磋商制度协调

两省一市的协调工作主要表现为两省一市行政首脑之间的直接磋商和对话。具体形式表现为长三角区域的市长联席会议、经协委（办）主任联席会议等。在这些会议上达成了诸如《长江三角洲旅游城市合作宣言》《关于以筹办"世博会"为契机、加快长江三角洲城市联动发展的意见》等联合契约。形成这类磋商对话机制的平台还包括副省（市）长级的"沪苏浙经济合作与发展座谈会"、长三角城市（15+1）市长级别的"长江三角洲城市经济协调会""沪苏浙规划工作联席会议制度"以及"长三角一体化发展论坛"。相应的协调机构有以苏浙沪两省一市和长三角 16 城市的发改委为主体，会同有关政府规划管理部门，共同成立"长三角规划与协调发展委员会""长三角规划与发展委员会"，加强区域规则和布局。这类层次的协调最后形成跨区域的"合作宣言""共同声明"等行政契约形式。这些磋商制度充分展示两省一市政府在致力于长三角区域经济共同发展问题所达成的共识，对推动长三角产业联动具有一定的政策指导意义。

（3）两省一市行政主体的职能部门之间的制度协调

两省一市行政主体职能部门之间已开始着手落实政府主体政策，逐步就层次较低、范围较窄的行政契约上达成共识，表现形式主要为"互认协议""互认宣言"等。2003 年 8 月，两省一市的质量技术监督局发布的《长三角质量技术监督合作互认宣言》[①]，主要是对市场准入、物流标准、信息资源、标准体制等 10 个方面达成了互认协议，并确立了长三角质量技术监督合作互认联席会议制度；2003 年 11 月，三地质量监督部门签署了"长三角食用农产品标准化互认合作协议"；2004 年 2 月，长三角 15 个城市的车辆管理部门达成了"车辆管理工作信息互通制度"；2004 年 5 月，长三角各地的税务、银行、技术监督、海关等部门针对区域内的偷税漏税、拖欠债务、商业欺诈、假冒伪劣、恶意违约等行为，达成了"信用联动机制"，意在形成"一处失信，处处受制"的制约体系；2004 年 7 月，长三角道路运输稽查部门针对区域内非法营运等现象达成"市场共管、规则共守、信息共享、号码共用"管理制度。此外，近年来区域内的其他 30 多个部门也纷纷就环境保护检测、地下水资源调查、人才开发一体化等领域达成"联动""互认""行业联席会议"等制度。这层制度协调所涉及的部门众多，涉及的领域更宽，而每个契约所针对的协调范围更窄，具有一定可操作性。而且目前在长三角地区在人才开发、旅游合作、交通一体化方面已取得实质性的进展，对长三角地区产业联动提供了资源共享平台。这类协调需要各地政府协作办公室特别是中心城市政府协作办公室充分发挥窗口作用与管理职能，同时巩固、落实与完善各地政法职能部门开展的对口合作交流。这类协调就其性质而言，相对上述层次，参与协调的行政主体及其达成的行政契约级别更低、具体涉及的领域更宽而每个契约所针对的协调范围更窄，但更具有可操作性。目前长三角地区在人才开发、旅游合作、交通一体化方面已取得实质性的进展，对长三角地区产业联动提

---

① 根据《宣言》，三省市将建立产品质量监督检验结果通报制度，联通各自辖区内的"12365"群众投诉举报网络，实现异地投诉和跨省维权，实行企业"黑名单"通报制度，联手打击跨区域的产、供、销一条龙违法行为；建立市场准入互认制度，省级名牌产品实行互认，避免重复检查，减轻企业负担；建立长三角一体化的食品、农产品质量安全互认体系，对无公害农副产品标准、标志、检测和监管实行互认；建立省际间的现代物流标准化体系，以大型超市、配送中心、现代工业园区为重点，着力构筑与国际接轨的长三角现代供应链。

供了资源共享平台。

（4）两省一市内民间团体的协调

长三角产业联动最终由政府主导推动向市场主导推动过渡，而这个过渡过程中民间组织渐趋活跃，其影响作用开始由弱到强。目前两省一市的民间组织已就某些领域开展了会晤和项目合作。比较明显的例子是2004年4月成立的"中国长三角工经联席会"，江浙沪面对国内外非织造材料产业的竞争，自发筹建"中国长三角非织造材料产业联盟"。但由于这类协调对政府之间的利益冲突无法触及，故其影响有限。但从发展趋势看，这类协调将来形成的机制，将会对市场层面的利益冲突协调，产生不可替代的积极影响。

中央到三地省市政府积极主动地介入使以往企业间零星、松散的局部合作，开始向全面、紧密的区域性合作演变。长三角地区的联动呈现出前所未有的紧迫性和一些新的特点，合作机制趋于多元，合作方式趋于多样，合作内容趋于广泛。不仅区域交通、生态环境、通信网络的建设等问题进入了联动的范畴，而且出现了多层次的联动的协调机构，在旅游、基础设施建设等方面启动了实质性的合作程序。但是产业联动最终体现一种企业间的联动与合作的市场行为，在肯定当前以政府为主导力量推动长江三角洲地区产业联动和经济一体化进程加快的同时，我们也看到一些行政力量带来的弊病。由于以各级地方政府为代表的诸多利益主体的存在，长三角城市间的战略联盟目前还没有达成，很多基础设施还处于分割状态，尚未形成行业布局协调、经济能量集聚、产业结构合理的理想范式。

2. 行政区经济仍然存在

虽然长三角区域在制度与政策上采取了一系列的合作措施，取得了一定成效，但行政区域分割带来的问题仍然比较明显。当前突出的问题表现在：

（1）行政区域划分复杂

与珠三角仅属于广东省不同，长三角区域内行政隶属关系非常复杂，分属于 3 个省（直辖市），215 个区县。按照当前地方财政和税收挂钩的实际情况，行政区的经济竞争起码到区县一级，甚至到乡镇。因此，长三角的经济竞争不仅是 3 个省市，而是 215 个区县，甚至更多。这种地方财政和税收挂钩的实际情况导致地方政府之间的关系不再是单纯的"兄弟竞争"关系，而是不同经济主体之间的关系，地方政府利益最大化行为从而导致了地区间的市场分割和贸易保护，以致形成条块分割明显的"行政区经济"。

（2）合作偏重于务虚，缺乏制度性的安排

在长三角地区，企业或民间层面的联动已有相当进展，也有很大的制度需求，但政府职能的转变和相关的制度建设却相对滞后。尽管 3 省市对联动发展已形成了共识，但在实际运作中或具体问题上，往往缺乏实际行动，区域内的发展规划互不衔接，各自为政现象普遍。港口之争，机场之争，以及浙江"环杭州湾产业带"、江苏"沿江开发"和上海"173 计划"的制造业基地之争，都从不同的角度反映出这一问题。各地都希望对方为自己提供更多的发展机会，让出更大的市场空间，而自己则借整合之名加以充分利用，从而扩张本地的利益。土地批租中的"拼地价"，招商引资中的"让税收"，产品竞争中的压价倾销等恶性竞争，企业注册地与实际经营地的双重征税，歧视外地企业和产品的地方标准等矛盾和问题，都与 3 省市政府职能转变尚未到位、合作缺乏有约束力的制度安排、没有形成利益协调机制有着直接的关系。同时，目前随机的、分散的、非正式的合作，也急需由规范的、统一的、正式的制度安排来予以约束。由于长三角各城市经济社会发展、制度创新的不平衡性，各地方政府为了地方利益不顾大局的事例时有发生，如当前遭受批评较多的是长三角各地在招商引资、外贸出口、土地批租、减免税收、人才流动等方面，竞相制定优惠政策抢项目、抢资源，形成地方保护，造成资金、人才、技术等可流动要素流转不畅，难以形成整体优势（周国红，2007）。[①] 如长三角各城市围绕 IBM、中芯国际、台积电等著名集成电路企业，以及 8 英寸、12 英寸生产

---

① 周国红、楼锡锦：《长三角区域经济一体化的基本态势与战略思考——基于宁波市 532 家企业的问卷调查与分析》，《经济地理》2007 年第 1 期。

线之间都发生过的激烈争夺，各自为政的局面未能根本扭转。

3. 制度安排对产业联动的影响分析

根据前述理论，制度安排对产业联动的影响不仅表现为制度的可达性是产业联动的基本条件，而且是影响产业联动效果和程度的重要因素。由于我国市场经济体制的建立和长三角政府间合作的不断深入，长三角产业联动的制度可达性越来越强，为长三角市场主体间的联动创造了越来越好的条件，长三角产业联动的程度不断深化。但制度安排对区域产业联动的影响还在于不仅增强制度的可达性，促进产业要素的自由流动，还在于通过制度安排，消除"集体非理性"现象，达到整体效益最大化的目的。目前，长三角产业联动的制度安排总体还处于增强可达性方面，且还很不彻底，在消除"集体非理性"现象方面还任重道远。如浦东新区出台的产业政策，基本都是为积聚资源为导向的，其他的区域也无不如此。长三角政府间的合作成果基本都是解决一些技术性问题，最多体现在消除一些要素流动的障碍上，还停留在较低的层次上。在我国社会主义市场经济条件下，在区域之间的产业联动过程中政府不仅是其中的重要参与主体，更是重要的推动力量，因此更需要各级政府部门发挥积极作用。

（四）社会文化的相容性分析

长三角地区由于地缘相近、人缘相亲、交通便利，在长期的历史发展史中，长三角诸地区通过彼此的嬗变、流变、分离和重叠，从六朝前的吴越文化到六朝后的江南文化，然后到上海开埠后的上海文化，再到浦东新区开发开放以来的新海派文化，长三角地区形成了共同特征为宽容、市民化、外柔内刚、开放创新、积极向上、重商功利等区域认同的地域文化。

1. 长三角文化的历史渊源

六朝以前，吴、越文化本为一体，"吴越二邦，同气共俗"。在此时期，吴越一带崇尚勇武，多斗将战士、侠客兵家。吴越文化古朴，刚而野，但从吴人的处事方式、行为准则方面，也可以看出其柔而雅的一面。

六朝以后，由于江南地区的开发，大规模的人口南迁，经济重心的南移，江南在中国的地位日益凸显。江南文化发生了重要变化，价值取向由尚武趋于尚文，民风由勇武刚烈变为温文儒雅，但从清兵南下时江南气壮山河的抗清斗争中也可以看出其刚烈的一面。灵活、文雅、开放，刚柔相济，是从吴越文化到江南文化的共同之处。而商人地位的提高、市民文化的发达、人们行为方式的追求新奇和偏离正统，则是江南文化的重要特色。在明清时期，以苏州为中心的吴文化还具有崇尚闲情；求适宜，讲适宜；不激不随，外柔内刚；雅致精巧等特点。这些特点对后来上海文化的形成产生了直接影响。如透过近代屡被学术界讨论的上海重商，追求奢华，高消费，张扬个性，公开言利、言欲、言情、言色的现象背后，可以看出以苏州为中心的吴地文化对上海文化的影响。吴地文化在许多方面，诸如张扬人性、重视工商、敬业、精致，特别是不激不扬，适宜人生，在建立以人为本、积极、健康、闲适、高雅的生活方式和生活态度方面，在现代化建设方面还有许多值得挖掘、肯定、继承、发扬的地方。

上海开埠以后，西学东渐风气盛行，西方文化与中国文化直接发生冲撞和融合，长三角地区因其在经济和文化上先进的地位，率先从中国传统农业文明开始转型。上海以其地缘优势和特殊的历史性机遇得风气之先，发展为近代中国主要的文化中心和东西方文化交流中心，长三角文化轴心迁移上海，很快形成了以上海为核心、长三角其他主要城市为重要支撑点的海派文化。其中苏州、宁波、杭州、无锡对它的文化输出尤为突出和明显。

伴随20世纪90年代浦东开发和全球化的深入，海派文化重新获得新生。但其实与前期海派文化时期相比，这个时期海派文化的状态、内涵与实质，已经发生了很大变化，它已经不再仅仅直接生硬地接受外来文化。由于历史的积淀，海派文化的故有文化理念和形态已经生根，而且力量日渐巨大，所以此时期的海派文化更加注重通过改造和创新来吸纳外来文化因素。这种新海派文化的交融又通过浦东新区与长三角的联通性而迅速扩散，给原有吴越文化和江南文化持续注入"新的内涵"。一方面激发了长三角地区其他城市汲取创新思想的需求，逐步向上海及浦东核心地带靠拢，同时通过这种文化价值的无形和有形的扩散，为浦东与长三角的产业联动提供共同文化基础。因此文化的主动性更强大，所以它已经是一种"新海派文化"。在此期间，上海作为领头羊的地位更加稳固，各城市对长三角一体化进程的要求和呼声，其实可以看作是对进一步在"新海派文化"内部进行无障碍互动的一种文化自觉（朱荣林，2002；曾哗等，2003）。

长三角区域在历史长河中形成的文化认同，也使得这一区域的人们民间文化的交往频繁，经济往来甚多。同时政府也顺应地促进这种认同，进一步增加了文化交往的紧密度。比如，从人口构成上看，目前上海人中大部分要么是来自江浙要么就是近代迁移到沪的江浙人的子孙后代，这个比例近八成（华民，2003），据初步统计，南通启海地区 60% 以上家庭有上海亲戚，而浙江萧山区 70% 的家庭有上海亲戚（黄振平，2003），① 血缘上的关系为彼此的经济合作创造了有利条件。从语言上来看，长三角各地"一家人不说两家话"，吴越方言基本能够彼此交流。上海话更是简单，周边地区人人都能听懂。这是文化交融的结果，也是经济合作最深层的基础。

2. 社会文化对产业联动的影响分析

不论是"吴文化"时期，还是"江南文化"时期、"海派文化"乃至"新海派文化"时期，虽然各自有一定的差异性，但这种基于吴越同源文化基础上的基本的价值认同和核心精神是一致的。很多专家学者对长三角地区的共同文化特征进行了总结和归纳。王德峰把长三角区域文化特征概括为：合理的个人主义以及在文化价值上的宽容态度；务实精神和意识形态中立；积极学习新事物的开放心态；社会生活的非政治化。② 王立文把其概述为六大特征：鲜明的水乡文化特色；浓郁的市民文化特色；外柔内刚的文化品格；重文重教的文化理念；博采众长的文化个性；工商文化特色鲜明，也是具有较强的包容性和开放性的水文化（孙肖远，2004；王立文，2004）。③ 华民（2003）认为这一区域具有鲜明的"善进取，急团利"的功利主义色彩；洋溢着"崇尚柔慧、厚于洋眛"的人文关怀；具有深广

---

① 黄振平：《浅议长江三角洲文化资源之共享》，《中外文化交流》2003 年第 12 期。

② 王德峰：《第六城市群经济联动的文化基础（证大评论）》，《国际金融报》2003 年 10 月 13 日。

③ 孙肖远：《长三角经济一体化与吴文化现代化》，《江南论坛》2004 年第 5 期。王立文：《长三角区域文化共同发展之思考》，《江南论坛》2004 年第 3 期。

的大众化倾向以及顽强的生命力与开拓冒险的精神。[1] 上述学者从不同的层面或者角度去归结长三角地域在文化认同下形成的共同文化特征，为我们勾勒出长三角地区宽容、市民化、外柔内刚、开放创新、重商功利的共同文化特征，为上海强劲的"增长极"——浦东新区与长三角地区产业联动提供了重要的文化基础。但同时长三角文化中市民化、重功利的色彩，也对以整体效益最大化为依归的产业联动带来一些不利影响，如重局部利益和眼前利益使长三角产业联动的进程大大受阻（张荷，1991）。[2]

三、自主创新能力不足

随着区域经济的不断发展和竞争的日益加剧，长三角面临着来自以珠江三角洲为中心的大华南区和以京津为核心的环渤海地区争夺综合竞争力领先地位的挑战，与此同时，当前长三角科技合作与创新能力还存在一些瓶颈和不足之处。

核心技术缺乏，发展后劲不足。创新意识薄弱、研发风险较大、研发成本偏高导致长三角本土企业核心产品研发、设计、制造能力薄弱，拥有自主知识产权的核心产品很少，核心技术与产品主要掌握在外资企业手中。一是多数产业关键核心技术与装备基本依赖国外，70%的数控机床、76%的石油化工装备、80%以上的集成电路芯片制造装备、100%的光纤制造装备为国外产品所占领。二是技术标准多数不掌握，企业制订核心技术标准的能力较弱，只有少数企业制订了产业技术标准，大多数企业只能采用别人的标准。三是核心技术掌控能力不强，尤其是制造业对外技术依存度整体偏高，在许多领域甚至基本不掌握核心技术。四是发明专利比例低，在专利申请方面外资企业占据主导地位，近年三资企业拥有发明专利数基本上是国有企业的4倍多，长三角地区的发明专利申请量、授权量均不及多数跨国公司一家的申请量和授权量。

---

[1] 华民：《长江边的中国——大上海国际都市圈建设与国家发展战略》，学林出版社2003年版。

[2] 张荷：《吴越文化》，辽宁教育出版社1991年版。

高层次创新人才不足，跨省市流动机制不完善。一方面，高层次人才缺乏。近几年沪苏浙三地出台了很多引进和培养高层次创新人才的政策，但引进高层次人才，尤其是海外人才的引进成效并不大，本土人才的国际化素质亟待提高，高层次创新创业人才总量仍然短缺，根本不能满足长三角建设现代化国际创新型区域的目标和新一轮发展的需求。另一方面，区域性的人才协调管理机制缺失。高层次人才的健康成长和合理流动面临诸如户籍制度、配偶就业、子女就学等障碍因素。政策不完善、激励机制不顺畅，限制了人才资源的潜能的发挥与价值的实现。

产业结构层次不高，产业创新链不完整。一是产业技术水平不高，产业核心技术对外依存度大，缺乏拥有自主知识产权的核心技术，处于全球产业价值链的低端，集约化程度低、高端配套能力弱。二是产业同构现象比较严重。目前，上海与江苏的同构率达90%，上海与浙江的同构率也达70%，江苏与浙江达97%，大大超过国内地区间产业结构同构率90%的国际惯例。三是产业创新链不完整，产业系统优势没有形成，科技与经济脱节的现象依然存在，现有科技力量和布局与产业发展的关联度低，还不能支撑产业技术能级的快速提升。

科技资源配置效率不高，全球科技资源利用不够。一是由于区域内市场体系分割，促进要素流动的制度环境和市场体系不完善，区域科技合作政策缺乏衔接，区域科技协调发展机制软弱，特别是受地区部门行业的限制，大专院校、科研机构和企业之间跨区域科技合作的技术转让热情不高，区域技术市场和技术产权交易市场没有一体化，科技中介机构对区域科技要素配置作用有限。二是缺乏到海外建立研发机构的积极性和能力。由于技术缺乏实力等原因，长三角地区的企业到海外建立研发机构还相对较少。这一方面使得本土企业不能建立广泛的海外技术联系、难以获取发达国家产业技术发展的第一手信息；另一方面也抑制了对海外人才、特别是海外留学人才和其他科技资源的有效利用。三是难以打破跨国公司的技术封锁，一些优秀创新企业被跨国公司收购。跨国公司利用长三角地区的良好商业环境、不断进行技术资本转移，同时强化了对产业核心技术、技术标准及商标、商誉等无形资产的保护力度，对已经形成一定竞争能力的长三角地区实行技术封锁战略。另外，一些科技创业企业受发展过程中资金瓶颈制约，被跨国公司收购，使一些具有良好发展潜力的创新企业被纳入到跨国公司掌控的技术体系，使得难得的本土自主创新成果流失（曹贤忠、曾刚、邹琳，2015）。[①]

区域科技合作机制不完善，科技创新政策缺乏协调。一方面，利益协调机制不顺畅，尚未形成统一的宏观管理机制和协同作战能力，没有建立起应有的技术联系，在具有共性的基础研究领域重复立项等现象普遍存在，在国家技术项目、各类基地、国外先进技术项目以及科技人才等方面的不良竞争不断。另一方面，缺乏统一配套的政策支撑，科技计划相互开放不充分，诸如高新技术企业、产品等科技资质和标准不统一。另外，区域合作的地区不平衡，在一定程度上影响了长三角科技合作的效果。

第三节 长三角区域发展对策建议

一、生态环境治理

（一）完善排污权交易机制

水排污权交易机制目标：实现环境容量资源的优化配置，在既定污染物排放总量控制目标下，通过排污权交易市场，合理安排治理活动，整个地区以最小的污染物削减费用实现环境容量资源的优化配置。根据市场变化，自动调节排污权交易价格，促使削减污染物的社会费用降低，提高政府控制污染物排放量的效率，保证污染物质排放量在计划和控制范围内。鼓励企业不断减少污染排放：减少排放量等于降低成本或增加收益。企业通过调整生产规模，或改变生产投入要素结合，或改变生产工艺，或采用污染控制技术等途径，减少污染物排放，达到提高经济效益的目的。促进

---

① 曹贤忠、曾刚、邹琳：《长三角城市群 R&D 资源投入产出效率分析及空间差异》，《经济地理》2015 年第 1 期。

技术革新：企业通过技术创新来降低排污量。促进公众参与环境保护：公众或民间组织可作为市场的需求方加入购买排污权，从而提高排污权的价格，迫使企业研究和使用新的排污技术。

实现政府环境管理职能：政府成为标准的制定者和市场交易的维护者减少了政府管理费用和对生产的干扰。促进政府部门的合作与协调：由于是区域总量控制，排污权交易管理不能按行政区划方式，需要单独的环境保护机构统一管理，对管辖区内进行重新划分，有利于政府部门的合作与协调。

水排污权交易构成体系：完善的排污权交易法规，合理的环境目标下的总量控制，支持排污权交易的公开信息系统，排污权的初始分配，排污权市场交易和相应的监督体系。

（二）构建区域统一的生态补偿机制

短期目标：通过进行经济补偿，弥补上游地区承担环境保护产生的巨大损失。长期目标：通过实施实物补偿、政策补偿、技术补偿或不同方式的组合，大力刺激补偿的供给和需求，并保持高水平和高效率的水平。保障上下游享有同等的生存权、发展权，促进区域社会、经济、环境的协调发展。明确上下游各行政单元水功能区划和环境容量，合理布局产业，追求经济的较快速发展，促进上下游地区之间的协调发展、互惠共生、和谐发展。补偿标准：一是上游地区的直接投入，包括涵养水源、保持水土、防风固沙、改良土壤、减少污染、生物多样性保护、环境污染综合整治、农业非点源污染治理、城镇污水处理设施建设、修建水利工程等项目的投资；二是间接投入，为水质水量达标所丧失的发展机会的损失，包括节水的投入、移民安置的投入和限制产业发展的损失等；三是延伸投入，为进一步改善流域水质和水量而新建流域水环境保护设施、水利设施、新上环境污染综合整治项目等（李晓冰，2009）。[1]

---

① 李晓冰：《关于建立我国金沙江流域生态补偿机制的思考》，《云南财经大学学报》2009 年第 2 期。

（三）水污染纠纷协调机制

实现对污染源头的控制，确保污染损害保险制度的建立。合理规划布局，促进产业结构调整：上游地区应实行环境优先政策，根据当地环境容量和跨界水质要求，合理规划经济发展目标和产业布局，加快产业升级，限制和禁止发展重污染项目，加大对钢铁、造纸、酒精等高能耗、高污染行业落后生产能力淘汰的力度，坚决关闭落后设备工艺（环境保护部，2008）。① 注重源头控制，严把环境准入关和验收关：建立健全两省一市项目环评审批备案制度，上游地区应严格控制新污染源的产生。强化监督执法，加大污染整治力度：充分发挥媒体和公众监督的作用，对环境违法行为公开曝光；加强执法的力度和对违法的处理。落实治污责任，严格实行跨界环境质量目标考核：建立考评制度，层层分解，严格考核，奖惩分明。加强协调沟通，合理确定跨界环境质量适用标准，加强标准的统一性和合理性。实施污染纠纷的税收调控。

（四）构建投资多元化的建设机制

长三角在环境设施建设运营体制方面，必须进一步推进环境设施建设运营的产业化、市场化、投资主体多元化改革。通过环保产业园区进行投融资是实现多元化投融资的有效渠道之一。在园区建设环保工业园、环保科技园、产品展销中心及物业管理中心。建设运营可采取股份制模式。改革环境设施建设运营体制，允许民间资本投资，形成投资多元化的建设机制。实施环保型价格政策，建立"排污者缴费，治污者受益"机制，通过收费政策，推动环保设施建设和运营的产业化、市场化和投资主体的多元化。鼓励社会资本投资于绿地林地建设和自然保护区建设，并进行环境资本运作，使优美环境真正能创造财富。

（五）形成科学的政绩考核制度

将环境绩效评估纳入地方政府政绩考核体系中，将环境质量的改变以及生态环境保护工作的成效作为地方政府官员政绩考核体系的重要内容之

---

① 环境保护部：《环境保护部关于预防与处置跨省界水污染纠纷的指导意见》，《环境经济》2008 年第 8 期。

一，使生态环境绩效和官员升迁直接挂钩，这样能够保证自上而下形成一套较为有效的激励与约束机制，激发各级地方政府保护生态环境的内在积极性，实现生态环境保护和经济建设协调发展。将现行 GDP 和污染状况捆绑公布，约束政府行为；建立包含多种环保指标的综合性的考核指标体系。

二、产业联动路径

（一）明确浦东新区的区域定位

区域产业的合理分工既是区域产业联动的结果，也是区域产业联动良性发展的基本条件。浦东新区在长三角区域中经济发展水平最高，已进入工业化后期阶段，并已表现出加快向后工业化时期转型的特征；浦东第三产业已占其经济总量的 53%，在长三角处于最好水平；浦东新区目前已集聚了多家中外金融机构、多家地区总部、多家研究发展机构和众多的律师、会计、咨询等专业机构；拥有外高桥港、浦东国际空港两大枢纽港。同时，和长三角其他地区相比，浦东新区的商务成本越来越高，可开发土地资源越来越少。因此，从浦东的经济实力和产业结构看以及其区域优势看，浦东新区应根据自身的优势条件和发展定位，加快转移已有产业或职能到长三角等周边的中小城市，在周边江浙一带建立生产、加工中心（或制造基地），或者同一水平的企业错位竞争，从而形成基于价值链的产业配套水平分工与技术垂直分工的经济格局。在此进程中，作为主体的企业，可通过生产和经营体制的改革以及企业经营网络化和内部化的建设，深化跨区域的分工与合作体系，逐渐在浦东与长三角各地区之间形成空间网络配置格局。即：在浦东布局企业管理中枢机构、金融总部、研发中心、营销中心或物流中心；在长三角其他地区设立分店、分支机构，或设置加工工厂和装备车间，逐渐形成区域一体化的设计、研发、生产、加工、营销与服务的综合体系，使之首先成为现阶段浦东与长三角地区协同发展的重要支撑。而且，由产业空间网络配置带来的产业联动将促进长三角区域各种要素流向更趋合理；反过来进一步促进产业的紧密联动，使区域实现经济一体化的协调发展。

（二）充分发挥政府在现阶段的关键作用

虽然各级政府越来越重视长三角产业联动发展问题，经过多年的努力，也取得了不少成效，但从目前长三角产业联动的现状看，行政区经济仍是长三角产业联动的最大障碍，政府的合作还仅仅停留在为产业联动创造外部条件，如增强基础设施的通达性、减少产业要素自由流动的障碍等方面，即便在这些方面也还有许多的提升空间，如产业要素的自由流动还存在不少障碍因素，而这些因素大多是因为地方政府的政策造成的。至于发挥政府的积极引导作用，如通过统一的产业规划和政策来形成区域的合理分工、提升整体的产业能级等方面的合作更是微乎其微。因此，从总体上说，政府基本还没有成为区域产业联动的推动力量，甚至还是产业联动的阻力因素。在现阶段，特别是中国特色社会主义市场经济条件下，政府在区域产业联动中起着十分关键的作用。当前，在长三角的产业联动过程中，政府主要要发挥好以下功能：一是继续打破区域之间的行政壁垒，增强区域制度的可达性，促进产品和要素的自由流动；二是提供区域无差异的公共产品，继续增强基础设施的可达性，创造要素跨区域自由流动的外部环境；三是利用区域协议性分工机制，在充分发挥各地区比较优势的基础上，通过统一的有约束力的产业规划和政策来消除个体理性基础上的集体非理性行为，推动地域产业分工的形成和产业结构的调整、升级，达到企业发展、地域发展和整体效率提升的多赢目标。

（三）加大制度供给，促进要素自由流动、提升集体效率

促进长三角产业联动的共识已经形成，长三角产业联动的条件和基础也比较坚实，但长三角产业联动仍处于较低阶段最大的因素是制度供给不足。一方面产业要素自由流动还不够充分，市场自发的联动行为会受到来自行政力量的干预；另一方面市场自发因素导致的集体非理性行为没有得到有序的引导，导致长三角的整体优势没有形成。因此，加大长三角区域产业联动的制度供给成为促进区域产业联动的重要路径。一是要强化中央政府在长三角产业联动中的重要作用，中央政府要作为促进长三角产业联

动制度供给的直接来源之一，以克服地方理性的弊端；二是要加快建立地方政府的利益协调机制，建立区域性议事机构，提出并通过具有法律约束力的统一规划和政策，用民主的方式来解决由于地方博弈而带来的整体利益机制无法建立的情况；三是要充分发挥产业自治组织在促进区域产业联动中的作用，引导建立区域性的行业自治组织，通过行业内部的协商来形成行业规范、产业标准等，促进区域的产业联动（林兰等，2010）。[①]

（四）推动区域间企业联盟

长江三角洲地区是我国高端外资最为集中的区域，本土企业与跨国公司存在着突出的生产技术和研发水平的差异，产业链梯度转移的色彩十分明显。中小企业是长三角地区经济发展的主力，在区域经济发展中有其不可替代的作用。但是，由于企业规模普遍偏小，产品重复开发、产业同构问题突出，在与外资企业尤其是跨国公司的竞争中处于较为不利的地位。

一方面，应当着手培育本土企业（尤其是中小企业）的联盟。建立和完善中小企业服务系统，使中小企业在发展过程中，从研究开发、咨询到管理、后勤等方面得到一体化的服务，尤其是加快发展风险投资业，为长三角地区科技型中小企业的发展壮大创造必要的环境。在此基础上，逐步培育一批与跨国公司展开有效竞争与合作的区域性特色行业和大型企业集团。对于已经具备一定的创新实力、拥有自己的研发机构的企业集团，应改变过去的各自为政、不断进行"自杀性"价格竞争的思维和竞争模式，在特定领域或针对某一项目、某一产品组建研发战略联盟，提高长三角企业整体创新实力，为参与国际战略联盟做好技术上的准备（蒋健君，2007）。[②] 长三角地区的石油产业、服装工业、家电业等都有一定的相似性和互补性，为发挥规模经济发展的需要，可以适当进行产业重组和跨区域联盟，组成更具规模和竞争力的龙头企业，然后通过这些龙头企业联合、控股区域内的上下游配套企业，形成一批立足长三角地区甚至跨国发展的巨型企业集团，带动跨地区的产业发展。

① 林兰、叶森、曾刚：《长江三角洲区域产业联动发展研究》，《经济地理》2010年第1期。
② 蒋健君：《如何实现环太湖地区产业合作》，《经济师》2007年第11期。

另一方面，应大力培育跨国公司与本土企业的联盟，以带动区域产业技术水平的升级。当前，由发达国家跨国公司主导的全球技术创新的国际网络正在形成，由此产生的网络内部收益更是拉大了长三角地区本土企业与跨国公司在产品和技术上的差异。应鼓励跨地区、跨国别的企业兼并活动，区内科研院所、企业研发中心和研发机构应充分利用跨国公司加快对本区投资的机遇，积极主动地与跨国公司合作，充分吸取跨国公司在科技创新中的溢出效应，加快进入国际研究开发网系统，融入国际化研究开发的新环境中。以集成电路为例，浦东与长三角周边城市的集成电路产业在跨国公司的带动下已初步形成了较为完备的产业链。其中，以中芯国际、台积电、宏力、和舰等为代表的晶圆代工企业是典型的跨国企业，以士兰、展讯等为代表的集成电路设计企业与以长电为代表的封装测试企业是较为著名的本土企业，这些企业之间存在着互赢互利的产业联动（除了产业链的合作以外，还有技术的联盟与合作），增强了长三角地区在整个中国集成电路产业的竞争合力。

（五）加强区域间技术创新合作

长三角地区整体产业能级不高，在全球价值链中处于中下游环节，这既是长三角地区产业联动发展的程度不高所导致的结果，也为长三角区域产业联动的进一步发展形成了制约。因此，提升区域产业能级应成为现阶段长三角区域产业联动的最重要目标之一。提升区域整体产业能级要求浦东与长三角其他区域的合作中把技术创新的水平合作作为一个重要的合作方向，加快向基于创新的联动模式转变。一是利用浦东已有的大量研发机构和人才优势，把浦东新区培育成长三角区域最重要的创新策源地之一。关键是通过区域协议性分工，使浦东所产生的研发成果能在长三角其他商务成本相对较低的区域实现产业化，双方能够共享技术创新的效益，以提高浦东培育创新活动的动力。二是利用浦东金融核心功能的优势，使金融功能和创新资源嫁接，培育科技金融市场体系，为长三角区域的技术创新提供资金支持。三是培育浦东技术创新服务体系，一方面加强浦东技术交易所与长三角其他地区技术交易机构的合作，加快长三角地区科技成果的产业化进程；另一方面大力培育科技中介服务机构，在加快长三角地区科技成果的交流与合作的同时，构筑国际技术交流的平台，拓展技术转移的空间。四是促进长三角地区的创新资源共享和产学研一体化进程。搭建覆盖长三角的创新资源共享平台，联合开展重大技术攻关，打破研发领域区域割据状态，培育区域产学研合作体系（林兰等，2010）。①

三、创新中心建设

（一）加强制度安排和统筹协调

从国家层面看，国家要加强对区域合作及科技发展的宏观指导和统筹协调，推进相关制度安排和政策措施落到实处。

1. 建立健全对区域科技合作的领导协调机制

建立部—区会商制度。将现有的部省（市）合作上升为部—区合作。尽快建立科技部—长三角部区会商制度，并逐步充实发展改革、财政、税务、人事等国家部（委）参与，形成部（委）—长三角会商制度，强化国家部（委）对长三角科技创新发展的指导和支持，协调解决长三角科技政策制定、重大科技专项实施、重点产业发展中的关键问题（张仁开，2012）。② 设立国家区域科技特派员制度，建议由科技部领导协调长三角区域科技合作与协同创新事宜，推进相关任务、政策和责任的落实。

2. 制定《推进长三角自主创新与科技合作的指导意见》

争取由科技部牵头，国家有关部委参与，两省一市相关部门联合起草制定《推进长三角自主创新与科技合作的指导意见》，进一步明确长三角地区在全国科技发展和产业分工中的定位，重点要在科技政策、重大科技专项、科技投入等方面对长三角地区给予优先支持，支持长三角率先建成自主创新示范区。

---

① 林兰、叶森、曾刚：《长江三角洲区域产业联动发展研究》，《经济地理》2010 年第 1 期。

② 张仁开：《"十二五"时期推进长三角区域创新体系建设的思考》，《环球市场信息导报》2012 年第 10 期。

3. 设立长三角自主创新综合试验示范区

建议国家借鉴浦东综合配套改革示范区相关经验，在长三角设立自主创新综合试验示范区，支持自主创新的政策在长三角自主创新示范城市（区）内先行先试，优先支持长三角地区探索资源节约、环境友好、社会和谐的发展模式，支持鼓励长三角在自主创新的地方性法律条例和行政法规方面进行探索，联合争取国家重大项目在长三角布点，在若干领域内取得制度性突破（张仁开，2012）。[①]

4. 建立区域科技合作绩效考核机制

争取国家科技部设立专门机构，加强对长三角科技合作的指导和协调；建议国家有关部门加强对两省一市相关部门及其主要负责人工作绩效的督促检查，并将其政绩考核作为区域科技合作工作的一项基础性、经常性工作。

（二）深化科技合作与协同创新

从两省一市层面看，两省一市要积极探索新形势下区域协同管理新模式，坚持政府引导、多方参与，以市场为基础，以环境保护、节能减排、民生科技等公益性领域为突破口，进一步完善合作机制，深化区域科技合作，推进区域协同创新。

1. 完善政府科技合作的沟通与协调机制

强化长三角创新体系建设联席会议办公室的宏观管理和统筹协调职能。建议将长三角创新体系建设联席会议制度由部门协商制度深化为在协商机制下的分工负责制，明确相应的职能分工，负责落实和组织实施相关具体事宜。相互开放科技计划，允许区域内各类科研机构跨地区参加科技项目的招投标，积极鼓励和优先资助跨地区联合申报的科技项目。各省市在制订年度科技工作计划时，要明确推进长三角科技合作的具体工作任务。

2. 联合推进科研布局模式的调整和转型

面向当前经济社会转型发展需求，联合推进区域科研布局理念和模式

---

① 张仁开：《"十二五"时期推进长三角区域创新体系建设的思考》，《环球市场信息导报》2012年第10期。

的转变，顺应服务经济发展大趋势，建立面向服务经济需求的新型科研布局体系。动员和部署各类科研机构，围绕区域经济社会转型发展需求，在研究方向、研究布局、研究项目、经费配置、队伍配备上进行新一轮的适应性的调整，形成面向服务经济发展需求的新型科研布局格局。

3. 建立健全区域科技创新政策法规体系

参照国家科技规划与科技政策，尽快创制并完善区域科技创新政策法规体系。近期可联合制定《长三角区域科技合作项目管理办法》《长三角区域科技资源相互开放与共享具体办法》《长三角区域跨地区产学研合作实施意见》等相关政策或类似文件，协调规范长三角区域科技合作和协同创新行为。

4. 联合设立区域自主创新共同资金

联合争取国家资助，在国家科技部支持和指导下，设立长三角科技发展合作新资金。两省一市每年应确定用于长三角区域协同创新的项目和经费，支持区域合作项目的研发与管理。共同资金由长三角区域科技创新与科技合作联席会议办公室具体负责运作和管理。结合区域产业发展特色和优势，联合组织实施国家科技支撑计划试点。

5. 构建统一开放的区域市场体系

切实转变政府职能，加快构建区域共同要素市场，形成更高水平、更加灵活的市场反应能力，打破长三角内部不同地方的市场保护和分割，促进创新要素在长三角范围内自由流动。一是联合建设区域资本市场。联合建立风险投资机构和担保机构，建立区域性风险创业投资协作网，鼓励跨省区开展科技风险投资活动，积极推动区域内金融机构之间的交流与合作，推行跨行政区开设账户、存贷款等相关金融服务，开展知识产权贷款抵押试点和科技保险试点，推动建设科技型中小企业贷款平台，构建区域一体化的金融市场。二是联合建设区域人才市场。建立区域人才市场共同的市场规则和统一的服务平台；启动长三角科技专家库建设；共同开发公共人事服务产品；加快网上人才市场一体化进程；组织长三角公益性专题人才交流大会；完善高层次人才和智力共享机制等。三是联合建设区域技术市场。要推动科研单位、高等院校科研的市场化、产业化，并以上海为中心建立科研与技术开发协作网络和技术信息与交易网络。

6. 健全区域一体化中介服务体系

一要建立健全社会化、科学化决策咨询服务体系，吸引社会各界广泛参与科技合作行动计划的实施，促进科学决策、正确决策。建立区域性的技术预见、技术监测与技术评估体系，对涉及区域共同的公益性的科学技术发展领域进行科学预见。二要联合探索、创新科技公共服务提供方式，简化办事程序，缩短审批时间，提高政府科技公共服务的质量和效率，完善区域性科技公共服务供给模式。三要联合举办区域性科技服务交流活动。由各省区轮流牵头，联合策划和举办科技交流服务活动，定期联合举办长三角区域科技合作论坛、各类科技成果交易会、专业性成果展览会、洽谈会、信息发布会和国际性科技学术会议，共同开展跨地区的科学普及活动。

7. 联合参与国际科技竞争与合作

加强对外科技合作交流事务的磋商与协调，鼓励以区域整体名义开展国际科技合作与交流，共同引进国外科技创新资源。联合实施产业技术"二次创新"工程。选择若干重点产业进行引进技术再创新示范，力争在生物医药、电子信息、大型装备等产业实现技术自主和品牌自有。联合举办各种研讨会、国际展览会、科技论坛、学术交流会等活动，联合建设国际科技合作示范基地，促进多方位、多层次的国际科技合作与交流，联合申报国家重大国际科技合作项目。

（三）强化龙头带动与服务辐射

从上海层面看，在长三角创新型区域建设过程中，上海要以更快的速度、更大的决心尽快实现经济发展方式转变，率先突破瓶颈制约、率先实现创新驱动、率先实现产业升级、率先实现转型发展，着力增强城市综合竞争力、增强城市资源配置能力和服务周边区域发展的能力，切实增强作为长三角龙头城市和创新核心的带动和辐射能力。

1. 提升上海的核心技术研发中心地位

进一步加大科技创新的投入。进一步加大财政科技投入，保持科技拨款占财政支出比重连年增长趋势；抓好企业研发经费加计扣除政策，引导企业加强对研发和技术创新的投入；加强科技与金融的融合，建立上海科技金融协作机构，重点为技术风险大的高新技术企业提供风险创业投资，引导金融机构设立重点新兴产业发展引导基金，发行重点新兴产业债券，拓展融资渠道，加大对企业成熟和壮大阶段的金融政策支持力度。

进一步提高科技创新的效率，要提高科技创新和研发活动的产出效率，彻底扭转目前片面追求创新政绩、忽视创新效率的做法。建议改革目前的科技统计和监测评估体系，在科技统计和考核中，弱化论文、专利申请或授权量的考核，加强对国际（PCT）专利、专利转化率、科技成果产业化率的考量，鼓励和引导企业、高校和科研院所瞄准经济、社会发展需求，切实提高科技创新活动的效率、效果和效益。

2. 着力打造战略产业的集聚中心

加快推进产业高端化发展。加快培育创新集群，以创新集群引领产业集聚，形成支柱产业规模优势，新兴产业价值优势，战略产业技术优势。深入推进产业结构调整和优化升级，实现三二一产业融合发展，着力发展重点产业的高端领域和高端产品，率先实现产业高端化发展。加快培育和发展战略性新兴产业，进一步推进九大领域高新技术产业化，推动中心城区加速发展金融、物流、会展、信息服务等知识密集型服务业，郊区重点发展汽车、电子及通信设备制造、先进装备制造、石化及精细化工、钢铁、造船等高新技术产业和先进制造业。制定导向产业集聚的规划布局、技术路线图、技术创新点和政策措施，建议在九大高新技术产业化领域，以新能源汽车、生物医药、民用航空制造、先进重大装备为重点，以重大项目攻关为纽带，组成产业技术联盟，充分发挥高校和科研院所的研究实力，实现产业核心技术的创新与突破。建立上海产业技术研究院，使之成为推动集成创新，将科技优势转化为产业优势的聚集地。

3. 强化上海科技创新现代服务中心的作用

强化研发服务。进一步开放上海研发公共服务平台和上海光源等重大科技创新工程，鼓励本市范围内的国家重点实验室、重点高校、技术研究中心等面向长三角区域范围的企业、高校、科研院所和科研人员开放，强化上海作为长三角科技研发服务中心的龙头地位。

提供融资服务。充分发挥上海作为全国金融中心的融资优势，为长三角科技创新提供融资服务。推进金融与科技密切结合，探索金融支持科技创新的途径和方法，拓展科技金融结合渠道。制定和完善企业参与风险投资的相关政策，鼓励企业特别是大中型企业参与风险投资。

着力发展科技信息服务业。以楼宇经济为依托，大力发展与科技创新和研发活动相关的会计、律师等专业服务业，加快发展海量数据存储和分析处理、海外技术并购评估服务、国际专利申请代理服务、海外研发投资环境评估等科技服务业，着力提升上海面向长三角开展科技信息服务的质量和水平。

第五章　上海奉贤生态文明建设之道：
产业转型升级

产业转型升级是实现区域创新系统建设及生态文明的重要途径之一，奉贤位于丝路经济带、海上丝绸之路、长江经济带三大国家战略的交汇处，奉贤有望成为上海市未来建设的重点，是上海市郊产业转型升级的典型案例区。

从有利方面看，奉贤是上海生态环境质量最佳的区县之一，绿地、碳汇湿地占比高，空气质量好；建设用地224.85平方公里，如果将30%建设用地指标转移，潜在收益约6700亿元。从不利方面看，奉贤经济发展水平位居区县倒数第二，经济落后；交通不便，是上海市唯一一个临海但无港的区县，是与市区没有轻轨联系的两个区县之一；产业能级低，布局散，缺乏大型龙头企业，单位面积工业产值为2.67亿元/平方公里，远低于上海市5.23亿元/平方公里的平均水平。如果奉贤谋划不当，存在着进一步被边缘化、继续被忽视的风险。基于奉贤新时期所处的核心区位，奉贤有望建成为与上海市区实体中心相呼应，具备国际化智慧服务中心、大数据网络中心、高端航运服务后台控制中心功能的长三角南部中心城市。

第一节　奉贤产业转型升级的条件评价

一、存在的问题

（一）上海唯一临海无港的区县

奉贤区是上海市唯一一个临海无港口的区县，其拥有绵长的海岸线但是却与西部的金山和东部的浦东形成鲜明的对比，且奉贤与城市中心的互动严重不足，交通、人员、服务以及产业等都联系较少。

上海市对蓝色国土开发越来越重视，奉贤区滨海旅游发展面临千载难逢的机遇。围绕海湾新城建设，奉贤要利用自身的海岸线资源优势，规划建设滨海旅游带。同时，奉贤应与杭州湾城市联动开发形成环杭州湾旅游圈，重点开发海洋旅游。海湾新城由于滨海生态环境资源良好以及前期旅游项目的开发基础，将成为上海市滨海旅游带和环杭州湾旅游圈以及长三角滨海城市中极其重要的一个节点。奉贤旅游已有一定基础，如碧海金沙和滩浒岛等，凸显奉贤以"贤文化"为主体的文化游和以"国际游艇中心"为依托的高端休闲游。

（二）上海市经济最落后的区县之一

奉贤在经济发展方面是上海市最落后的区县之一，经济发展水平为全市倒数第二名，且产业能级低，优势产业并不突出。

据上海市奉贤区经信委统计数据，2013年，奉贤区工业增加值实现368.1亿元，比2012年下降0.57%；全年完成工业总产值1754.7亿元，与2012年基本持平。规模以上工业总产值1568.3亿元，比2012年下降5.2%。与上海其他郊区县比较，2013年奉贤区主要经济指标排位偏后，其中，三次产业增加值总量第6名，增速第3名；区级财政收入总量第6名，增速第3名；工业总产值和规模以上工业企业产值总额均为第4名，增速均为第2名；全社会固定资产投资总量第5名，增速第2名；社会消费品零售总额总量第6名，增速第6名。①

（三）产业布局散乱规模效益差

奉贤区工业集聚状态呈现大分散的总体格局。境内的产业板块较多，包括上海市工业综合开发区、临港产业区奉贤分区、化工区奉贤分区、奉贤生物园区、星火开发区。奉贤区的园区产业定位和主导产业不明确，对带动奉贤区工业的升级发展造成一定阻碍。奉贤区的17个104工业地块，

---

① 数据来源：上海市奉贤区经信委统计资料汇编。

总面积 8532.9 公顷，市级产业园区 5 块，城镇工业地块 10 块。据笔者根据奉贤区经信委调研资料整理，各园区体量大小不一，最小的邬桥工业区规划面积仅 1226 亩，最大的奉浦（含扩展区）规划面积近 15000 亩，两者相差 11 倍。当前，镇级工业区的建设水平和产业层次偏低，导致了农村地区的产业发展能力不足，再加上上海市郊区区域内体制、管理、基础设施等方面的差异，区域产业发展后劲不足的现象就更加凸显。奉贤区乡镇工业布局的分散阻碍了农村地区经济增长极带动力量的发挥，影响着乡镇工业的专业化生产。此外乡镇企业作为当地的土产业，由于历史的原因这些企业发展水平一般都比较低，相对于其他地区产品的性价比不高。这些因素将进一步拉大农村地区乡镇工业和国家级、市级工业园区经济发展水平之间的差距，导致城乡之间的经济联系困难，城乡融合力度受到极大影响。

二、发展的优势

（一）土地潜力巨大

2014 年 11 月 25 日，时任上海市委书记韩正指出："奉贤应为全市建设用地减量、实现'负增长'做贡献。"2013 年年底，奉贤全区潜在建设用地指标（30%）转移收益约 6700 亿元。实际工业用地总量 66.7 平方公里，占现状建设用地比重达 29.9%。[①]

（二）上海生态环境最佳的区县

奉贤区为上海市生态环境最优的区县之一，主要表现在：（1）生态区位佳：位于上海市最南端，面向大海，地处上海上风方向；（2）绿化率高：绿地、碳汇湿地面积大；（3）空气质量好：除崇明外上海最优地区；（4）环境容量最高：奉贤区与崇明县是上海市两个环境容量最高的区县之一。

追求优良的生态环境是绿色发展时代城市重塑竞争优势的战略举措之

---

① 数据来源：《上海市统计年鉴》（2014）。

一，将奉贤建设成为杭州湾北岸生态新城，对于上海全球城市目标的实现具有重大战略意义。随着舟山国家级新区、自贸区的建设以及环杭州湾产业带初具规模，环杭州湾地区成为长三角未来发展的重要机遇地带。目前，上海南部地区缺乏辐射区域的中心城市，奉贤位于上海南部地区的地理中心，对奉贤发展提供有力的产业支撑，相较于金山新城与临港新城，奉贤拥有独特的生态资源，拥有上海唯一生态滨海岸线，有望发展成为上海南部面对杭州湾地区的中心城市。目前浙江省的杭州湾沿岸已形成多个中心城市带动区域的发展，而在上海南部还未形成地区中心城市，以辐射杭州北湾东部地区。奉贤这一功能定位也有赖于三大优势：区域交通优势（位于杭州北湾通道上，并与两座跨海大桥有便捷的联系）、生态宜居优势（生态园区与产业园区的合理分布）、地理区位优势（奉贤位于南部城镇群的中心位置）。

第二节　奉贤产业转型升级的路径

一、整体产业结构及规模构想

从奉贤未来产业发展战略来看，经济发展总趋势由小康迈向发达经济体行列。至 2020 年 GDP 将达 1252 亿元，人均 GDP 为 2 万美元/人，达到中国台湾目前水平。2030 年 GDP 将达 3023 亿元，人均 GDP 为 3.5 万美元/人，达到中国香港目前水平。奉贤区产业转型需重点增强产业的专业化集群优势、提升产业价值、构建产业链生态体系。集中优势发展战略性新兴产业及先进制造业，提升服务业的市场竞争力，着力调整发展休闲观光都市农业。力争到 2020 年实现三次产业结构比为 2.5∶55.5∶42.0 的整体战略目标。

2013 年，奉贤区第一产业增加值占 GDP 的比重为 2.84%。由于受到土地、资本、劳动力投入的影响，奉贤区的第一产业规模虽然会进一步扩大，但与第二、第三产业相比，发展速度趋于稳定，占国内生产总值的比重也将由 2013 年的 2.84% 下降至 2015 年的 2.36% 和 2020 年的 1.05%，到 2025 年和 2030 年，奉贤区第一产业增加值占 GDP 比重将进一步下降，占比为 0.75% 和 0.41%。奉贤区农业的生产功能将不断弱化，生态功能和社会服务功能（休闲旅游等）将不断强化。

根据中央把上海市建成"四个中心"和全球城市的战略定位，上海明确提出了优先发展先进制造业，优先发展现代服务业的战略方针。作为上海经济发展较为落后的区域，奉贤未来的产业发展必将依托先进制造业和现代服务业的"双轮"驱动、"二元"融合，通过制造业高端化、高技术化乃至服务化实现产业结构的转型和升级。受上海市整体商务成本上升、结构调整、产业外迁等因素的影响，未来奉贤区第二产业占奉贤区 GDP 的比重将在短暂的上升后，开始逐渐下降，由 2013 年的 61.31% 下降到 2015 年的 60.25%、2020 年的 49.41%、2025 年的 39.03% 和 2030 年的 26.54%。从制造业内部结构变动趋势看，新材料产业、先进装备制造业在相当长的时间内仍将是奉贤区最重要的制造业部门；而高污染、高耗能工业将在奉贤区制造业中不再发挥较大作用。

随着上海"四个中心"功能的不断实现，浦东的开发开放，奉贤区自身的产业结构升级，奉贤区的第三产业得到了极大发展，2013 年第三产业增加值占 GDP 的比重为 35.86%，未来发展的空间很大。随着上海"四个中心"建设和全球城市建设的稳步推进，加上上海自贸区、临港新城建设的溢出作用，奉贤区第三产业占 GDP 的比重将稳步提升，将由 2013 年的 35.86% 上升到 2015 年的 36.39%、2020 年的 49.54%、2025 年的 60.22% 和 2030 年的 73.05%。奉贤未来的第三产业发展可重点关注生态旅游业、文化创意产业以及与制造业相配套的生产性服务业发展。

二、主导产业选择及规划

"新技术、新产业、新模式、新业态"的"四新"经济发展战略是奉贤区未来发展的重要方向。近年来奉贤区重点发挥高新技术产业的引导作用，根据上海市奉贤区政府工作报告，2012 年，全区实现规模以上工业总产值 1578.5 亿元，同比增长 6.7%，增速居郊区县之首。除新能源行业受国际市场影响出现产能过剩外，重大装备、新材料、生物医药等行业均保持了 20% 以上的较快增长。

奉贤就产业发展情况来看主导产业不宜过多，应该聚焦几个与区域经济发展阶段与发展水平相适应、具有明显比较优势、市场潜力大且输出前景光明，同时具有良好经济效益和较快经济增长速度的产业。因此要对奉贤现有的制造业进行产业归并，通过对产业主成分的筛选以及奉贤产业区位商比较、贡献率比较确定新材料、生物医药、先进装备制造业、智能电网为其未来发展的主导产业。

从近年来奉贤上述四类先进制造业的发展现状来看，先进装备制造业 2010—2011 年产值有所下降，后略有回升；新材料及生物医药产业一直呈平稳上升的发展趋势。智能电网产业产值相对较低但也呈持续上升的发展态势。

进一步从产业区位商来分析，与其他几个郊区相比，奉贤区的新材料产业相对优势显著，远超过其他区县，且新材料产业对奉贤区具有绝对的产值贡献优势。因此基本可以确定新材料产业为奉贤今后具有发展潜力的战略性新兴产业。

生物医药产业现阶段对奉贤的贡献率较小，但是与其他区县相比还具有一定优势，因此在后续发展过程中可以转变该产业的生产方式，重点引入生物医药产业技术研发及应用示范相关环节，从而提升奉贤生物医药产业的整体产业竞争力，作为今后重点培育的战略性产业类型。先进装备及智能电网产业的相对优势不是很显著，但就现在发展的情况来看装备制造对奉贤的产业贡献率还较高，因此可进一步促成其与临港的对接形成产业链匹配的先进装备产业基地。

从产业发展来看，可将新材料产业列为重点发展的战略性新兴产业，生物医药产业作为重点培养型新兴产业，逐步向生物医药技术研发方向进行产业的转型，符合上海市总体规划发展需求，装备制造业主要起到与临港对接的配套服务作用，同时利用已有基础发展智能电网产业，符合上海市及奉贤区自身的发展需求。

从产业的空间布局规划来看,奉贤区积极推动战略性新兴产业空间布局的优化,主要形成南北联通的新材料产业、双核布局的生物医药产业、对接临港的先进装备制造以及三足鼎立的智能电网产业。

(一)新材料产业

根据奉贤区发改委公布的资料显示,2013 年奉贤新材料产业工业总产值达 136.61 亿元,产业区位商约为 5.65。从产业的空间规模来看,奉贤新材料企业主要分布于三大块区域,总规划面积 6.2 平方公里。由于奉贤新材料产业发展具有较明显的基础,未来十年作为新兴战略产业重点发展而成为奉贤区的主导产业之一。目前,奉贤区新材料企业主要有五大类型,主要包括石油化工新材料、金属新材料、稀土陶土新材料、建筑新材料以及信息新材料(见表 5.1)。奉贤新材料产业发展虽初具规模,但还存在着产品集中度较低,企业间协作机制尚未建立,缺乏核心技术,产品技术含量不高,高附加值产品还较少,节能减排压力大以及缺乏行业协会的有效指导等问题和矛盾。

表 5.1　奉贤新材料产业组成

新材料产业	主要产品
石油化工新材料	有机氟;硅材料;新型橡胶塑料;高性能纤维;无机功能材料;特种化工涂料
新材料企业	微电子零件材料
建造新材料	化学建材;新型墙体材料;新型保温隔热材料;建筑装饰装修材料
稀土陶瓷新材料	精密陶瓷;光学和工程玻璃
金属新材料	钛、银、铂等金属合金;粉末冶金材料;高纯金属材料

从新材料产业的发展思路来看,重点是要建成国家级新材料研发及产业化基地。从未来的发展目标来看,凭借上海化工学院专业优势,以南部上海化工区为依托打造国家领先的新材料产业研发基地。2015—2020 年,初步形成上海市新材料产业基地规模的实力。力争到 2020 年,全区新材料

企业实现产值超过 518 亿元，2015—2020 年年均增长 25%。2021—2030 年，基本形成具有国际竞争力的新材料产业集群。到 2030 年，全区新材料企业实现产值超过 1200 亿元；2020—2030 年年均增长 18%，占全市新材料企业总产值的 40% 以上（见表 5.2），引进国际、国内一流先进技术，建设具有国际竞争力的新材料产业集群、新材料技术中心与生产基地。

表 5.2　奉贤主导产业规模预测

产业	产业部门	产业级别	2020 年		2030 年		年均增长率（%）	
			产值（亿元）	占比（%）	产值（亿元）	占比（%）	2015—2020 年	2021—2030 年
农业	休闲生态农业	市级	20	23	30	26	10	9
工业	新材料	国家级	518	25	1200	50	25	18
	生物医药	市级	400	19	1000	42	25	15
服务业	旅游	国家级	70	11	250	12	15	10
	健康	市级	150	25	300	14	15	18

（二）生物医药产业

奉贤区被上海市列为生物医药产业基地，至 2008 年奉贤区生物医药企业总产值 45.81 亿元，43 家规模以上企业总产值 44.41 亿元。截至 2013 年，奉贤生物医药产业实现工业总产值 94.11 亿元，产业区位商为 2.43，实现利润总额 9.73 亿元。在《上海市生物医药产业发展行动计划》中拥有自主知识产权产品、有较强研发能力和市场竞争力的企业，奉贤经济开发区就占有 2 家。星火开发区是奉贤另一个生物医药产业集聚区，至 2008 年区内企业 75 家，累计引资 190 亿元、外资 13 亿美元。

可见奉贤的生物医药产业具有较好的发展基础及发展潜力。但是，生物医药产业是典型的技术密集型产业，由于新药的研发需要进行大规模的资金投入，因此决定了其也是资金密集型产业，而奉贤在这两个方面都不具备有利条件：一方面缺乏医药相关的大学和研究机构，另一方面研发资金制约都导致本地的技术基础和新药创新能力严重不足。

生物医药产业作为高新技术产业，具有巨大的产业发展前景，其发展对奉贤转型发展来说，具有巨大的市场驱动力；总结看来奉贤区现已引入了一些规模较大的医药企业入驻园区，拥有了初步的产业发展基础。奉贤经济开发区生物医药园区临近南桥新城，但靠近城市中心的布局并非复合该产业持续发展的一般规律，因此需要从发展步骤及空间布局上重新进行产业规划，才能激发生物医药产业的巨大发展潜力。

奉贤区生物医药产业未来的发展思路是要建成市级生物医药智造中心。自 2015—2020 年，建成上海重要的省区医药产业基地。到 2020 年年底，全区生物医药制造业实现产值超过 400 亿元，2015—2020 年年均增长 25%。同时，扶持重点项目培育产业龙头，增强龙头企业竞争实力，重点扶持一批拥有自主知识产权和知名品牌、核心竞争力强、主业突出、行业领先的大企业。2021—2030 年，建成具有国际竞争力的生物医药产业基地。到 2030 年年底，全区生物医药制造业实现产值超过 1000 亿元，2020—2030 年实现年均增长 20%。努力将奉贤生物医药产业建设成为上海市战略性新兴产业。

（三）先进装备制造产业

装备制造业产业链与其他产业的产业链具有一定的共性也具有其自身鲜明的特征。装备制造业发展实质是政府主导下的企业行为，现阶段我国装备制造业产业链纵向各环节之间交易的治理结构正逐步从纵向一体化向企业间网络组织过渡。企业网络主要结点由企业、大学或科研机构等组成。在这些组织机构中，企业是最重要的经济活动主体，企业是创新网络中的重要节点。这种网络化趋势主要表现为核心企业位于产业链研发和营销的高附加值环节，因此，通过将装备制造业产业链各节点连接就共同构成了由核心部分产业链的内部关系及外部公共基础服务组成的装备制造业集群网络。

奉贤先进装备制造业发展思路为配套临港的先进装备制造业基地提供条件。装备制造业总体呈现向网络集群的发展特征，奉贤通过将重大装备、物流配件及航空零部件进行整合归并提出发展先进装备制造的发展目标。近年来，奉贤区通过政策引导，集聚资源，战略招商等措施，奉贤实现了三一重工、徐工机械、中联重科等企业投资，初步形成企业纵向配套的集聚，带动区内装备制造业的发展。至 2013 年奉贤规模以上装备制造行业企业达 63 家，实现工业总产值 143 亿元，产业区位商约为 1.05，实现利润总额 5.29 亿元，企业资产约 171.38 亿元。从空间布局来看主要集中于临港物流园区奉贤分区及海港综合开发区地块。

尽管奉贤装备制造业近年来在政府支持下取得了较快发展，但并不意味着其进入网络化发展的高级阶段，而仍然处于产业链纵向一体化的发展阶段并开始向网络化转向。首先奉贤现阶段已经吸引了部分装备制造业的龙头企业入驻，形成了临港产业园，但配套企业却跟进不足，生产性服务业发展相对滞后并未跟上制造业的发展速度。服务业是上海市的核心竞争力，上海市第三产业占比已经超过 60%，但奉贤区一直远远落后。2013 年奉贤第三产业占比是 35.9%，2014 年一季度回落至 35.8%。另外，集聚效应初显，但创新机制并不完善，重点配套企业资金匮乏使得企业技术改造步伐缓慢，自主研发能力和创新能力逐渐萎缩。

未来奉贤 2015—2020 年的规划是：建成上海市先进装备产业的重要基地。依托临港奉贤园区、海港综合经济开发区、上海奉城工业园区，形成现代物流产业集群及装备制造产业。至 2020 年年底，全区先进装备产业规模产值达到 250 亿元，2015—2020 年年均增长约 10%，力争将奉贤建设成为上海市先进装备产业的重要基地。2021—2030 年，建成上海海滨国际物流装备城，到 2030 年，奉贤区先进装备产业目标产值将超过 500 亿元，2020—2030 年产值年均增长率达到 8%。

（四）智能电网产业

奉贤近年来也加大力度发展智能电网产业，与传统电网比较，智能电网是奉贤区未来城市建设的重要基础。2012 年以来奉贤企业技术引进与改造投资费用 2.3 亿元，研发经费投入 4.3 亿元，力图打造由高校、专业研究机构、研发中心、实验基地组成的创新网络平台并进行"智能电网"新产品研发。至 2013 年奉贤区智能电网产业规模扩大，同比增长 2.4%，奉贤区的智能电网产业工业总产值 30.19 亿元，产业区位商约为 0.97，规模以上企业实现总利润 5.033 亿元。奉贤区近年来引入了特变电工等企业入驻，但从产业链发展角度来看，其尚处于起步发展阶段，并未形成完整的产业链条或产业集聚。奉贤在智能电网产业发展中的主要瓶颈在于：一方面，先进技术是实现智能电网发展的核心，而技术创新突破需要政府、行业协会、科研机构、相关电力企业和制造企业共同协作实现。智能电网产业作为技术驱动型产业，在其发展中需要进行多次的技术变革，能够开展有针对性的专项研究及交流从而把握技术创新热点是该产业发展必备的条件。奉贤虽已引入一些智能电网产业龙头企业，但本区在推动产业技术创新突破方面的成效不大，区域内并未形成企业集聚网络，也未发挥较强的辐射效应，因此并未占据产业链高端位置，仍处于以生产为主的产业链环节。另一方面，政策倾斜力度尚有提升空间。智能电网产业的发展需要政府宏观政策的倾斜和有序的推进，通过制定灵活的扶持政策、从经济、财税、金融等多角度进行政策引导及资金支持。由于在该层面的条件尚有欠缺。因此奉贤智能电网建设仍缺乏有力的产业发展导向及财政支持动力。奉贤未来智能电网产业发展的方向为上海智能电网产业重镇。奉贤区打造智能电网产业的目标与上海市的目标是高度统一的，旨在于打造上海智能电网产业"重镇"。

奉贤区从发展目标来看，2015—2020 年，初步形成上海智能电网产业集群。到 2020 年，全区输配电产业目标产值将超过 500 亿元，2015—2020 年年均增长率达到 25%。智能变电站力争在国家电网公司智能电站全面建设阶段进入国内行业前列，积极参与国际智能变电站建设。2021—2030 年，建设成为国家智能电网示范工程平台。到 2030 年，全区的输配电产业目标产值将超过 950 亿元，2020—2030 年年均增长率达到 20%。引进国际智能电网企业，加强储能技术进步，进入国家电网示范工程，产业化逐步展开，加快储能技术和产业发展。

（五）旅游产业

伴随国民经济持续快速发展，人民生活水平不断提高，中国的旅游行业迅猛发展。奉贤旅游产业初步具备了一定的发展基础及广阔的发展空间。而奉贤区内独有的滨海旅游资源优势，是上海市其他区县所不能比拟的，为奉贤区旅游业开发奠定了良好的发展基础。因此，奉贤旅游业发展至 2013 年，区旅行社、旅馆饭店、旅游景点营业收入分别为 2.84 亿元、13.83 亿元和 13.11 亿元，总营业收入达 29.78 亿元，年增长 6.2%，接待游客总量达 695.1 万人，年增长 9.6%。奉贤依托滨海旅游资源建设了"碧海金沙""渔人码头"及游艇俱乐部等旅游特色项目，推动了旅游产业的发展。但从产业链发展角度来看奉贤区旅游资源开发能级并不高，旅游景区尚待进一步规划提升，旅游配套服务设施不足，并未形成完整的旅游产业链。因此奉贤的旅游产业尚有很大的提升及开发空间。

从发展思路来看，奉贤力争建设国际滨海运动与休闲度假区。奉贤旅游产业发展的整体思路为以"想休闲到奉贤"为主题，凸显"滨海、郊野、生态、人文"特色，加快推进重要功能性项目建设，完善基础设施和配套服务设施，提升旅游软硬件，形成"时尚上海湾"的旅游休闲新名片。具体来讲，以海湾片区为核心，依托"碧海金沙"和上海海湾国家森林公园等，以滨海旅游为主导，打造滨海休闲旅游业，提升新城的人气同时带动相关行业的发展。具体来看，奉贤区旅游业主要聚焦四个方面内容：（1）以海岸线为依托，打造杭州湾北岸蓝色滨海旅游；（2）以农业为依托，打造特色农业休闲体验、观光游；（3）以海湾区片为核心，以上海旅游高等专科学校为支撑，发展高端商务会展旅游；（4）以奉城古镇、老街为依托发展奉贤文化体验游。

从发展目标来看，2015—2020 年将奉贤建成上海海滨休闲度假区。到 2020 年，实现产值 70 亿元，2015—2020 年年均增长率 15%。2021—2030 年，将建成长三角滨海休闲度假区。至 2030 年，实现产值 250 亿元，2020—2030 年年均增长率为 10%。

（六）健康产业

随着社会发展和人们生活水平的普遍提高，以及人类生活方式的改变，健康产品的总需求急剧增加。目前奉贤区的健康产业发展，医院和药品的产值占比最大，是健康产业的基础，奉贤区被上海市列为生物医药产业基地，分别有上海莱士血液制品股份有限公司、上海海利生物药品有限公司、凯惠药业（上海）有限公司投资进行生产线技术改造、疫苗加工建设及药物化学品生产基地的建设。奉贤的生物医药产业基地为奉贤发展健康产业提供了坚实的发展条件。以海湾旅游开发区为主体的旅游休闲特色功能区，也为奉贤发展以健康理疗、康复调理、养老休闲为中心的健康产业奠定了良好的绿色环境基础。目前已经开发建设碧海金沙、滨海森林公园等一系列特色旅游景点，以及珊瑚湾雅园会所等项目，区内空气清新，环境舒适，是养生休闲的极好选址地。

从未来奉贤发展思路来看，力争将奉贤建设成上海健康养生理疗基地。奉贤未来的健康产业发展主要打造"以健康理疗为特色，以保健品及医药产业为重点，以环境健康产业和健康配套产业为发展延伸的健康产业集群"，实现依托上海、辐射长三角、服务全国、面向世界的发展目标。发展高端健康理疗、休闲养老产业，主要是为了进一步体现"居住在奉贤、休闲在奉贤、养生在奉贤、体验在奉贤、养老在奉贤"的发展理念。对于发展保健品及医药产业，主要依托奉贤区的生物医药产业基地，联合开发保健食品，功能性饮料和健康用品。

从发展目标来看。2015—2020 年，初步形成上海健康产业集群。到2020 年，全区健康产业建设有一定规模，在海湾旅游区基本建设完成健康理疗中心以及养老事业和养老产业示范区，进一步发展健康金融以及专业物流配送服务。预计 2020 年，实现产值 70 亿元；2015—2020 年增长率为15%。2021—2030 年，力争打造国际健康产业园。到 2030 年，奉贤区联合苏州环球国际健康产业园（SIHP），进一步做大、做强奉贤本地的健康产业园，实现依托上海、辐射长三角、服务全国、面向世界的发展目标。预计 2030 年，实现产值 250 亿元；2020—2030 年增长率为 10%。

（七）休闲生态农业

发展都市农业是奉贤整体区域经济发展的必然趋势。上海不断促使城市郊区的农业生产用地不断减少，为了巩固农业的基础地位，使农业在区域经济发展中的功能不断增强，发展都市农业是必由之路。同时，奉贤区农业发展走都市农业之路符合现阶段区域发展要求。目前，奉贤农业自身具备了发展都市农业的基础。近年来，奉贤的农业发展取得了巨大进步，土地流转及规模化都取得了显著成效，此外奉贤区加大力度进行基础设施的建设，产业结构得到优化升级，发展水平显著提升。这些成绩的取得都表明，奉贤的农业发展实现了从传统农业方式向现代休闲都市农业发展方式的转变，为后续生态农业的进一步升级发展奠定了坚实的基础。

　　未来奉贤农业发展的思路为低碳生态高效的生态休闲农业。奉贤区农业发展应以低碳生态高效功能为指导理念，积极探索新型现代农业发展实践路径。要加强治污力度，重点建设一批低碳园区，形成"奉贤现代农业、庄行的先行农业、柘林的精致农业、青村的申隆申亚循环农业、都市森林创意农业"五大农业低碳高效板块，奉贤区农业的休闲观光功能理念是指在发展农业的主导产业时，为了进一步丰富现代农业产业园内涵，需要延伸外延经济功能，打造景观综合产业带、农家乐旅游产业带、生态教育产业带、休闲走廊产业带、采摘购物产业带、认租体验产业带，建设奉贤特色的百草园、百花园、百果园、百鸟园、百菜园，形成江南风光的海滨生态休闲游、都市亲子游、回归自然游、乡土风情游、农业科技认知游，解决农民困难，提高农业附加值。

　　从发展目标来看，2015—2020 年为休闲农业初级阶段，靠近南桥镇的村镇，如青村镇、庄行镇，周围临近农村家庭进行农家乐等相关活动，政府定期举办黄桃、蜜梨特色产品的观光旅游节，吸引游客。2020 年产值将达到 20 亿元，年均增长 10%。2021—2030 年为休闲农业规模阶段，奉贤区休闲农业发展达到一定规模。预计 2030 年产值将达到 30 亿元，年均增长 9%。形成庄行镇农业观光旅游区。由政府主导，规模发展农业观光休闲旅游业，扩大休闲农业前后产业链，建立自主休闲旅游农业品牌，吸引国内外游客。到 2030 年，全区生态休闲观光农业项目达到 80 个，形成庄行生态休闲农业园和青村生态休闲农业园两个主要基地，拥有 1—2 个国家级农业旅游示范点。

三、主导产业空间布局

从奉贤主导产业的空间布局来看,"四新"产业的空间格局整体表现为:南北联通的新材料产业;双核布局的生物医药产业;对接临港的装备制造产业以及三足鼎立的智能电网产业。

具体来看,新材料产业在奉贤已有一定的发展规模,且产业的空间集聚形态初显。因此,不论从产业链角度还是从奉贤产业已有的空间布局角度来看,新材料产业布局可利用与化工产业上的交叉性及空间临近性进行互补发展和联动布局。奉贤新材料产业的未来空间布局规划,一方面,应在已有布局基础上进行细化优化;另一方面,要对相对分散的新材料发展进行集聚式的规划引导,并将精细化工及新材料产业中可以进行互补结合的部分有机结合。总体来看,未来可形成双核心的新材料产业集聚区。环杭州湾南部的上海化工区及星火开发区加快集聚新材料产业发展。该区域可依托奉贤大学城构建新材料的产学研联动创新机制。建立相关的研究机构,发展高、精、尖的化工材料技术,重点发展新型金属材料及制品产业集群,合理集中区内分散布局的新材料企业。由于奉贤区中部地区的新材料产业发展布局结构相对分散,未来新材料产业发展规划可以奉贤工业园为核心,实行集群化的产业内分工模式,将分散的新材料企业集中,同时由于该区域的新能源产业特色发展突出,今后新材料产业的集聚发展要注意加强与之配套的新能源材料、新型化工材料以及节能环保材料制造,通过引入生物医药材料生产与南桥新城产业区的生物医药生产形成一定的对接与互动,有效实现产业间的空间集聚和协同发展。

奉贤生物医药产业的空间布局主要集中于奉贤经济开发区及星火开发区(可用面积分别为 2.55 平方公里和 0.3 平方公里)。当前,多数较大的生物医药企业倾向集中于靠近南桥新城的奉贤经济开发区。近年来,具有针对性的产业政策的扶持也为生物医药产业在该区域的发展提供了更加扎实的基础。南桥新城是上海三大新城之一,也是奉贤区政治、经济、文化中心,作为上海杭州湾北岸板块的综合性服务型核心新城生产、生活设施较为完善，奉贤通过产业转型将原有的奉贤现代农业园发展成为上海奉贤经济开发区，作为上海市九大市级开发区之一，是奉贤区主要的生物医药产业功能区。目前，生物医药产业规划面积2.5平方公里，以药物制剂、生物制品和血液制品，疫苗诊断试剂和医疗仪器设备作为发展重点，在后续生物医药产业发展过程中，一方面南桥新城重点发展生物医药产业总部经济，通过企业间技术创新形成生物医药产业的医药研发基地；另一方面逐步将生物医药产业制药生产集中于奉贤南部的星火开发区附近，这样既可以与化工产业形成一定的产业互补又可以与大学形成联动能够推动生物医药产业的产学研合作的实现。奉贤生物医药产业在后续的空间集聚方向上，应进一步利用南桥新城这个已有的产业中心优势，引导生物医药类企业及相关的研究机构，特别是位于产业链上游的基础研究探索和医药开发类企业进一步向该区域集聚。也就是说，奉贤的生物医药产业集群要以南桥新城的奉贤经济开发区为核心板块，重点发展生物医药研发。同时增强与相应医药大学或者研究机构的联系，力争引入具有科研实力的医药研发机构，才能在竞争激烈的生物医药领域中，发挥独具特色的竞争优势，进而增强本地产业的创新能力提升产业的发展层次，实现该区域生物医药生产向药物研发的转变。同时以明确的主导产业带动周围区域的联动发展，带动南桥镇做强现代化生物医药产业相关的生产性服务业；同时对接星火开发区已有的生物医药产业，实现医药产品生产向该区域的转移，形成以南桥新城为核心向南，南北纵向的生物医药产业带。

从先进装备制造业的空间布局来看，虽然临港区域已经形成显著的装备制造产业集聚态势，并有相应的临港物流园区及上海海港综合经济开发区。临港物流园区规划总面积为17平方公里，并确定物流产业用地—装备产业用地—配套服务的规划结构，在临港重大装备产业空间布局方面，后续应进一步加强与临港其他园区及企业的联系，对接临港新城及其辐射下的综合产业企业、物流产业园及装备产业园区，形成一定的产业网络，同时加强产业配套发展，加强配套产业的资金投入。功能组织与布局采用功能分区与混合布置相结合的方法，便于物流产业与装备产业、产业与服务配套等活动的联系。

　　智能电网产业主要形成三大集聚区。主要包括：（1）南桥新城智能电网功能示范应用基地；（2）综合工业开发区为主的智能电网关键技术研发；（3）综合工业开发区、柘林工业园区的核心设备基地。智能电网产业从发电到输配电—用电—智能调度都需要新技术的研发与应用，属于技术密集型产业。因此，要推进智能电网产业的发展需要从产业链角度对产业整体布局进行合理规划，将技术研发与设备及配件制造相结合，形成完整的产业集群才能推进奉贤智能电网产业的发展。然而，奉贤区在推动产业自主技术创新突破方面的成效不大，企业在区域内并未形成集聚网络。根据奉贤区已有的智能电网产业发展情况，可进一步加大力度组建智能电网产业的重点集聚区并明确各集聚区的主导分工。首先，利用已有的上海综合工业开发区智能电网产业基础及财税政策优惠，加大力度引入产业生产的先进技术及设备配件等，形成产业技术引入的集聚区。未来十到二十年，奉贤区智能电网产业必须注重本地技术创新，增强技术自主化能力。因此，在注重技术引入的同时也要积极培育本地的研究机构、大学院校、科研所等自主创新机构在此进驻，形成产业技术集群。在此基础上，对接奉城工业园新能源产业发展优势形成产业链联动，在青村、柘林镇引入配套设备企业，形成智能电网产业的设备生产基地；同时作为奉贤区的核心城区也要与产业形成紧密的对接，实现智能电网产业在南桥的示范应用效应，通过在建立集成、高速双向通信网络的基础上实现电网的可靠、安全、经济、高效使用。

　　根据未来奉贤旅游业的发展思路，旅游产业以上海旅游高等专科学校这一国内旅游业发展最高级学府为依托，同时利用江海联动的优势着重发展金汇港、浦南运河、黄浦江、杭州湾北岸等沿江沿海地带联动的旅游产业布局。首先，利用滨海岸线，发展文化旅游创意园、滨海健康养生、近海旅游观光，集文化娱乐、购物餐饮、酒店游艇服务及会议会展于一体，强调功能的多元化。并将滨海旅游与黄浦江延伸支流形成对接，将奉贤滨海旅游带与黄浦江沿岸旅游、苏州河沿岸旅游结合，成为上海具有影响力的旅游带并能够辐射南部杭州湾地区。在此基础上利用上海旅游高等专科学校的专业优势，积极发展高级别的商务会展旅游。同时与北部南桥新城片区形成一定的对接，打通奉贤南北的商务休闲旅游通道。另外，以乡村旅游为主线，将庄行纳入推动旅游产业发展的框架中，推进以庄行为主的现代乡村休闲旅游发展片区建设，推进全区的乡村旅游发展，促进农业、农村和农民的可持续发展。挖掘和整合农耕及民俗文化，凸显上海社会主义新农村建设风貌区的乡村旅游特色。利用奉贤区生态环境优势，将农业生产与休闲功能结合，依托原有农业基础，种植与休闲旅游相关的经济作物，形成农业生产与服务业结合的"1.5"产业，提升产业利润，大力开发旅游观光、休闲度假、商务会议等新型旅游业态。

奉贤健康产业的空间布局，主要根据相关功能进行分布，有两个重点行业：保健品、医药产业和健康理疗产业，分别布局在北部新城生物医药研发基地、星火生物医药生产基地和海湾旅游区。北部新城生物医药研发基地主要负责保健品和医疗保健产品的研发，星火生物医药生产基地主要是负责其生产。其保健品和医疗产品的生产也为海湾旅游区的健康理疗基地进行保健产品的供给与补充。海湾旅游区的健康理疗基地主要依托海湾国家森林公园等而建立，海湾国家森林公园以及奉贤区得天独厚的沿海地理位置为健康理疗提供了良好的空气来源与环境条件，更有利于推动健康理疗以及养老休闲等产业的发展。

奉贤区生态休闲农业区布局主要以南桥镇以及新开发的南桥新城为中心进行环绕布局。以庄行镇为重点发展地区，结合青村镇和农业园区，组合成生态休闲农业带。将庄行原来的13个农业旅游点联合起来，形成生态农业旅游区，进一步联动发展青村镇及农业园区的旅游点。

第三节　奉贤产业转型升级的举措

一、抓住杭州湾北岸开发的契机

（一）奉贤"杭州湾北部开发"对于上海的战略意义

上海市区域发展整体格局不断突破既有地域与行政框架，整体开发态势由沿江（苏州河、黄浦江）开发向沿海开发转变，由江河经济带向海洋经济带转变。上海滨海岸线海洋经济带的开发与崛起是未来支撑上海建设国际顶级大都市的重要战略区域。未来三十年，上海发展战略重点区域即是滨海岸线东南线区域，其中浦东海岸线区域因自贸区的设定而使功能发展方向明确，金山岸线区域因化工产业而使功能塑造定型，唯一发展的战略空间即是奉贤岸线区域及腹地，成为未来杭州湾经济带、长三角区域经济一体化南线合作的重要功能承载区、南上海中心。

（二）奉贤转型升级的战略资源配套机制

1. 近期规划

（1）归并各村镇分散的用地现状

逐步淘汰零散落后的产业类型、形态及生产模式，将核心产业集中于主要园区发展，推动土地利用方式向集约节约转变。在具体板块中，"十三五"期间，104 板块以园区整合为主线，归并金汇、四团、杨王、邬桥、泰顺等零散分散的中小型园区，集中建成 3 到 4 个大型专业型工业园区，实际控制减少工业建设用地指标 25%；195 板块以产业升级与集聚为主线，发展现代服务业，坚决淘汰"三高"型产业。

（2）南桥新城主城区紧凑型开发，适度控制低密度开发的特殊用地

在南桥、海湾新城区建设过程中，进行居住、商务、办公多功能混合的综合用地开发，提高土地利用效率。在海湾新城考虑建设国际社区、国际学校、国际医疗机构，为奉贤承接自贸区功能溢出，建立国际服务经济中心做配套服务。对于江海工业园新城建设项目中用地规模大于 15 公顷的地块，出让土地时考虑内部地块的细分，预设穿越性交通道路的设置，合理开发利用地下空间。在未来工商业及城镇建设用地规划中适当提高项目用地门槛，鼓励企业利用现有空间增资扩建，提升单位土地投资强度和产出效益。

（3）积极主动应对可能的全市工业建设用地指标置换

未来在上海市工业建设用地指标零增长的严格要求下，土地二次开发及土地置换成为区域主要的用地模式。在上海市发展全局中，奉贤区后发

趋势面临的主要用地挑战即是上海市可能的区县建设用地指标置换。以奉贤现有的工业用地规模与上海市工业用地效益平均水平计算，即具有747.0 亿元的工业增长潜力或 19.4 平方公里的工业用地指标富余。工业用地指标是奉贤区潜在的重要的经济要素资源。奉贤区应主动做好预案，同时在涉及奉贤发展的关键基建工程，产业园区及新城开发等方面做好先期规划。

（4）在奉贤未来城镇体系总体空间格局中执行公共交通，特别是轨道交通主导的节地模式

积极构建奉贤与上海中心城区的快速、大容量轨道客运系统，筹建城际高铁、快铁系统及高速公路纳入长三角交通网络；长三角在南桥、海湾主干道轴线附近布局城市功能区。土地开发采用 TOD 模式引导密集开发，构建连接南桥、海湾、庄行、凤城及四团等主要功能区的地铁、公交、BRT 交通网络及接驳设施系统；将交通枢纽设施与公共服务设施、综合性建筑等相结合。公共空间的人行道可直接通达住宅区内部及其外部附近的商业零售和其他社区服务设施（如街道、广场、停车场等），以促进步行者的活动性。

（5）旧城改造变"破旧立新"为"容旧纳新"，复兴先哲"贤"文化

对于奉贤城镇建设中已开发区域，循环再用已开发土地，以"容旧纳新"代替"破旧立新"，将原有工业基地转型规划建设成新型商业中心；综合重建工业用地，将旧的工业用地、工业厂房、楼宇进行文化创意、生产服务、商业零售等新用途改建，新功能开发。在奉贤既有旧文化遗址上复植"敬奉先贤，见贤思齐"的区域传统文化精髓，复兴先哲"贤"文化。

（6）配套大型基础公共服务设施提升城镇民生保障水平

按照"容旧纳新、拓展新区、生态为先、产城融合、幸福宜居、文化修复"的思路，以具体项目工程为抓手完善奉贤城市功能，拓展城市空间，提升城市的品位和形象。结合上海市当前主城区教育、医疗、科研、文化功能向郊区辐射转移的机遇，同时引进国际医疗、教育等公共服务机

构进驻奉贤，提升奉贤大型公共服务设施条件。

第一，争取华山医院、瑞金医院等市区重点医院在奉贤开设分院，或者建立新的三甲医院；未来争取美国医院有限公司、马萨诸塞综合医院、SEVER-ANCE、美国梅奥诊所、HCA Holdings、约翰·霍普金斯医院等国际著名医疗机构在奉贤建立医疗分支机构。

第二，争取上海市新设重点中、小学，幼儿园，以及奥伊斯嘉上海日本语幼儿园、新加坡国际学校、中加枫华国际学校、上海外国语大学国际高中等国际学校有步骤地进驻奉贤南桥、海湾等主要新城镇，争取不同级别的国际学校在奉贤建立校区；建立国际社区。

第三，争取大型公共体育、娱乐项目落户奉贤，与家乐福、乐购、麦德龙、苏宁等大型购物商场协商，在奉贤南桥、海湾、奉城等新城镇体系核心区域建成大型商业综合体和高端商住项目，整体推进上海市大型城市基础设施和公共服务资源在奉贤合理布局，提升民生保障水平。

第四，争取国际水务、医疗卫生、公共交通管理企业或组织进入奉贤公用事务管理领域，提升政府管理水平，如法国苏伊士里昂水务、得利满、柏林水务、英国泰晤士水务、中法水务、新加坡凯发水务等知名企业。公共服务向奉贤农村延伸覆盖，积极推行农村垃圾、污水集中治理，不断完善覆盖城乡的公交体系，更好地方便农村群众生活。

2. 远期规划

（1）建成上海市郊新兴资源集聚中心

在奉贤区南桥江海产业园或海湾新区内建设智慧城，由重点引进产业企业向引进智力创新资源转变，成为上海市郊新兴科技创新中心支撑上海创新城市发展。奉贤生态环境质量居上海前列，气候宜人，宜居舒适，具有吸引国际高端人才与研究机构的天然优势，且国际上已经有同类型区域的成功发展案例。如硅谷之于洛杉矶，马恩拉瓦莱之于巴黎，新竹之于台北。巴黎的五个新城之一马恩拉瓦莱新城共有四个功能分区，其中第二分区莫比埃谷自然环境优势突出，居住舒适，1983 年成立迪斯卡特科学城，吸引十多所欧洲著名高校及研究机构以及近 200 家企业研发部门集聚，成为巴黎地区新兴的科技研发中心。

奉贤已经初步吸引部分大学研发机构进驻，未来创造条件引进美国麻省理工学院、加州大学伯克利分校、德国马普学会、陶氏化学等国际著名化工、新材料类大学或企业的分校、研究中心或研究分支机构进驻，建立国际大学城试验基地；或者与北京科技大学、北京化工大学、浙江大学、南京大学、中国石油大学等全国化工专业类知名大学、科研院所建立合作关系，展开全面的"产、学、研"结合，将科技创新作为奉贤区产业结构多样化及经济增长的动力和源泉，成为上海市郊重要的新兴科技研发中心。

（2）建立有利于创新活动的多元化基础设施

包括教育、研究机构以及融资服务机构等，使企业尤其是中小企业与科研单位合作。按照"不求所有、但求所用"的理念，通过杭州湾开发、长三角一体化建设探索人才柔性引进机制，加强奉贤产业园、高新区企业孵化器等创业载体建设，吸引各类人才立足奉贤区创业发展。坚持"以企业为主体、以市场为导向"，结合产业发展基础与方向，创造条件在海湾新区内设立院士工作站、博士后工作站、企业研发中心、工程技术中心等科技平台，针对区内领先企业实施一批重大科技专项，提高企业自主创新能力。

（3）形成北"崇明"、南"奉贤"生态品牌效应

上海内环城市空间过度开发，城市游憩空间严重匮乏，快节奏的现代都市生活中，良好的生态环境成为吸引高端专业人才的优势条件。奉贤区集聚上海市优良的生态环境资源，依托良好的自然绿色景观系统，把握都市居民渴望回归自然，渴望绿色田园风光的消费需求，开发上海城市庞大的白领、金领游客市场，开发生态体验旅游项目，形成北"崇明"、南"奉贤"的生态品牌效应。

对奉贤区海岸线及黄浦江沿线地区进行生态环境整治与再造，开发置入新型经济功能、旅游休闲娱乐功能等。具体包括：休闲、景观公园模式，整治污染的河流，举办花展、供游人、市民休闲娱乐；田园生活体验游模式，在农业生产生活中植入体验式旅游项目；区域性一体化模式，以

区域协作方式共同打造奉贤滨海海洋旅游路线，以长三角游艇会、滨海度假村等项目为依托，将全区主要的海洋旅游景点整合为"杭州湾海岸国际休闲度假旅游区"，成为地区新品牌。

（4）滨海临江湿地碳汇资源绿色经济开发

以奉贤滨海岸线与黄浦江临江岸线湿地资源，以及奉贤森林绿地系统为主要碳汇资源，进行奉贤生态资源的低碳经济市场开发。奉贤漫长的滨海岸线、沿江岸线的湿地资源是上海市城市绿色系统、海防系统的重要组成部分，是未来上海城市海洋安全，生态安全的重要保障。在构筑基本的安全保障同时，形成基于湿地资源的亲民宜居环境价值开发，碳汇资源市场价值开发，集"安全、宜居、碳汇"价值与一体的综合开发。

（5）发展高端健康产业及休闲娱乐体育项目

借鉴国外高端养老产业发展的经验，在养老产业方面，开发集城市功能、社区功能、生态功能及养老功能于一体的"乡村老人城市"。引进如英国贝克斯希尔、海斯汀、伊斯特邦等城镇或乡村养老模式，荷兰的弗莱德里克斯堡养老公寓模式，丹麦哥本哈根的自助（DIY）养老模式，以及大型投资公司（Sanyres Mediterrance）主导的西班牙海岸养老社区模式等，依托风景如画的度假城镇、乡村、自然风光创办高端健康养老事业。在休闲运动方面，依托奉贤良好的生态环境及岸线资源条件，加入国际重大赛事联盟，成为环球站点比赛，重大国际比赛的一个环节，如举办国际性马拉松、自行车公路赛，以及国际游艇、现代水上运动项目等活动。

（6）培育千亿量级核心产业增长极，确立奉贤在上海产业体系中专属地位

以新材料产业发展为突破口培育奉贤千亿量级主导产业。奉贤区目前的产业主体结构特点不明显，以承接周边闵行、临港、金山相对单一的产业链加工合作为主，区域产业升级应由封闭式垂直合作向开放式水平合作转型，以新材料、智能电网、装备制造、生物医药产业发展为突破口，以领先企业进驻，高端产业园区建设为依托，着力培育新材料、智能电网等一个或两个千亿能级的主导产业，培育奉贤核心产业增长极，确立奉贤在

上海产业体系中的专属地位。

（7）以区位、环境优势等，建成自贸区第三产业支撑服务业基地

自贸区28平方公里的地域范围承载的经济活动有限，未来奉贤以毗邻自贸区的地理区位，优良的生态环境质量、相对宽裕的用地资源等优势条件吸引国际组织、行业协会、国际社区等国际资源进驻，培育与自贸区试点产业、行业发展密切关联的第三产业支撑服务业，包括第三方物流、航运交易、船舶管理等国际物流航运服务；电信增值、互联网服务、卫星应用等信息服务，以及咨询、会计、法律等专业服务，建成支撑自贸区发展的功能性总部基地。

（8）探索农业用地流转新模式

寻求土地合作社综合集成模式，将分散的农民耕地集中起来实现现代农业生产模式及生产方式的升级，培养大都市近郊高附加价值农业产业类型与品种，同时失地农民以地权获得地租或土地产出股份分红，获得级差地租收益。同时以现代农场、都市农业、家庭经营模式招收专业农民工作，获得工资收益。

第一，"农地入股"股份制合作，将整理出来的非耕地的使用权作为集体股入股，组建农民股份合作社，合法流转农民宅基地用于市场开发和建设。农户每年每亩保底租金为一定数量作物收成市场价值，公司经营利润的50%作为分红资金，剩余的50%利润归村集体经济组织所有。在公司经营方面，实行企业化管理，对公司资产包括土地使用权按公司章程统一进行经营管理，公司可聘请有技术、懂管理、责任心强的股东作为专职企业工人引入责权机制。

第二，土地信托。地方政府通过公司的形式设立土地流转服务平台，以此和参与土地信托流转的农户签订土地信托合同，信托公司定期向承租企业收取服务费以及抵押金，其中一部分用于"土地信托公司"的正常运转，其他部分作为信托受益分期支付给原土地承包权人。这种以政府参与土地信托流转的方法，其优势在于通过政府的公信力使农业企业或大户能够获得相对稳定的信托财产经营，同时减少了农户在交易过程中的风险系数。

二、启动重大项目建设

（一）重大项目库的制定

1. 设计目标

项目库作为奉贤区转型发展的重要抓手，其目标是落地奉贤区城市功能定位和发展纲要，将政府政策与宏观发展理念落实到具体项目中，指导和引领各区域发展实践工作。一方面，作为政府招商引资的有效载体，要通过项目库中的项目设计吸引国内外各类资金、人才、技术等社会资源的集聚；另一方面，为未来奉贤区产业升级、城镇体系功能升级、生态资源优化开发提供良好的发力点。

2. 设计原则

（1）相互衔接和统筹兼顾。项目库内的项目设计与选择涉及社会、经济、生态、管理等多个方面，因此要立足中长期，着眼近期，将项目库设计与当前奉贤区"十三五"规划、上海市城镇发展总体规划、长三角一体发展规划及杭州湾开发规划等相互衔接，统筹兼顾区域特色产业发展、城乡一体化、生态环境保护、土地资源利用之间的相互关系和协调发展。

（2）直面现实和展望未来相结合。当前，奉贤区整体仍处于工业化阶段、面对上海市"十三五"发展及杭州湾开发发展机遇，要结合自身实际，优先推进基础设施建设和大项目招引落地，在此基础上，鼓励因地制宜的形成区域特色主导产业，发挥地区优势，实现奉贤区新时期发展阶段、发展格局的不断跃升。

（3）生态环境优先和多重效益并举。项目库设计要充分考虑生态环境优先的前提，将这一理念与产业结构调整、产业布局、土地资源利用等相结合，同时促进基础设施、社会保障和公共管理等多重效益共同发展。

3. 重点示范项目类型划分与设计标准

产业发展领域的重点支撑项目应符合国家产业政策和上海市产业转型发展方向，围绕奉贤未来主导产业发展方向，具备产业定位准、技术水平高（核心技术应达到国内领先水平）、节能减排多（见表5.3）。高效生产领域标杆项目总投资原则上在10亿元以上，部分接续替代和新兴潜力型产业项目可适当降低投资规模。设施建设领域的重点支撑项目应强调设施建设对新型城镇化的综合效益，尤其是对区域经济社会发展具有重大价值或者关键性影响的项目，因此也必须具有一定的投资规模，设施建成后应达到区域范围内同类设施的最高水平。设施建设项目的总投资原则在5亿元以上。

表5.3　奉贤区重点示范项目导向设计清单

功能区	项目名称	建设地点	负责部门	资金来源
产业发展领域	上海新材料产业园	柘林、奉城	区发改委	外资、社会资本、市区财政
	上海智能电网装备产业基地	南桥、柘林、奉城	区发改委	外资、社会资本、区财政
	奉贤先进装备制造业制造研发基地	海湾	区发改委	外资、社会资本、区财政
	奉贤智慧城市建设项目	海湾	区发改委	外资、社会资本、区财政
	奉贤生物医药产业园	南桥、海湾	区发改委	外资、社会资本、区财政
	海湾新区海洋综合产业园项目	海湾	海湾区政府	外资、社会资本
	奉贤生产线服务业基地	海湾	区发改委	外资、社会资本、区财政
	奉贤高端生态体验旅游与度假项目	庄行、海湾	海湾、庄行镇政府	外资、社会资本
	奉贤区高端（五星、四星）酒店建设项目	南桥、海湾	区旅游局	外资、社会资本
	海湾国际社区建设项目	海湾	区发改委	外资、社会资本

功能区	项目名称	建设地点	负责部门	资金来源
基础设施建设领域	金山铁路奉贤支线	南桥	区建交委	外资、社会资本、区财政
	沪通铁路复线奉贤段	南桥	区建交委	外资、社会资本、市区财政
	奉贤区新城有轨电车项目	奉贤	轨交公司	轨交公司
	地铁5号线延伸段	南桥、海湾、奉城、四团	申通公司	申通公司
	奉贤快速交通公路网建设项目	庄行、南桥、海湾、奉城、四团	轨交公司	轨交公司
	海湾沿线主要地标间的地面公交线路项目	海湾、奉城	区建交委	区城投
	奉贤区连通上海市区隧桥及高速公路工程	南桥、奉城	区建交委	社会资本、市区财政
	奉贤区接入长三角交通网络体系关键项目工程	南桥、海湾	区建交委	市区财政
	奉贤区电信及互联网装备升级项目	奉贤	区经委	市区财政

　　生态治理领域的重点支撑项目应符合"美丽奉贤"的要求，对加快奉贤生态治理修复，推进污染防治，改善生态环境，建设资源节约型、环境友好型社会，具有典型的示范、引领和带动作用。

　　公共服务领域的标杆项目应紧扣民生的基础薄弱环节，对完善基本公共服务体系，提高政府公共服务保障能力，健全社会保障体系和就业服务体系，推进教育、医疗、卫生等领域改革发展，促进就业与构建和谐劳动关系，提高居民收入水平，建立安全发展长效机制等，具有典型示范、引领和带动作用，公共服务领域标杆项目总投资原则上在2亿元以上。

（二）潜在招商目标

结合奉贤区未来主导产业发展规划，在新材料、智能电网、装备制造、生物医药、农业等产业领域梳理全球领先的企业，以目标企业为标杆，寻求未来潜在的重大项目合作机会。

1. 新材料产业

新材料产业的招商引资主要包括美国碳纤维技术项目的引进、日本纳米纤维技术项目、加拿大铝业铝合金产品项目等。

2. 生物医药产业

新材料产业的招商引资主要包括美国亚力兄（致力于为罹患重症致命疾病的患者开发生产救命药物）、国雷杰纳荣制药（从事研究、开发和销售治疗严重疾病的药物，有"新世界的下一个安进"的美誉）、雷杰纳荣制药、美国马林制药（BioMarin Pharmaceutical，其技术是使用酶替代疗法治疗代谢类疾病，如粘多糖代谢病）、美国安进（Amgen，世界上最早也是目前最大的生物制药企业之一）。

3. 先进装备制造业

先进装备制造业的招商引资主要包括美国海上钻探（Transocean）有限公司、恩贝施（Nobela）钻井公司、世界海洋工程装备制造业（钻井船）龙头企业、美国卡特比勒集团等，同时还可以引进一批五金产品国际领先企业。

4. 智能电网产业

智能电网产业的招商引资主要包括法国电网公司（RTE）、德国光伏储能开发商（Younicos）公司。

三、建立多层多级投融资体系

在奉贤区推进转型发展的新形势下，未来在新城镇建设、旧城改造、基础设施升级、新型产业发展培育、中小企业发展等各个领域均需要大量的资金投入，以财政拨款、银行贷款为代表的传统融资模式难以满足需求，特别是中小企业的发展，更需创新奉贤区政府投融资平台与投融资方式。

（一）增强重大项目的金融支持力度

增强对重大项目的金融支持力度，要求在原有的信贷机制基础上拓展新的发展模式，实现信贷比重的稳步上升。

1. 努力发展银团贷款

提升发展银行信贷机制，要求进一步建设银团信贷交易服务系统，提升信贷市场的效率，并制定相关的政策法规对到款交易进行合理的规范化治理。

2. 国际资金对奉贤公益项目支撑

一是用好国际资本支持奉贤区的公益项目和奉贤区投融资平台发展。例如奉贤新建三甲医院建筑面积约 15 万平方米，占地面积 200 亩，总投资额 8 亿元，可以考虑引进美国医院公司，或者马萨诸塞综合医院等国际医疗与资本合资建立新的医院，共建共营。二是引入外资银行融资。三是发挥外资银行全球网络优势，加大对奉贤区政府境外融资支持。

（二）提升直接融资规模

创新股票融资机制，提升直接融资规模和比重。主要表现在推进符合条件的奉贤区投融资平台到资本市场上市融资、推动有条件的投融资平台公司到境外资本市场融资、大力发展股权融资、推动优质资产划转投融资平台公司、加快奉贤区投融资平台资源整合等几个方面。

具体来看，首先，稳步发展具有发展潜力的奉贤投融资经营性资产；其次，将具有发展潜力及良好发展基础的融资平台推向国际化，实现其与境外投融资平台的有效对接。在上海抓住自贸区发展的有利机遇，推动投融资平台向我国港、澳、台地区的扩展及发展。此外，还要用长远的眼光看待投资的发展，积极开展境外基础设施的建设，如南桥新城大居配套污染水主管网工程，占地面积 15 亩，项目投资总额 8.95 亿元，可考虑以项目公开招标私募资本进入，延长产业链，合作经营，分担政府财政压力。

提高投融资平台公司的资产质量，增强其盈利能力和可持续融资能力。如地铁 5 号线南延伸工程全长 19.5 公里，项目总投资额 104 亿元；南桥新城快速公交 BRT 项目全长 8.4 公里，项目投资额 8.1 亿元，公共轨道交通项目也可纳入奉贤区政府的投融资平台，以便更好的融资与经营。

根据各地区的发展情况，对具有发展潜力的公司平台进行资源的整合，为资本市场的投融资打下相应的发展基础。如 2013 年由上海奉贤建设投资有限公司、上海科技投资公司发起成立的上海奉贤融资担保有限公司，注册资本 2 亿元，主要为中小企业服务，为银行、担保、小额贷款、天使投资、风险投资等泛金融机构和企业提供融资对接、融资服务的平台。

（三）扩大债券融资规模

奉贤区政府投融资平台要抓住机遇，积极创新债券融资机制，拓展债券融资渠道，进一步扩大债券融资规模。加快扩大公司的市场投融资规模，对于发展潜力及发展前景良好的企业，可以实现无担保的信用债券。如苏宁易购华东地区总部在奉贤区的设立，建筑面积 15.9 万平公里，占地面积 404 亩，项目投资额 13.6 亿元，对于这些具有良好资本信用记录的企业，允许企业在资本市场以信用债券的方式融资。

（四）降低融资成本

降低融资成本的路径主要包括几个方面：首先，探索开展收费受益权信托计划，如奉贤西部污水处理厂升级改造项目，项目投资近一亿元，企业自筹资金，完全可以引入柏林水务等外企和外资进驻；其次，积极探索股权投资信托计划；最后，积极推进保险资金债权计划。

（五）拓展国资融资新渠道

将奉贤区政府投融资平台中能够产生按期支付的、可预见的、稳定的资产组合打包，通过设立特殊目的公司（SPV），进行证券市场的信用评价。奉贤"十三五"及后期更长的时间内，大型基建项目，如奉浦大道（金海路—浦星公路）长 3.6 公里，占地面积 220 亩，项目投资额 4.8 亿元；上海之鱼二期（南桥新城水系整治二期）投资 1.5 亿元，通过资本市场量化为证券资产，在金融市场融资筹措建设资本。同时，鼓励有实力的奉贤区投融资平台公司借壳上市进行进一步的增强投融资能力。

第六章　山东莱芜生态文明建设之道：新型城镇化

　　山东莱芜的生态文明建设特色体现在新型城镇化建设方面。在经济全球化、知识经济时代，莱芜作为山东省地域几何中心、济南都市圈重点开发区核心城镇，围绕"三生共赢"新城镇建设的总体目标，莱芜将成为山东农村基本公共服务均等化先行示范区（生活舒适）、中国资源型产业创新升级发展示范市（生产高效）、全球新兴经济体区域自然与人文景观融合发展的样板（生态美好）。本章重点探讨了莱芜新型城镇化的建设条件、建设路径以及新型城镇化建设的保障体系。

第一节　莱芜新型城镇化建设条件评价

　　莱芜市地处山东省陆域几何中心，国土面积 2246.33 平方公里，常住人口 137.58 万，辖莱城区、钢城区和 5 个省级园区、20 个镇（办）。境内平原、山地、丘陵各约占 1/3。莱芜资源富集，矿冶历史久远，曾是全国重要的冶铁中心；又因盛产生姜、大蒜、蜜桃等农产品，是中国著名的花椒之乡、蜜桃之乡。莱芜还荣获"国家卫生城市""国家园林城市"和"中国优秀旅游城市"，六次荣获"全国双拥模范城"称号。

　　在中国经济转型发展关键时期，莱芜为更快、更好、更稳地推进党的十八大提出的新型城镇化的战略部署，积极谋划新篇，科学规划并不断创新机制体制。在运用 SWOT 战略分析方法的基础上，深入分析莱芜本身具备的优势、劣势，把握时代发展的新机遇，深刻认识外部存在的威胁，从而扬长避短，克难攻坚，为莱芜新型城镇化发展提供科学的基础。

一、莱芜发展具备的优势

（一）优越的交通区位

莱芜地处山东省的中心位置，其处于山东沿海和内陆、长江三角洲经济带、环渤海经济带的结合部，有"鲁中明珠"之称。以莱芜为中心的800公里范围内，有北京、上海、南京、青岛等大中型城市二十多个，人口超过六亿人，有着广阔的市场前景。莱芜市有着四通八达的内外公路网络体系，独特的地理位置决定了其对内对外联系主要依靠陆路交通。目前，京沪高速、青兰高速、博莱高速公路、济青第二高速公路与九条省道穿过莱芜，高速公路的总里程达到140公里，东至青岛，西至泰安，南至枣庄、临沂，北至济南、淄博、滨州，交通十分便捷。

在济南省会城市群的架构中，莱芜是距离济南最近的城市，和济南地域相连、人缘相亲、文化相近、经济相通。随着济青高速公路南线的开通，莱芜进入了济南的"一小时经济圈"，距青岛也仅需两个多小时车程，莱芜人形象地喻为"一小时上天，两小时看海"。因此，莱芜也能够借此充分吸收济南、青岛的辐射，主动接轨、全面融入，承接产业项目转移、展开配套合作。

随着城乡统筹一体化工作的推进，莱芜市内通车里程不断增加。截至2012年，莱芜全市通车里程3893公里，农村公路3424公里，1010个行政村中1005个已通公路。莱芜着力实现城乡公交一体化，目前已完成投资2.5亿元，开通主线22条，投入运营车辆261台，支线89条，车辆124台，实现全市城乡公交全覆盖。

此外，在省会城市群经济圈规划以及"十二五"环渤海地区山东半岛城市群城际轨道交通规划中，济莱城际铁路的建成，将加快莱芜成为城际与城轨交通的重要节点城市，助推济莱新的发展轴线与济南市连接中心市郊的旧发展轴的互补，同时作为城市高层次高端客流的大通道，轨道交通建设将大大提升莱芜高端客流的引入与停驻。

（二）较为完整的产业体系

作为一个新兴的工业城市，莱芜于 1992 年由县级市升格为地级市。经过短短二十多年的成长，其经济总体规模与增长速度得以快速发展。截至 2012 年，莱芜市全市实现地区生产总值 631.41 亿元，按照可比价格计算，4 年来年均增长 11.5%；人均生产总值达到 48212 元，是 2009 年的 1.3 倍，年均增长达 10.7%；地方财政收入 42.02 亿元，年均增长 8.7%。税收收入已占财政收入比重达 76.2%；完成工业增加值 310 亿元，比上年增长 13.1%；规模以上固定资产投资达到 440 亿元，比上年增长 23.4%；社会消费品零售总额完成 228 亿元，比上年增长 15%；进出口完成 21 亿美元；城乡居民人均收入分别达到 26450 元和 11000 元，分别增长 13% 和 15%。相比 1992 年建市（地级）之初，2011 年莱芜市在 GDP、税收总收入、地方财政收入、城镇居民人均可支配收入、农民人均纯收入等方面分别增长了 28 倍、39 倍、28 倍、10 倍、10 倍，为新型城镇化建设及社会全面发展奠定了较好的经济基础。①

从产业体系上看，莱芜已经建成了较为完善的以钢铁为核心的工业体系。其第二产业达到 GDP 的 57.8%。工业经济不断壮大，钢产量达到 1600 万吨，其中优特等高端产品比例达到 30% 以上，非钢产业增加值占到全部工业增加值比重达到 47.85%，较 2009 年提高 9.5 个百分点。

同时，莱芜也在积极推进多元化的现代产业体系的构建，大力培植电子信息、新材料等新兴产业。其中高科技产业实现产值 241.2 亿元，占工业总产值的比重达到 14.5%。

莱芜市重视城乡统筹发展工作，围绕"四城四区"建设，积极构建"中心城、卫星城、重点镇、农村新社区"的新城镇体系，不断推进城乡基本公共服务的均等化。2012 年全市城镇化率达到 54.17%，比 2009 年提高 3.45 个百分点；城乡收入差距逐步回落，居民收入比由 2009 年的 2.59 缩小至 2012 年的 2.44；农村基本养老保险参保人数达到 46.4 万人，新型

---

① 数据来源：《莱芜市统计年鉴 2012》，中国统计出版社 2013 年版。

农村合作医疗参合率达到 99.8%。

（三）优良的生态环境

莱芜市是山东省平均海拔最高的市，三面环山、一面平原，山区丘陵面积占 83.4%。截至 2012 年年底，森林覆盖率达到 35.5%，境内有华山、寄母山、吉山、马鞍山等森林公园，因而有"绿色钢城"之称。其中，国家级华山森林公园一处，省级棋山、云台山森林公园两处，市级寄母山、吉山、马鞍山、南山、望鲁山森林公园 5 处，总面积 19320 公顷。华山国家级森林公园总面积 4726 公顷，隶属莱芜市莱城区华山林场，1994 年 8 月被莱城区政府批准为县级自然保护区，类型为森林生态系统，保护对象为森林资源及野生动植物。棋山省级森林公园面积 2500 公顷，古莱芜八景之一，面积 12 平方公里。云台山省级森林公园总面积 1247 公顷，位于牛泉镇圣井中部。1979 年被列为"市级重点文物保护单位"现已成为旅游观光、休闲度假和进行革命传统教育的胜地。马鞍山市级森林公园总经营面积 1600 公顷，1992 年被批准为市级马鞍山森林公园，主要树种为松树、侧柏、刺槐、槲树，为水源涵养林。吉山市级森林公园总面积 2013 公顷，树种多以松林、侧柏林、刺槐林、麻栎林、水果林组成，森林覆盖率达 85% 以上。寄母山市级森林公园总经营面积 3200 公顷，森林覆盖率达到了 80% 以上，南山市级森林公园位于莱芜南部莲花山麓，因地处莱芜最南边，山区以北的人们把以莲花山为主的南部山区统称为南山，总面积为 2000 公顷，境内山势险峻，林木茂密，非常适于进行旅游开发。望鲁山市级森林公园总经营面积 1026 公顷。莱芜市湿地面积 12423.9 公顷，其中河流湿地面积 9967 公顷，占全市湿地面积的 80%；水库湿地面积 2456.9 公顷，占全市湿地面积的 20%。在河流湿地中，湿地面积 100 公顷以上的河流两条，面积 9878 公顷，占河流湿地面积的 99%；在水库湿地中，湿地面积 100 公顷以上的水库三座，面积 1537.2 公顷，占水库湿地面积的 62.6%。

尽管有着良好的生态环境基础，但莱芜市委、市政府仍坚持生态立市理念，大力推进统筹城乡环境保护一体化，不断加大污染治理力度，生态环境质量持续提升。2011 年获得生态山东建设优秀城市荣誉称号。主要污染物总量减排任务完成良好，连续两年获全省总量减排一等奖，水环境、大气环境质量稳步提升，完成省下达的节能减排指标，空气质量持续改善，出境断面水质持续好转，为此获取生态补偿资金；大力推进生态乡镇、生态村建设，已建成三个国家级和 8 个省级生态镇。"十二五"期间，通过实施标准化示范场改造项目 24 个，养殖场污染治理项目 33 个，集中养殖废弃物处理厂一个，发展林牧结合、种养结合、牧渔结合、沼气综合利用和生物环保养殖五种养殖新模式，实现农产品质量提高、面源污染减轻、农民收入增加，达成生态莱芜建设的总体目标。

（四）商文交融的文化内力

莱芜历史悠久，文化灿烂，"莱芜"名称本身就融汇了嬴、牟、莱三种文化。嬴文化和莱文化同属齐文化，呈现出重工厚商的主要特征。牟文化则带有鲁国礼乐文化特征，崇德尚礼。齐文化尚功利，鲁文化重伦理；齐文化讲求革新，鲁文化尊重传统。莱芜受齐鲁文化影响，历经时代的洗礼，交融的嬴牟文化构成了莱芜发展的文化名片，不仅促使莱芜迅速成为工业重镇，同时也使其更具厚重的文化底蕴。

莱芜市在城镇化建设的过程中，非常重视地方文化的保护与传承，充分发挥城镇各自不同优势，打造特色文化城镇品牌。严格保护城镇历史文化遗存，深入挖掘历史文化底蕴，打造具有浓郁莱芜文化特色的新型城镇。不断加强齐长城、嬴城遗址、牟城遗址、小北冶冶铁遗址、莱芜战役指挥所、汪洋台等重要文化遗产和历史革命遗迹的保护，推进莱芜梆子、莱芜锡雕、长勺鼓乐等非物质文化遗产的传承，打造吐丝口古镇，加快雪野文化创意基地、九羊文化产业园、颜庄镇民俗仿古一条街、山东影视文化产业园等项目建设。这些地方文化遗产不仅是文化的外在表现，同时也是地方居民自我认同的凝聚力，以及广泛吸引外来人口的媒介。

在现代文明的发展进程中，莱芜市关注科教发展，大力通过科技兴业。2012 年莱芜市科学研究和试验发展（R&D）经费 14.8 亿元，占全市GDP 的比重达到了 2.34%，比全省高 0.3 个百分点，列烟台、青岛、滨州之后居全省第四位。

（五）创新的城乡统筹发展平台

新型城镇化亟须创新的管理体制机制作为保障平台（甘露、马振涛，2012）。[①] 近年来，随着国家新型城镇化发展与山东省城乡统筹发展工作的推进，莱芜市不断创新管理体制机制，取得了卓越的成效，成为山东省城乡统筹发展的示范区。

1. 两股两建改革

2010 年以来，莱芜市积极探索"两股两建"改革，2010 年年底，全市已有 5.6 万亩农地完成股权化改造，56 个村（居）集体资产较多的村已基本完成了股份化改造。组建各种合作组织达 496 家，约 30% 的农户参与了合作组织。通过推进"两股两建"，充分发挥了市场配置资源的基础性作用，建立起了城乡资源要素合理流动、优化配置的体制机制，有效破解了城镇建设用地紧张与农村建设用地闲置、新农村建设资金短缺、农业规模化与农地细碎化等一系列城乡统筹工作中的棘手的现实问题，从而搭建了统筹城乡资源的体制框架，推动了莱芜市城镇化进程。

2. 农村金融服务建设

莱芜还积极推进农村金融服务点建设，通过农村信用联社针对农村实际推出的新型支付结算工具，由市农村信用联社提供农村金融自助服务终端、电话 POS 机、"万村千乡"信息机等金融设备和技术，全市辖区内行政村聘用专人管理，在固定场所为农民提供金融服务的新型支农金融服务模式，具有操作简便、安全可靠、运行稳定等优点，农民可节约往返银行的时间成本及劳务成本，在家门口即可办理基础金融业务，"足不出村"即可享受到高效、便捷、安全的金融服务。

3. "百日攻坚"的工作创新

在生态文明建设工作中，莱芜还动员起"百日攻坚"行动，从 2013 年 4 月到 6 月，利用 100 天左右的时间，在全市组织开展城市社区建设"百日攻坚"行动，集中人力、物力和财力，基本解决社区有人、有钱、

---

① 甘露、马振涛：《推进新型城镇化需要体制机制创新》，《中国经济时报》2012 年 9 月 20 日。

有场所问题。解决社区规划、社区办公服务场所、社区专职人员、社区经费预算、居民管理等社区管理职能改善、完善城乡社区建设工作。最终在生态文明工作中完成了"落实保护优先、注重城乡统筹、坚持分类指导、全民积极参与"的目标。

二、莱芜发展面临的问题

尽管莱芜市在新型城镇化的建设过程中，有着如上的优势条件，借助其优越的区位条件以及自然条件，承接济南市的产业转移，并可以借助济南市的优质人力资源进行产业升级，但是，在融入省会城市群经济圈，构建济莱协作区"双核"结构的发展格局中，莱芜市还存在一定的劣势。

（一）经济实力不强

经济实力不强，对外开放度较低。受人口等因素的影响，尽管莱芜人均 GDP 排位全省第 8 位，但经济总量规模排名山东省 17 位（见表6.1），处于山东省内经济总量的"低谷"地位。2012 年，莱芜市城镇居民人均可支配收入 26589 元，城镇居民人均家庭总收入 30698 元，农民人均纯收入 10887 元，城镇居民和农村居民人均消费支出为 15664 元和 6093 元。仅比全省城镇居民人均可支配收入 25755 元、城镇居民家庭总收入 27300 元、城镇居民消费性支出 15778 元、农村居民人均纯收入 9446 元、农村居民人均生活消费支出 6776 元的平均水平略高。

莱芜经济开放程度总体水平不高，出口产品偏重低附加值的初级加工产品，这与莱芜身处沿海经济发展圈层发展地位极不相符。2012 年，莱芜进出口总额 21.28 亿美元，仅占全省的 0.87%；进口 13.9 亿美元，占全省的 1.13%；出口 7.4 亿美元，占全省的 0.57%。其中，农产品出口 33373 万美元，钢材出口 11798 万美元，纺织服装出口 9467 万美元，机电产品出口 6824 万美元，农产品出口占有较高比重。

表6.1　山东省各市经济情况表

地区	GDP（亿元）		2012年人口（万人）	2012年人均GDP（元）
	2011年	2012年		
全省	45361.85	50013.24	9684.80	51640.96
东营市	2676.35	3000.66	207.26	144777.77
威海市	2110.95	2337.86	279.75	83569.58
青岛市	6615.60	7302.11	886.85	82337.59
淄博市	3280.23	3557.21	457.93	77680.15
烟台市	4906.83	5281.38	698.29	75633.10
济南市	4406.29	4803.67	694.96	69121.53
滨州市	1817.58	1987.73	378.87	52464.60
莱芜市	611.88	631.41	131.35	48070.80
日照市	1214.07	1352.57	283.43	47721.48
泰安市	2304.31	2547.01	552.89	46067.22
枣庄市	1561.68	1702.92	377.20	45146.24
潍坊市	3541.84	4012.43	921.61	43537.19
德州市	1950.71	2230.55	563.10	39612.01
济宁市	2896.69	3189.37	815.81	39094.49
聊城市	1919.42	2146.75	589.33	36427.01
临沂市	2770.45	3012.81	1012.44	29757.91
菏泽市	1556.52	1787.36	833.81	21436.01

资料来源：《山东省统计年鉴2012》，中国统计出版社2013年版。

（二）新型产业"缺位"

2012年，莱芜市第一、第二、第三产业分别实现增加值44.2亿元、365.2亿元、222.01亿元，三次产业结构比例为7.0∶57.8∶35.2，第二产业占比远高于第一、第三产业。莱芜市经济发展过度依赖钢铁行业，呈现"一钢独大"的局面。同时，莱芜市钢铁产业以传统钢铁生产为主，钢材深加工比重低，产业关联度不强，基本位于产业价值链低端。由于产品科技含量较低，附加值不高，其可替代性强，市场竞争力弱，易受市场波动冲击。近年来莱钢已经大力推进非钢产业的改造升级，加快钢铁精深加工产业的发展，不断延长产业链条，但整个钢铁产业优化转型还处于起步阶段。此外，莱芜市钢铁行业空间布局相对分散，莱钢、泰钢、九阳钢铁三家大型钢铁企业分别在不同镇，钢铁企业间互抢资源、市场的情况依然存在，同时也给环境和交通运输带来沉重压力。

尽管莱芜市第三产业占 GDP 的比重在 40% 以上，但莱芜市第三产业较为薄弱，主要以传统的服务业，如餐饮、娱乐等为主，生产性服务业不发达，无法为工业的转型升级提供智力或技术方面的支持，尤其是金融企业的发展相对缓慢，制约了产业结构的转型升级。

《"十二五"国家战略性新兴产业发展规划》指出：在"十二五"时期，要重点培育和发展节能环保、新材料、高端装备制造、生物、新能源、新一代信息技术、新能源汽车等产业。莱芜市尽管积极应对，开始引导建设先进装备制造业园区，但由于起步晚，产业基础薄弱，新兴产业的发展大多数还停留在引进意向、项目招商等初级阶段，新型产业发展的态势还不明确。

（三）资源状况堪忧

尽管莱芜市有着相当丰富的农业资源和矿产资源，但以初加工为主的生产发展方式使得资源利用总体效率较低。

莱芜市是山东省内人口总量最少的城市，其总人口为 130 万人左右。近年来，随着城镇化地不断发展，人口的自然增长率与机械增长率都保持低速的缓慢变动，与产业转型发展的人力资源需求间将存在较大的缺口。

根据常住人口统计，2011 年年底人口比 2010 年仅增加 0.69 万人，增长 0.5%。按 2011 年年底市户籍人口统计，则比上年增加 2593 人，增长 0.2%。全年出生率 7.73‰，而死亡率达到 6.7‰，自然增长率为 1.02‰，且连续 5 年低于 2‰。以户籍人口迁入迁出看，全年迁入人口 4789 人，迁入率 3.78‰；迁出人口 3576 人，迁出率 2.82‰。净迁移户籍人口仅 1213人。尽管迁入多于迁出，但远远不能满足新型城镇化发展的需求。

更为突出的是，作为经济发展支撑的产业人才总量少、类型单一、分布不均。目前全市有各类产业人才 5.4 万人（不含教育、卫生、党政机关等系统单位人员），其中第一产业约 2300 人，占总量的 4.3%；第二产业约 46100 人，占总量的 85.4%；第三产业约 5600 人，占总量的 10.4%。总体来看，传统制造业人才比较集中，占到全市比重的 79.81%。而新兴制造业及其他产业的从业人员共计 20.19%（见表 6.2）。

表 6.2　2011 年莱芜市从业人员与产业人才总量情况

指标	从业人员（人）	人才总量（人）	占全市比重（%）
第一产业	263900	2300	4.26
第二产业	171808	46100	85.37
其中：传统制造业	166952	43100	79.81
新兴制造业	4856	3000	5.56
第三产业	193500	5600	10.37
其中：传统服务业	177500	4050	7.50
新兴服务业	16000	1550	2.87

资料来源：《莱芜统计年鉴 2011》，中国统计出版社 2012 年版。

从人才分布情况上看，科技活动人员主要集中于莱钢等大企业，高素质人才缺乏，特别是缺乏在国际、国内有影响力的专家。从本地人力资源培养与储备环境上看，莱芜市科教环境处于相对的弱势，缺少为产业转型升级提供智力支持的高校，大量人才靠外部输入，内部人才资源储备严重不足，而且与省内其他城市（如济南、淄博等）相比在吸引人才的环境机制方面并不占优势；和省内发达地区相比莱芜在科技人员比例、科技资金投入有较大差距，高新技术产业人才缺乏。

三、莱芜发展拥有的机遇

（一）国家新型城镇化战略

党的十八大提出的建设新型城镇化，是我国新型城镇化发展转型的关键时刻。目前中国已经达到中等收入国家的水平，城镇化已达到 51.27%，城市人口首次超过乡村人口，这将是我国城镇化发展的重要历史节点。从世界城镇化发展的规律看，我国城镇化正处于加速发展阶段。而城镇化对于经济的拉动作用非常显著。以中国城镇化率70%的峰值计算，我国的城镇化发展还有20%的空间，空间极大。如果每年的城镇化率为1%，则意味着每年有1300万的人口进入城市，将对经济产生巨大的推动作用。党的十八大提出的新型城镇化与传统的城镇化发展模式有着本质的区别。新型城镇化将是工业化、城镇化、信息化、农业现代化四化融合的新型城镇化，同时也是强调人口、资源、环境相协调的生态城镇化；强调以人为本的城镇化。这些新的特征及发展趋势，将更好地拉动区域经济与产业的发展，也为莱芜发展"三生"融合的新型城镇化提供了明确的发展方向和更多的机遇。

（二）济莱一体化发展战略

济莱协作区是省会城市群经济圈建设的切入点和突破口，重点是发挥济南和莱芜两地优势，加快交通、通信、户籍管理、公共服务、资源配置等方面的"五个同城化"，实现济莱两地优势互补、协同发展、互促共赢，为省会城市群经济圈建设发挥示范带动作用。因而，通过建设济莱经济协作区，必将在产业上发挥莱芜和济南产业高度关联优势，将莱芜打造成济南产业转移的首选地、城市发展的新空间、经济增长的新引擎，促进资源优势、产业优势和空间优势整合，实现互补联动融合发展，增强区域综合竞争力。

四、莱芜发展存在的威胁

（一）国家重点支持政策弱化

顺应党的十八大作出的加快推进生态文明建设、建设海洋强国的重大战略部署，山东省依托良好的区位与海洋资源优势，已经成为实施国家生态经济、海洋经济战略的关键支点。从全省的经济发展格局来看，具有强大经济实力的胶东半岛城市成了国家战略发展的倾斜地带。国务院《黄河三角洲高效生态经济区发展规划》《山东半岛蓝色经济区规划》（简称"黄蓝战略"）先后颁布通过，明确将山东省内的青岛、东营、威海、烟台、潍坊、滨州、日照等城市作为战略实施的重点区域，并从发展总体战略、产业功能定位、资源整合利用与空间优化布局上指明方向，也为推进这些城市更快更好地转型发展提供了广阔的政策平台（见表6.3）。"十二五"以来，这些城市把握机遇，充分运用实施国家优惠政策，积极对接调整，东营、威海、淄博、青岛、烟台等城市继续领跑省内经济，而滨州、日照等地得以大踏步的发展，以人均GDP提升情况来看，滨州已然超过莱芜位居省内第7名的位置（见表6.4）。

表6.3　国家与山东省战略规划中的重点区域与功能定位

时间	规划层级		核心区域	战略导向
	国家层面	山东省层面		
2009	黄河三角洲生态区规划	—	东营、滨州、潍坊、德州、淄博、烟台	国家生态经济发展战略
2011	山东半岛蓝色经济区规划	—	青岛、东营、烟台、潍坊、威海、日照、滨州	国家海洋经济发展战略
2006	—	济南都市圈发展规划	济南、淄博、泰安、莱芜、德州、聊城、滨州	省域中部突破战略（"中部突破济南"发展）
2008	—	省城乡规划	莱芜	省城乡统筹一体化
	—	鲁南经济带区域发展规划	日照、临沂、枣庄、济宁、菏泽	省域南部崛起战略
2013	—	省会城市群经济圈规划	济南、淄博、泰安、莱芜、德州、聊城、滨州	省域中部一体化发展

莱芜身处山东省陆域中心，未能列入黄蓝国家战略当中。尽管山东省内为统筹协调省内区域经济的发展，在缩小地区发展差异方面，提出中部突破的济南都市圈发展战略、省域南部崛起战略，省会城市群经济圈规划，莱芜成为济南都市圈发展战略中的关键城市，然而无论从政策力度上，还是本身的经济发展基础，都无法与黄蓝战略地区乃至济南省会城市相比。总体来看，莱芜呈现出的"政策空洞"，这将容易导致莱芜发展的

边缘化。从近年的人均 GDP 发展趋势来看，莱芜市已经从地级市中排名第七位后退为第八位。

表 6.4　2009—2012 年山东省各市人均 GDP 排序

单位：元

位次 （2012 年）	区域	人均 GDP （2009）	人均 GDP （2010）	人均 GDP （2011）	人均 GDP （2012）
1	东营市	102370	116404	130811	145395
2	威海市	68614	69187	75546	83516
3	青岛市	57251	65812	75316	82680
4	淄博市	54229	63384	72182	77876
5	烟台市	52683	62254	70380	75672
6	济南市	50526	57947	64310	69444
7	莱芜市	36906	42392	48326	52591
8	滨州市	36679	41643	46983	48212
9	枣庄市	32698	37376	43191	47852
10	日照市	31451	36870	41850	46130
11	泰安市	31375	36817	41720	45262
12	潍坊市	30338	34260	38820	43681
13	济宁市	27982	31541	35717	39710
14	德州市	26671	29858	34905	39165
15	聊城市	24657	28444	32968	36573
16	临沂市	20983	24067	27503	29808
17	菏泽市	11649	14829	18730	21461

资料来源：《山东省统计年鉴 2012》，中国统计出版社 2013 年版。

（二）资源型产业转型困难

中国沿海经济发展带总体已经进入工业发展的中后期阶段。其区域经济发展将率先面临质量提升的核心问题。国家"十二五"经济规划纲要提出的新的战略型新兴产业调整，为中国新型城镇化与转型发展提出了明确的产业发展导向。沿海各省份地区已经纷纷推动新兴产业体系的构建与调整中，长三角、珠三角、环渤海地区各地都积极融入新兴产业的大竞争中。莱芜因经济体量小，基础比较薄弱，知名度不高，容易在新兴产业竞争中占据极为不利的位置。

莱芜是因钢而立、因钢而兴的典型资源型城市，其钢铁产业已经占到城市 GDP 的 55.7%，产能达到 1600 万吨。但从全球钢铁行业发展情况来看，受全球金融危机持续影响，行业发展前景依然不明。中国钢铁已经成为产能过剩的重点行业之一。2012 年我国国内粗钢产能已经达到了 9.7 亿吨，而粗钢产量只有 7.17 亿吨，产能利用率仅有 73.9%，远远低于国际产能过剩的通用线 80% 的标准。2008 年至 2012 年，国内钢铁行业利润率分别为 3.3%、2.46%、2.28%、2.24%、0.04%，整个钢铁行业进入微利时代。在钢铁行业整体低迷、产能过剩、环保标准提高的大背景下，一方面，国家工信部的钢铁行业产能控制标准将会严格限制地区的钢铁产能总量，通过规模扩张的发展模式将不能维系；另一方面，非钢化转型又将面临技术、资金、人才等一系列的问题。受目前莱芜当地企业钢铁技术水平限制，在未来新型钢材产业转型方向、非钢产业市场培育方面都将面临更为严峻的形势。

（三）对外合作不畅

周边城市的无序竞争有可能挤压莱芜发展空间。济南都市圈规划中强调打造济莱一体化，这为莱芜转型发展带来机遇的同时，也会带来相应的威胁。"十二五"期间，山东省政府致力于推进以济南为首的鲁中城市群的发展。从济南都市圈规划、省会城市群经济圈规划中的重点布局来看，以济南、淄博为核心的鲁中地区将会成为中部地区发展的核心地带。而相对来看，莱芜将成为辐射与带动的重点地区。由于人口数量少、经济总量不高，处于济南、淄博两大经济位势较高的城市中间，较大的经济位势差将会导致"经济虹吸"效应。同时，济莱同城化的六位一体化发展战略，尤其是交通一体化的发展，将加快济、淄、莱三市的人流、物流、信息流的互动，更将加速莱芜在内能补充与熵增加两个重要的约束条件劣势地位的出现。莱芜既要依靠济南、淄博的经济辐射带动作用，同时也要警惕自身的优质资源和高端利润被中心城市"虹吸"。在"经济虹吸"作用下,济南将成为济莱协作的主要受益者,莱芜将面临更加严重的"灯下黑"困境。

第二节　莱芜新型城镇化建设基础与布局

一、要素分析

(一)城镇体系现状

1. 行政区划

莱芜市辖莱城区、钢城区两个区县级行政单位,下设 5 个街道、15 个镇,共有 1070 个行政村(居)、1251 个自然村,国土面积 2246 平方公里(2011 年)。至 2011 年年末,莱芜市常住人口 130.58 万人,户籍人口126.95 万人(见表 6.5)。

表 6.5　2011 年莱芜市行政区划概况

地区	行政村(街道)(个)	自然村(个)	人口(人)	国土面积(平方公里)
莱城区	840	988	969003	1734.71
凤城街道	26	33	161464	36.40
张家洼街道	44	48	60873	54.05
高庄街道	90	107	95657	158.55
鹏泉街道	62	70	60779	92.59
口镇	59	58	78748	141.10
羊里镇	53	53	60290	75.67
方下镇	55	60	59690	67.61
牛泉镇	69	74	74534	143.09
苗山镇	85	96	56427	213.93
雪野镇	50	77	48187	201.93
大王庄镇	63	108	44962	161.18

续表

地区	行政村（街道）（个）	自然村（个）	人口（人）	国土面积（平方公里）
寨里镇	48	50	57677	69.60
杨庄镇	45	48	48210	58.83
茶业口镇	60	60	36368	174.00
和庄镇	31	36	25137	86.18
钢城区	230	263	300509	511.32
艾山街道	37	41	81749	82.40
颜庄镇	42	49	58956	71.75
黄庄镇	41	54	49589	96.14
里辛镇	44	53	62455	89.11
辛庄镇	66	66	47760	171.93
总计	1070	1251	1269512	2246.03

资料来源：《莱芜统计年鉴2011》，中国统计出版社2012年版。

2. 城镇化水平处于中游

据第六次人口普查数据（见表6.6），2010年年末，莱芜市总人口129.85万人，城镇人口66.88万人，人口城镇化率为51.50%，略高于山东省49.71%和全国50.27%的平均水平。

表6.6　2010年莱芜市各街镇人口城镇化率

地区	人口数（人）	城镇人口（人）	人口城镇化率（%）
莱城区	989535	488673	49.38
凤城街道	202843	202843	100.00
张家洼街道	76359	65825	86.20
高庄街道	83349	42153	50.57
鹏泉街道	87112	72256	82.95
口镇	78231	24960	31.91
羊里镇	54523	15726	28.84
方下镇	58374	22092	37.85

续表

地区	人口数（人）	城镇人口（人）	人口城镇化率（%）
牛泉镇	65981	12030	18.23
苗山镇	47195	3158	6.69
雪野镇	41629	1882	4.52
大王庄镇	40131	5139	12.81
寨里镇	53601	10204	19.04
杨庄镇	43046	5703	13.25
茶业口镇	33585	2470	7.35
和庄镇	23576	2232	9.47
钢城区	308994	180132	58.30
艾山街道	80813	61598	76.22
颜庄镇	55022	25782	46.86
黄庄镇	66346	47518	71.62
里辛镇	59969	42273	70.49
辛庄镇	46844	2961	6.32
总计	1298529	668805	51.50

资料来源：莱芜市第六次人口普查领导小组办公室编：《莱芜市 2010 年人口普查资料》。

从空间分布来看，莱芜市城镇化存在着显著的地区差异。中部和东南部明显高于其他地区，钢城区高于莱城区。五个街道的城镇化率均高于50%，其中凤城街道达到 100%，而高庄街道仅有 50.57%；黄庄镇、里辛镇城镇化率均已超过 70%，于 2012 年年底分别成立汶源、里辛街道办事处；在其余 13 个镇中，方下、口镇、羊里城镇化率相对较高，为 30% 左右，而雪野最低，不到 5%。

3. 规模结构有待调整

莱芜市城镇人口规模普遍偏小，特别是边缘山地丘陵区城镇人口规模很小。根据 2010 年"六普"数据，在莱芜市 20 个乡镇街道中，人口规模大于 10 万人的只有 1 个，5 万—10 万人的乡镇街道为 12 个，1 万—5 万人的 7 个（见表 6.7）。过小的人口规模给基本公共服务设施建设和运营制造了困难。

表 6.7　2010 年莱芜市域城镇体系规模结构

等级	规模（万人）	个数	频率（%）	区（镇）
1	>10	1	5	莱城区（1）：凤城街道
2	5—10	12	60	莱城区（9）：高庄街道、口镇、牛泉镇、张家洼街道、鹏泉街道、羊里镇、方下镇、寨里镇、苗山镇
				钢城区（3）：艾山街道、里辛街道、颜庄镇
3	1—5	7	35	莱城区（5）：杨庄镇、雪野镇、大王庄镇、茶业口镇、和庄镇
				钢城区（2）：汶源街道、辛庄镇

资料来源：莱芜市第六次人口普查领导小组办公室编：《莱芜市 2010 年人口普查资料》。

此外，莱芜城镇体系首位度两城市指数为 2.81，与"位序—规模"原理给出的正常指数相比偏大，需进一步调整。

4. 功能结构亟须完善

莱芜市城镇可以分为农业镇、工（矿）业镇、旅游镇、综合镇四大类型，但对各个乡镇的具体功能定位、主导产业门类、城镇文化特色、土地开发空间形态等缺乏深入的研究和思考，莱芜市目前城镇体系具有以下几个特点：

第一，城镇的行政、文化、交通中心的功能相对比较突出，城镇的经济功能、产业功能、辐射和吸引周边地区等功能比较弱小。

第二，除少数依托大型厂矿的城镇外，绝大多数城镇基础设施条件差，非农产业不发达，对外辐射能力弱，仍是典型的农村聚落景观。

第三，各城镇之间经济相互独立，没有形成分工协作的关系，城镇职能彼此雷同程度高。

5. 空间结构基础良好

莱芜市北、南、东三面环山，西部为开阔的河谷平原，呈"太师椅"形态。受自然条件限制，莱芜城镇分布属集聚型，多集中于中部、西部及东南部。近年来，以"南部钢城—中心城区—北部新城—雪野绿城"为核心的发展轴线逐步凸显。

（二）人口形势

1. 人口现状

（1）人口小市

2011 年，莱芜市常住人口 130.58 万人；户籍人口共计 47.11 万户，126.95 万人，户均 2.69 人。莱芜市占山东省常住人口和户籍人口的比重分别为 1.35% 和 1.32%。

根据全国"六普"数据，2010 年，莱芜市登记外来人口 191328 人。其中，来自山东省内其他地区的为 183425 人，占总量的 95.87%；外来人口以男性居多，性别比为 110.37（见表 6.8）。

表 6.8　2010 年莱芜市各街镇外来人口情况

单位：人

地区	外来人口	性别结构			地域结构		
		男	女	性别比	省内	省外	省内比重（%）
莱城区	141248	74305	66943	111.00	135286	5962	95.78
凤城街道	61102	30928	30174	102.50	58391	2711	95.56
张家洼街道	21859	10977	10882	100.87	20826	1033	95.27
高庄街道	7572	4101	3471	118.15	7379	193	97.45
鹏泉街道	37143	19791	17352	114.06	36004	1139	96.93
口镇	3385	1952	1433	136.22	3306	79	97.67
羊里镇	1951	1282	669	191.63	1771	180	90.77
方下镇	2046	1373	673	204.01	1938	108	94.72
牛泉镇	1506	919	587	156.56	1261	245	83.73
苗山镇	732	504	228	221.05	671	61	91.67
雪野镇	519	352	167	210.78	497	22	95.76
大王庄镇	552	355	197	180.20	501	51	90.76
寨里镇	1861	1099	762	144.23	1766	95	94.90
杨庄镇	614	438	176	248.86	590	24	96.09

续表

地区	外来人口	性别结构			地域结构		
		男	女	性别比	省内	省外	省内比重（%）
茶业口镇	227	133	94	141.49	214	13	94.27
和庄镇	179	101	78	129.49	171	8	95.53
钢城区	50080	26075	24005	108.62	48139	1941	96.12
艾山街道	12752	6312	6440	98.01	11993	759	94.05
颜庄镇	4382	2592	1790	144.80	4256	126	97.12
黄庄镇	24600	12528	12072	103.78	23996	604	97.54
里辛镇	7588	4119	3469	118.74	7150	438	94.23
辛庄镇	758	524	234	223.93	744	14	98.15
总计	191328	100380	90948	110.37	183425	7903	95.87

资料来源：莱芜市第六次人口普查领导小组办公室编：《莱芜市2010年人口普查资料》。

（2）人口密度呈现"中高周低"的宝塔形分布

①户籍人口

莱芜地处鲁中山区腹地，北、东、南三面环山，中部为低缓起伏的平原，西部开阔。人口总量少，2011年全市人口密度为565人/平方公里，与山东省610人/平方公里的平均水平相近。

莱芜市域人口分布不均，整体呈现中、西、南部密集，东北部稀疏的格局，与自然环境状况和经济发展水平相符。以2011年为例，中部和南部经济发展水平较高、建成区面积较大的街镇人口密度高于全市平均水平，其中凤城街道、张家洼街道已超过1000人/平方公里，艾山街道、颜庄镇超过800人/平方公里；西部平原地区人口密度也相对较大，杨庄、寨里均在800人/平方公里以上；而外围北、东、南部山区各镇人口密度均在市域平均水平之下，大王庄、雪野、茶业口、和庄、苗山、辛庄六镇人口密度不足300人/平方公里（见表6.9）。

表 6.9　1992—2011 年莱芜市人口密度分布情况

单位：人/平方公里

街道/镇	1992 年	1997 年	2002 年	2007 年	2011 年	年均增长率（‰）
凤城街道 *	1218	1553	2055	4497	4436	70.394
张家洼街道 *	859	851	890	689	1126	14.356
高庄街道	612	604	596	594	603	−0.709
鹏泉街道 *	—	—	1016	622	656	−47.339
口镇 *	558	539	535	706	558	0.032
羊里镇	820	776	774	772	797	−1.538
方下镇	919	879	876	869	883	−2.092
牛泉镇	540	522	523	521	521	−1.920
苗山镇	280	271	268	263	264	−3.202
雪野镇	232	228	226	230	239	1.403
大王庄镇	296	286	282	279	279	−3.203
寨里镇	874	834	829	825	829	−2.798
杨庄镇	900	839	829	815	819	−4.896
茶业口镇	233	219	217	212	209	−5.697
和庄镇	302	299	298	294	292	−1.841
艾山街道	937	898	933	967	992	3.018
颜庄镇	785	801	809	811	822	2.400
黄庄镇	357	474	463	495	516	19.529
里辛镇	568	599	622	668	701	11.170
辛庄镇 *	306	291	291	288	278	−5.031

注："＊"表示人口数、人口增长率受行政区划调整影响较大的街道、镇；"—"表示没有数据。

资料来源：《莱芜统计年鉴 1992—2011》，中国统计出版社 1993—2012 年版。

从人口分布变动来看，1992 年莱芜升格为地级市以来，各街镇人口密度有增有减。需要特别说明的是，2002 年莱芜市进行了大范围的行政区划调整，为了前后对比明晰，特将 2002 年之前 1 个街道 13 个镇 11 个乡的统计数据进行归并，尽管仍存在个别村级行政区的误差，但对于整体分析不会产生影响。另外，凤城、张家洼、鹏泉街道及口镇、辛庄两镇在 2002 年之后，进行了不同程度的行政区划调整，面积发生较大变化，人口密度的年均增长率数据不能完全说明其人口集散情况（见表6.10）。

表6.10　1992—2011年莱芜市部分街镇人口分布情况

单位：人/平方公里

街镇名称	1992年		1997年		2002年		2007年		2011年	
	密度	比重（%）	密度	比重（%）	密度	比重（%）	密度	比重（%）	密度	比重（%）
凤城街道	1218	12.23	1553	15.29	2055	14.45	4497	13.05	4436	12.72
张家洼街道	859	5.99	851	5.82	890	5.95	689	4.54	1126	4.79
鹏泉街道	—	—	—	—	1016	2.64	622	4.59	656	4.79
口镇	558	5.29	539	5.01	535	4.86	706	6.34	558	6.20
辛庄镇	306	4.69	291	4.38	291	4.28	288	3.95	278	3.76

资料来源：《莱芜统计年鉴1992—2011》，中国统计出版社1993—2012年版。

人口密度呈现负增长的街镇有高庄、羊里、方下、牛泉、苗山、雪野、大王庄、寨里、杨庄、茶业口和和庄镇，其中，茶业口镇下降最快；高庄、羊里、方下、苗山、雪野、寨里和杨庄在多年的持续下降后，近年略有回升。人口密度呈现正增长的街镇有艾山、颜庄、黄庄、里辛和雪野，其中，雪野人口密度先降后升；黄庄、里辛人口增长最快，并于2012年年底由建制镇调整为街道办事处。

凤城、张家洼街道人口增长很快，土地面积大幅下降，人口比重呈波动状，一方面说明通过行政区划调整，鹏泉街道管辖的村落人口密度相对较小；另一方面说明这两个街道确实存在较大规模人口集聚。鹏泉街道、口镇行政区域面积扩大，人口占比上升，人口呈现集聚态势。辛庄镇人口占比不断下降，人口净流出。总体而言，人口向G2高速沿线街镇集聚，东部、西部街镇人口呈现负增长，"廊道"效应显现。

②外来人口

外来人口主要分布于凤城、鹏泉、黄庄、张家洼、艾山等街镇，五街镇外来人口占莱芜市外来人口总量的82.3%。性别结构方面各街镇外来人口普遍男性居多。地域结构方面省内外来人员占据绝大多数。

（3）性别年龄结构基本平衡

莱芜市男女比例平衡。2011 年，莱芜市性别比为 103.00，男性在总人口中所占比重为 50.74%，女性所占比重为 49.26%（见表 6.11）。近年来，莱芜性别比呈缓慢下降态势。

表 6.11　1992—2011 年莱芜市人口性别比变动情况

年份	男性（万人）	女性（万人）	性别比
1992	60.72	57.91	104.86
1993	60.89	57.96	105.06
1994	60.89	57.86	105.24
1995	61.19	57.99	105.52
1996	61.37	58.42	105.04
1997	61.96	59.05	104.93
1998	62.36	59.52	104.76
1999	62.62	59.89	104.55
2000	62.88	60.31	104.27
2001	63.08	60.54	104.19
2002	63.10	60.78	103.81
2003	63.06	60.82	103.68
2004	63.24	61.05	103.59
2005	63.23	61.14	103.42
2006	63.46	61.40	103.35
2007	63.71	61.64	103.37
2008	64.01	61.95	103.32
2009	64.19	62.19	103.23
2010	64.32	62.38	103.11
2011	64.41	62.54	103.00

资料来源：《莱芜统计年鉴 1992—2011》，中国统计出版社 1993—2012 年版。

2010 年第六次人口普查数据显示（见表 6.12），全市常住人口中，同

2000 年第五次全国人口普查相比，0—14 岁人口的比重下降了 3.28 个百分点，15—64 岁人口的比重上升了 1.14 个百分点，65 岁及以上人口的比重上升了 2.14 个百分点。从年龄构成来看，莱芜市目前正处于劳动力供给充足、人口抚养比较小的人口红利期，劳动适龄人口比重较高，但从其年龄结构的演变来看，未来其人口结构将逐渐趋于老化。事实上，国际上以 60 岁以上老年人口比重超过 10%作为一个社会跨入老龄化的标准，以此标准判断，目前莱芜已开始步入老龄化社会，且老龄化进程在逐渐加速。

表 6.12　2000—2010 年莱芜市人口年龄构成变化情况

年龄段	2000 年占总人口（%）	2010 年占总人口（%）
总人口	100	100
0—14 岁	19.06	15.78
15—64 岁	72.91	74.05
65 岁及以上	8.03	10.17

资料来源：莱芜市第六次人口普查领导小组办公室编：《莱芜市 2010 年人口普查资料》。

（4）人口文化素质总体偏低

莱芜市人口中，接受初中教育的人口最多，高学历人口比重偏低。第六次人口普查数据显示全市常住人口中，具有大学（指大专以上）受教育程度的为 10.75 万人；具有高中（含中专）受教育程度的为 21.08 万人；具有初中受教育程度的为 53.14 万人；具有小学受教育程度的为 32.78 万人（以上各种受教育程度的人包括各类学校的毕业生、肄业生和在校生）（见图 6.1）。全市常住人口中，文盲人口（15 岁及 15 岁以上不识字的人）为 4.76 万人，同 2000 年第五次全国人口普查相比，文盲人口减少 4.05 万人，文盲率由 8.82%下降为 3.67%，下降了 5.15 个百分点。

同 2000 年第五次全国人口普查相比，每 10 万人具有大学受教育程度的由 3172 人上升为 8280 人；具有高中受教育程度的由 12722 人上升为 16232 人；具有初中受教育程度的由 39735 人上升为 40920 人；具有小学受教育程度的由 27641 人下降为 25242 人。

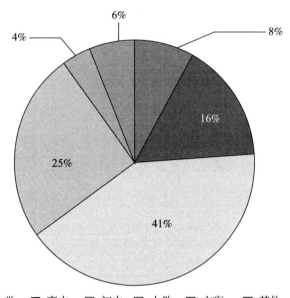

■ 大学　■ 高中　□ 初中　□ 小学　■ 文盲　■ 其他

图 6.1　2010 年莱芜市常住人口受教育程度构成情况

如图 6.2 所示，莱芜市人口文化素质与全国平均水平和山东省平均水平基本持平。

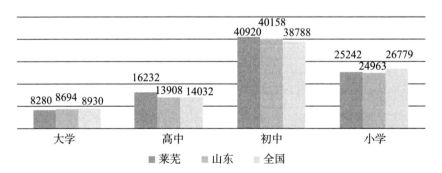

■ 莱芜　■ 山东　■ 全国

图 6.2　2010 年莱芜市每十万人口中各种受教育程度人口构成与山东及全国的比较

（5）农业就业占比偏高

2011 年，莱芜市年末就业人员数为 797096 人，在总人口（常住）中所占比重为 61.04%。莱芜目前三次产业就业人口比重分别为 31.74%、36.36%、31.90%，就业结构大致均等，第二产业比重稍高（见图 6.3）。

实现农村剩余劳动力转移、人口城镇化仍有潜力。

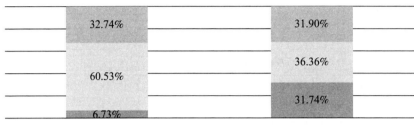

图 6.3　2011 年莱芜市就业结构与地区生产总值结构的比较

从增长情况来看，2001—2011 年年末，莱芜从业人员数年均增长率为 1.09%，其中第三产业增长最快，第一产业负增长。三次产业就业结构发生变化，第三产业比重上升明显，第一产业略有下降，第二产业自 2005 年上升后 2010 年有所回落。

2. 人口变动不大

人口增长主要源于自然增长，外部迁入人口很少，人口总体规模增长缓慢。1992 年 11 月，莱芜市由县级市升为地级市以来，莱芜人口的增长主要源于自然增长。1992—2011 年，莱芜人口由 118.64 万人增长至 126.95 万人，年平均增加人口 0.44 万人，年均增长率为 3.57‰。

1992—2011 年莱芜人口自然增长率经历两次波动，现已基本稳定在 1‰左右，人口增长缓慢，2011 年莱芜人口自然增长率为 1.03‰（见表 6.13）。

表 6.13　1992—2011 年莱芜市人口自然变动统计表

年份	出生（人）	死亡（人）	出生率（‰）	死亡率（‰）	自然增长率（‰）
1992	10623	6900	8.96	5.82	3.14
1993	9162	7135	7.71	6.00	1.71
1994	10868	7403	0.15	6.23	2.92
1995	12298	7268	10.32	6.10	4.22

年份	出生（人）	死亡（人）	出生率（‰）	死亡率（‰）	自然增长率（‰）
1996	15305	7496	12.81	6.27	6.54
1997	17069	7293	14.18	6.06	8.12
1998	18912	7291	15.57	6.00	9.57
1999	14936	7486	12.22	6.13	6.09
2000	14430	7680	11.75	6.25	5.49
2001	12635	7361	10.24	5.97	4.27
2002	12499	8130	10.10	6.57	3.53
2003	11434	7874	9.23	6.36	2.87
2004	13904	7054	11.21	5.68	5.53
2005	11512	8638	9.26	6.95	2.31
2006	10407	7798	8.35	6.26	2.09
2007	10820	8899	8.63	7.10	1.53
2008	10229	8770	8.16	6.99	1.17
2009	9244	8383	7.33	6.64	0.69
2010	10031	9243	7.92	7.29	0.63
2011	9798	8500	7.73	6.70	1.03

资料来源：《莱芜统计年鉴 2011》，中国统计出版社 2012 年版。

3. 人口规模将缓慢增加

时间序列回归法为通过为一系列相对较长时期的历史数据建立数学方程，预测市域人口规模。为减少数据波动对预测结果的影响，首先对历史数据进行平滑处理。因 1990 年将新泰市的寨子乡、沂源县的黄庄镇划归莱芜市管辖，所以数据从 1991 年开始统计。

从平滑结果来看，3 项移动平均的标准差为 0.145，5 项移动平均的标准差为 0.528。因此，就莱芜历史人口数据序列而言，采用 3 项移动平均进行的平滑效果较好（见表 6.14）。

表6.14　移动平均法平滑处理莱芜历史人口数据

单位：万人

年份	人口数	三期移动平均	离差平方	五期移动平均	离差平方
1991	118.44	—	—	—	—
1992	118.64	—	—	—	—
1993	118.85	—	—	—	—
1994	118.75	—	—	—	—
1995	119.17	118.92	0.06	118.77	0.16
1996	119.79	119.24	0.31	119.04	0.56
1997	121.01	119.99	1.04	119.51	2.24
1998	121.88	120.89	0.97	120.12	3.10
1999	122.51	121.80	0.50	120.87	2.68
2000	123.19	122.53	0.44	121.68	2.29
2001	123.62	123.11	0.26	122.44	1.39
2002	123.88	123.56	0.10	123.02	0.75
2003	123.88	123.79	0.01	123.42	0.22
2004	124.29	124.02	0.07	123.77	0.27
2005	124.38	124.18	0.04	124.01	0.14
2006	124.86	124.51	0.12	124.26	0.36
2007	125.35	124.86	0.24	124.55	0.64
2008	125.96	125.39	0.32	124.97	0.98
2009	126.38	125.90	0.23	125.39	0.99
2010	126.69	126.34	0.12	125.85	0.71
2011	126.95	126.67	0.08	126.27	0.47

　　为3项移动平均的平滑人口数据配合数学方程，比较线性、指数、乘幂、对数四种函数配合方程的相关系数，线性、指数两类方法已达到高度相关（见表6.15）。

表6.15　四种函数配合方程及相关系数一览表

	方程	R^2	显著程度
线性	$y = 0.467x + 119.076$	0.961	高度相关
指数	$y = 119.113e^{0.004x}$	0.958	高度相关
幂	$y = 117.566x^{0.024}$	0.948	显著相关
对数	$y = 2.937\ln x + 117.487$	0.945	显著相关

采用线性方程预测规划期莱芜市域人口规模（见图6.4），得2015年、2020年、2025年、2030年市域人口规模分别为128.88万人、131.21万人、133.55万人、135.88万人。

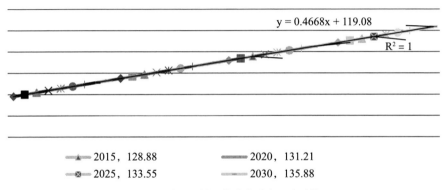

$$y = 0.4668x + 119.08$$

$$R^2 = 1$$

▲ 2015，128.88	■ 2020，131.21
✕ 2025，133.55	― 2030，135.88

图6.4　线性方程模拟莱芜市域人口变动情况

综合各种预测方法预测结果，规划至2015年，莱芜市域人口129万人；2020年，莱芜市域人口131万人；2030年，莱芜市域人口136万人。

（三）产业现状

1. 莱芜市产业发展概况

（1）产业呈现上升势头

如表6.16所示，2011年莱芜全市完成地区生产总值611.88亿元，按可比价格计算，比上年增长10.6%，比上年（12%）略有回落。其中，第一产业实现增加值41.18亿元，比上年增长2.7%；第二产业实现增加值370.4亿元，增长11.8%；第三产业实现增加值200.3亿元，增长10%。三次产业结构为6.7∶60.5∶32.8。

规模以上工业总产值1443.17亿元，比上年增长8.8%；农林牧渔总产值78.28亿元，比上年增长7.9%。

表6.16　1992—2011年莱芜市国民经济主要指标

指标＼年份	1992	1993	1996	1999	2002	2005	2007	2009	2011
GDP（亿元）	21.7	39.5	75.4	99.1	141.9	263.0	367.3	471.3	611.9
GDP增速（%）	28.1	17.4	15.4	11.0	13.0	18.5	16.9	12.5	10.6
人均GDP（元）	1825	3325	6294	8089	11467	20616	29011	36907	46983
一产增加值（亿元）	6.5	7.3	11.4	12.2	14.7	18.4	22.6	30.4	41.2
二产增加值（亿元）	9.4	22.1	38.0	49.4	70.9	171.7	238.0	292.4	370.4
三产增加值（亿元）	5.8	10.1	26.0	37.5	47.3	72.8	111.6	148.5	200.3
工业总产值（亿元）	53.2	66.5	84.0	105.0	166.7	578.9	860.8	1028.1	1443.2
农林牧渔总产值（亿元）	9.2	10.9	25.1	21.5	24.7	33.2	41.0	58.8	78.3

资料来源：《莱芜统计年鉴1992—2011》，中国统计出版社1993—2012年版。

（2）空间差异较大

莱芜市各街道、镇的经济规模相差较大。中部街道、镇经济实力较强，而边缘乡镇经济总量较小。

2. 济（南）莱（芜）产业对比

（1）莱芜产业结构较差

区位商是反映一个地区优势、弱势产业的重要经济指标。与济南的产业区位商对比表明，莱芜第一产业区位商较高，而第三产业区位商偏低（见表6.17）；莱芜传统的黑色金属矿采选业、黑色金属冶炼及压延加工业的区位商在3以上（见表6.18），优势明显，而反映对外服务辐射能力的信息传输、计算机服务和软件业以及科学研究、技术服务和地质勘查业等现代服务业区位商却远远低于1，处于接受其他城市服务辐射的地位，莱芜的劳动地域分工处于十分不利的地位。

表6.17　2005—2011年济莱三次产业区位商

产业门类	地区	2005 年	2007 年	2009 年	2011 年
第一产业	济南	0.59	0.54	0.54	0.54
	莱芜	0.65	0.52	0.45	0.67
第二产业	济南	0.97	0.95	0.93	0.89
	莱芜	1.33	1.44	1.43	1.3
第三产业	济南	1.16	1.17	1.19	1.22
	莱芜	0.71	0.63	0.68	0.76

表6.18　2005—2011年济莱分行业区位商

	2005 年		2007 年		2009 年		2011 年	
	济南	莱芜	济南	莱芜	济南	莱芜	济南	莱芜
农业	1.20	1.24	1.17	1.20	1.21	1.11	1.20	1.15
林业	0.67	1.59	0.73	1.66	0.96	0.96	0.51	0.44
畜牧业	1.04	0.83	1.05	0.86	0.95	1.15	1.01	1.14
渔业	0.11	0.15	0.13	0.16	0.14	0.16	0.13	0.15
农林牧渔服务业	0.73	1.07	0.65	0.92	0.78	0.40	0.84	0.38
煤炭开采和洗选业	0.25	0.14	0.16	0.33	0.16	0.62	0.10	0.47
石油和天然气开采业	0.29	0.00	8.84	0.00	0.05	0.00	0.09	0.00
黑色金属矿采选业	0.06	6.35	0.15	2.83	0.29	3.22	0.31	4.40
有色金属矿采选业	0.00	0.00	0.00	0.00	0.00	0.00	0.00	0.00
非金属矿采选业	1.15	0.00	0.39	0.00	0.92	0.04	0.34	0.00
其他采矿业	0.00	0.00	0.00	0.00	0.00	0.00	0.00	0.00
农副食品加工业	0.53	0.30	0.36	0.33	0.43	0.59	0.30	0.68
食品制造业	1.06	0.07	1.03	0.12	1.68	0.10	1.33	0.09
饮料制造业	0.53	0.49	0.70	0.69	0.93	0.39	1.40	0.30
烟草制品业	1.78	0.00	38.74	0.00	0.00	0.00	0.00	0.00
纺织业	0.37	1.07	0.19	0.61	0.43	0.92	0.43	0.83
纺织服装、鞋、帽制造业	0.19	0.09	0.10	0.04	0.18	0.05	0.19	0.08

续表

	2005 年		2007 年		2009 年		2011 年	
	济南	莱芜	济南	莱芜	济南	莱芜	济南	莱芜
皮革、毛皮、羽毛（绒）及其制品业	0.30	0.03	0.09	0.01	0.13	0.07	0.19	0.04
木材加工及木、竹、藤、棕、草制品业	0.33	0.00	0.18	0.00	0.35	0.01	0.15	0.03
家具制造业	0.44	0.00	0.19	0.00	0.36	0.01	0.36	0.01
造纸及纸制品业	0.38	1.46	0.18	0.45	0.63	0.59	0.29	0.00
印刷业和记录媒介的复制	1.40	0.33	0.46	0.08	1.18	0.16	1.34	0.16
文教体育用品制造业	0.31	0.00	0.24	0.00	0.78	0.00	0.23	0.00
石油加工、炼焦及核燃料加工业	1.47	0.00	8.45	0.08	1.53	0.01	1.95	0.01
化学原料及化学制品制造业	0.98	0.16	0.94	0.20	1.00	0.42	1.07	0.35
医药制造业	1.45	0.00	1.32	0.00	1.49	0.07	1.46	0.00
化学纤维制造业	0.06	0.15	0.00	0.12	0.00	0.02	0.02	0.04
橡胶制品业	0.20	0.98	0.13	0.61	0.25	0.68	0.04	0.71
塑料制品业	0.68	0.02	0.28	0.01	0.73	0.11	0.38	0.06
非金属矿物制品业	1.85	0.31	0.97	0.14	1.34	0.57	1.13	0.71
黑色金属冶炼及压延加工业	2.34	8.37	8.78	34.11	1.64	8.99	1.72	8.39
有色金属冶炼及压延加工业	0.14	0.01	0.29	0.03	0.11	0.07	0.07	0.02
金属制品业	1.07	0.29	0.52	0.16	1.06	0.56	0.85	0.48
通用设备制造业	2.20	0.18	1.31	0.22	2.37	0.59	1.95	0.54
专用设备制造业	0.77	0.30	0.51	0.15	0.85	0.20	0.78	0.23
交通运输设备制造业	1.98	0.08	3.61	0.17	2.25	0.19	2.44	0.42
电气机械及器材制造业	0.69	0.04	0.79	0.09	0.90	0.28	0.79	0.17
通信设备、计算机及其他电子设备制造业	0.55	0.00	1.52	0.02	0.64	0.01	0.93	0.03
仪器仪表及文化、办公用机械制造业	0.65	0.10	0.59	0.06	0.89	0.15	0.72	0.04

	2005 年		2007 年		2009 年		2011 年	
	济南	莱芜	济南	莱芜	济南	莱芜	济南	莱芜
工艺品及其他制造业	0.82	0.07	0.27	0.05	0.54	0.23	0.14	0.22
废弃资源和废旧材料回收加工业	0.00	0.10	0.00	0.34	0.28	0.25	0.00	0.00
电力、热力的生产和供应业	0.65	1.15	2.67	3.63	0.70	0.17	1.00	1.11
燃气生产和供应业	0.98	4.87	0.96	5.07	0.85	2.05	0.91	1.62
水的生产和供应业	1.07	0.13	0.50	0.08	1.31	0.18	1.87	0.00
交通运输、仓储和邮政业	0.91	0.56	1.02	0.79	1.03	1.93	1.18	2.12
信息传输、计算机服务和软件业	0.77	0.80	1.07	0.97	0.70	0.74	—	—
批发和零售业	1.13	1.56	1.11	1.33	1.24	1.25	1.05	1.25
住宿和餐饮业	0.99	0.69	0.98	0.70	1.52	0.62	1.37	0.69
金融业	1.32	1.14	0.96	1.14	1.16	1.04	1.16	1.06
房地产业	0.70	1.14	0.66	0.88	0.80	0.63	0.84	0.64
租赁和商务服务业	0.90	0.37	1.08	0.56	1.23	0.46	—	—
科学研究、技术服务和地质勘查业	0.90	0.19	0.73	0.16	1.05	0.16	—	—
水利、环境和公共设施管理业	0.89	1.43	1.38	1.37	0.71	0.79	—	—
居民服务和其他服务业	1.06	0.67	1.19	0.68	0.54	0.32	—	—
教育	0.83	0.83	0.89	0.94	0.90	0.65	—	—
卫生、社会保障和社会福利业	1.76	1.11	1.66	1.05	1.10	0.70	—	—
文化、体育和娱乐业	1.39	0.52	1.40	0.74	0.91	0.23	—	—
公共管理和社会组织	0.93	1.41	0.89	1.48	0.62	1.40	—	—

（2）区县经济实力不强

从区县级经济指标来看，与济南市相比，莱芜市所辖的莱城区、钢城区、高新区 3 个县级单位的总体表现一般。无论是从经济规模，还是从人均水平来看，莱芜市的表现都不突出，缺乏 GDP 过 500 亿元的"大区（县）"（见表 6.19）。

表6.19　2011年济莱区县级行政单位主要经济指标

地区		地区生产总值（亿元）	人均生产总值（万元）	第一产业（亿元）	第二产业（亿元）	第三产业（亿元）
济南	历下区	755.70	13.9274	0.00	132.70	623.00
	市中区	501.40	8.7124	3.50	93.50	404.40
	槐荫区	263.40	6.8522	3.50	77.20	182.70
济南	天桥区	264.00	5.2081	3.30	69.60	191.00
	历城区	679.70	7.3275	36.70	355.90	287.00
	长清区	232.50	4.1712	25.10	124.80	82.70
	平阴县	182.80	4.8942	24.30	115.80	42.70
	济阳县	213.50	3.8434	40.90	125.40	47.10
	商河县	113.10	1.8090	36.10	42.40	34.60
	章丘市	584.80	5.7463	64.40	342.00	178.40
	高新区	398.30	19.9150	0.00	240.50	157.80
莱芜	莱城区	324.86	3.8650	32.36	172.94	119.56
	钢城区	208.39	6.7265	5.88	147.91	54.60
	高新区	73.26	12.0535	0.95	48.79	23.52

（四）交通可达性

1. 对外交通以公路为主

莱芜市地处山东省中部，对外交通以公路为主，较为便利。境内有京沪高速、青兰高速、滨莱高速、泰莱高速、国道205、多条省道和县乡公路，形成纵横交错的交通网络。其中，高速与国道分别通向济南、泰安、临沂、青岛和淄博；与济南方向的联通主要依靠纵向的京沪高速及省道S242、S244。

此外，莱芜距济南遥墙机场60公里，距青岛港200公里，可概括为"一小时上天，两小时下海"。境内现有3条铁路，客运站为莱芜东站，位于凤城、张家洼及鹏泉街道的交界处，只有泰山至淄博往返普客经停莱芜，至淄博或泰安后可转车前往全国其他城市；穿境而过的中南部铁路以货运为主，是提升莱芜对外联系度的主要通道。

2. 内部交通连通度高

莱芜市内村村通油路率达到98%，并建成"城区、市镇、镇村"公交三位一体的城乡公交格局。截至2011年年末，全市各行政村、旅游区全部通上镇村公交，实现全覆盖，为统筹城乡一体化提供了交通保障。

3. 各街镇交通可达性差异较大

莱芜市各街镇公路交通设施分布情况如表6.20所示。除羊里、牛泉之外，其余街镇均有高速公路、国道或省道过境。其中，高速或国道跨越13个街镇，几乎全部设有出口（或临近出口）；就全市而言，这些街镇的对外交通可达性较好。7条省道共计覆盖15个街镇，纵横交错，是各街镇对外连通的重要支撑。

表6.20　莱芜市各街镇公路交通设施现状表

	高速	国道	省道
凤城街道	S26	—	S242、S330、S332、S329
张家洼街道	G2	—	S242
高庄街道	S26	—	S332
鹏泉街道	G2、G22、S26、S29	G205	S329
口镇	G2	—	S242
羊里镇	—	—	—
方下镇	S26	—	S330
牛泉镇	—	—	—
苗山镇	S29	G205	—
雪野镇	G2	—	S242、S244、S327
大王庄镇	—	—	S243、S244
寨里镇	—	—	S244
杨庄镇	S26	—	S244、S330
茶业口镇	—	—	S327
和庄镇	S29	G205	—

	高速	国道	省道
艾山街道	G2	G205	—
颜庄镇	G2	G205	S332
黄庄镇	—	—	S332
里辛镇	—	—	S332
辛庄镇	G22	—	S329

总体而言，凤城街道、鹏泉街道为莱芜市的交通枢纽，是多条高速、省道的交汇点；雪野镇、杨庄镇、艾山街道、辛庄镇和和庄镇分别为莱芜连通济南、泰安、临沂、青岛和淄博的出口，在全市的交通体系中占有重要地位；而对于茶业口、大王庄、寨里、牛泉、黄庄等地区，交通仍是制约其发展的瓶颈因素。

（五）用地条件

莱芜市地质基础稳定，土地开发强度处于山东省的中等水平，与沿海城市相比，非农用地开发潜力巨大；与其他农业大市相比，莱芜市基本农田占土地总面积的比重较低，给建设用地扩张提供了良好条件。此外，由于莱芜市位于河流的上游，水体污染可控性较强，水质总体质量较好，但过境性的"客水"缺乏，水资源潜力有限。当然，与其他矿业城市类似，莱芜市也受到了地质塌陷区等地质灾害的威胁，靠近中心城区的部分街道、乡镇承担着塌陷区居民动迁的艰巨任务。

二、城镇居民点体系规划

（一）城镇等级结构

从莱芜市情出发，参照国内外城镇体系建设经验，莱芜市拟设立"一主六新"的城市总体格局，建成"主城—辅城—中心市镇—一般镇—中心村"五级城镇等级结构：规划市域主城区莱芜凤城，包含凤城街道、张家洼街道和鹏泉街道；规划辅城6座，分别为雪野绿城、北部新城、南部钢城、牟汶矿城、西部商城和东部山城。其中雪野绿城包含雪野镇、茶业口镇及大王庄镇北部，北部新城包含口镇和羊里镇，南部钢城包含艾山街道、汶源街道、里辛街道和颜庄镇，牟汶矿城包含高庄街道和牛泉镇，西部商城包含大王庄镇南部、杨庄镇、寨里镇和方下镇，东部山城包含苗山镇、辛庄镇和和庄镇；与辅城相对应，共设立中心市镇6个，即雪野镇、口镇、艾山街道、高庄街道、寨里镇及苗山镇；规划一般镇12个，分别为茶业口镇、大王庄镇（北）、羊里镇、汶源街道、里辛街道、颜庄镇、牛泉镇、大王庄镇（南）、杨庄镇、方下镇、辛庄镇、和庄镇；并设立一批中心村，每个中心村人口规模在4000人左右（见表6.21）。

表6.21　莱芜市城镇等级结构规划

等级	数量（个）	地区
主城	1	莱芜凤城
辅城	6	雪野绿城、北部新城、南部钢城、牟汶矿城、西部商城、东部山城
中心市镇	6	雪野镇、口镇、艾山街道、高庄街道、寨里镇、苗山镇
一般镇	12	茶业口镇、大王庄镇（北）、羊里镇、汶源街道、里辛街道、颜庄镇、牛泉镇、大王庄镇（南）、杨庄镇、方下镇、辛庄镇、和庄镇
中心村	若干	—

（二）城镇规模结构

展望2020年，莱芜凤城、雪野绿城、北部新城、南部钢城、牟汶矿城、西部商城、东部山城七城区的人口规模将在现有基础上继续增加，依据时间序列回归法预测（见表6.22），分别达到50万人、25万人、25万人、35万人、20万人、20万人和15万人。彼时，莱芜市将拥有50万人口以上的主城区1座，20万—50万人口的辅城三座，10万—20万人口的辅城三座。

表 6.22 莱芜市人口规模预测表

城区	乡镇（街道）	常住人口（万人）（2010 年）	户籍人口（万人）（2011 年）	规划人口（万人）（2020 年）
莱芜凤城	凤城街道、鹏泉街道、张家洼街道	35.05	28.31	50
雪野绿城	雪野镇、大王庄镇（北）、茶业口镇	9.53	10.70	25
北部新城	口镇、羊里镇	13.28	13.90	25
南部钢城	艾山街道、里辛街道、汶源街道、颜庄镇	26.22	25.27	35
牟汶矿城	牛泉镇、高庄街道	14.93	17.02	20
西部商城	寨里镇、杨庄镇、方下镇、大王庄镇（南）	17.51	18.81	20
东部山城	苗山镇、辛庄镇、和庄镇	11.76	12.93	15

（三）城镇职能定位

莱芜正处于第一次工业革命（煤、铁等黑色产业为主导）向第二次工业革命（加工、服务等棕色产业为主导）的转型期，在方兴未艾的全球第三次工业革命（基于互联网、物联网、新能源、新材料的智慧产业、绿色产业等）浪潮中，在参与更大范围（如济莱协作区、省会城市群经济圈、全球生产/创新网络等）分工协作的机遇下，从提升产业能级和竞争力的视角，莱芜市城镇经济职能亟待进一步优化：莱芜凤城将着力发展知识、技术密集型产业，成为全省现代服务业中心之一；雪野绿城则全力打造国内具有较高知名度的生态旅游区，旅游与文化产业携手发展；北部新城将以新兴制造业为主导，承接传统煤铁产业优势，开启新一轮发展；南部钢城则以钢铁及其精深加工为突破口，致力于建设国内重要的材料工业基地；牟汶矿城将在传统煤矿采掘业的基础上，延长产业链，重视环境治理，谋求树立矿区综合开发的典范；西部商城则大力发展现代商贸和都市型农业，旨在建成鲁中重要的特色农产品生产与交易中心；东部山城将成为鲁中重要的新能源生产基地，同时依托低山丘陵深化特色有机农业发展

（见表 6.23）。

表 6.23　莱芜市新城镇职能分工一览表

城镇	主导产业	主要职能
莱芜凤城	都市型服务业	现代服务业中心
雪野绿城	生态旅游等现代服务业	生态旅游区
北部新城	新兴制造业	新兴制造业中心
南部钢城	材料工业	材料工业基地
牟汶矿城	采掘工业、环保产业	矿区综合开发示范区
西部商城	现代商贸业、都市型农业	特色农产品生产与交易中心
东部山城	新能源产业、特色农业	新能源生产基地

（四）城镇空间结构

以莱芜凤城为中心，以雪野绿城、北部新城、西部商城、牟汶矿城、南部钢城、东部山城为支点，莱芜市"一主六新"的城市总体格局在空间上近似六边形，与廖什的区位空间六边形法则一脉相承。

依托南部牟汶河改造，创新性地建立湿地生态系统，加之北部雪野生态区与东部水源保护区，形成"三片绿叶衬红花"的莱芜生态新格局。绿化、美化、亮化、净化凤城主城区，改善人居环境，展现城市新面貌。

第三节　莱芜新型城镇化建设的举措

一、推进莱芜"转调创"

以"济莱协作区"为契机，推进莱芜"转调创"。2013 年 8 月，山东省正式公布了《省会城市群经济圈发展规划》（以下简称《规划》），不仅将莱芜列入省会城市群经济圈的紧密圈层，更将"济莱协作区"作为省会城市群经济圈建设的切入点和突破口，并在第七章进行了专题阐释，强调要着力推进两市组织领导、战略规划、重大布局"三个统一"，实现通信、公共服务、交通、户籍管理、资源配置"五个同城化"发展，打造全省区域一体化发展的先行示范区。这一战略决策为莱芜在深度融入区域一体化进程中，并且实现跨越式的科学发展提供了千载难逢的机遇，莱芜有必要深刻认识"济莱协作区"建设的重大战略意义，科学谋划区域合作共赢的战略部署，有序落实同城化发展的政策举措，全面深化改革创新，努力实现转方式、调结构、促创新，增创莱芜发展新优势，加快建设莱芜现代化新城镇。

（一）科学谋划济莱协作区建设的战略部署

省会城市群和"济莱协作区"建设的确为莱芜发展提供了更高平台和广阔空间，但就目前来看，《规划》还只是提供了一个框架、一个线索、一个方向，还有大量的工作需要研究、深化和完善，因此，科学谋划济莱协作区建设的战略部署非常重要。结合对《规划》和莱芜市相关文件的解读，笔者认为，实现"济莱协作区"建设的宏伟蓝图必须突出重点、抓住关键，循序推进，努力争取莱芜发展的最大利益。结合当前国内外经济发展形势和莱芜的发展状况，莱芜应着力推进如下六方面工作：一是建立济莱协作区协调领导小组，专门化解决济南与莱芜在协作过程中产生的问题，这样可以最大限度地提升济莱协作区的总体发展层次；二是加快提升产业协作发展水平；三是加快提升统筹城乡规划水平；四是加快提升基础设施合作共建，重点推进交通、通信的同城化；五是加快提升公共服务共享水平，努力使莱芜人民尽早享受到省会城市的公共服务待遇，这就要求大力吸引济南市优质公共服务资源向莱芜延伸覆盖，加强两市在社会事业领域的合作；六是加快提升资源要素保障水平，为协作区健康持续发展提供要素资源方面的支撑能力。

（二）深入推动济莱协作区建设的阶段性重点工作

《规划》明确提出在交通、通信、户籍管理、公共服务、资源配置方面推进济莱"五个同城化"的要求，这既是区域经济合作的基础保障，也能让两市人民切实感受到区域合作的利益。因此，对这"五个同城化"进行系统研究和科学规划，并进行务实推进，应该成为济莱协作区建设在本阶段的重点工作。尤其是事关协作区建设全局、既有基础又有可能、易于突破的重点事项，更要集中力量、加快推进，力争尽早实现突破。

莱芜作为著名的革命老区，是沂蒙山革命老区的重要组成部分，为了支援国家经济建设，又在新中国成立后贡献了大量铁矿石和煤炭资源，当前，受资源禀赋、环境条件等制约，莱芜的转型升级面临特殊困难，建议将莱芜列入沂蒙革命老区扶持范围，享受国家扶持中部地区的有关政策。在莱芜城市发展中，辛泰、东莱两条铁路有35公里路段在主城区蜿蜒绕行，多次切割城市道路，造成严重的城市土地浪费、交通堵塞，并对城市环境造成较大污染，而随着山西中南部铁路通道的开工建设，两条铁路原有的运输功能进一步弱化，建议将辛泰铁路北移、将东莱铁路东移，以便利莱芜城市空间的优化布局。

济莱协作区建设是项综合的系统性工程，需要全社会的支持参与。因此，当前还要做好舆论宣传工作，注重从群众关心关注的角度、用群众喜闻乐见的形式，大力宣传加强济莱协作区建设的重大意义、政策措施、重点任务、工作动态和先进经验，在全市形成加快推动济莱协作区建设的良好氛围。

（三）在济莱协作区建设中全面深化改革和创新

济莱协作区建设是以深化区域经济合作为目标的改革新举措，也是全面推进改革创新的历史机遇。在《规划》中已经就济莱协作区建设专门出台了财政、金融、土地、创新型城市建设、深化改革开放、拓展济南发展空间等方面的促进和扶持政策，含金量很高、支持的力度非常大，同时《规划》还明确协作区建设享有省会城市群经济圈建设的各项政策保障。这就是说，济莱协作区建设的一个重要优势就源于改革创新，而在济莱协作区建设的战略目标中，也透露出更多依靠改革、更加重视创新等战略思想。在落实济莱协作区建设的各项任务中，还需要济南和莱芜不断深化改革，大力推动思想观念、方式方法、体制机制创新，勇于破除不利于协作区建设发展的一切束缚、藩篱和桎梏，认真学习借鉴国内外改革创新的成功经验，并与济南各级各部门通力配合，积极探索创新各项政策措施和体制机制，为推进协作区建设提供有力保障。

第一，创新综合管理体制，实现以城养城的良性循环。一是实现执法队伍的综合管理。要随着城镇区域的扩大按比例配备必要的城管执法人员，并联合公安、交通、国土、环保、卫生等部门进行综合执法管理，尝试建立中心镇综合执法队伍，利用相关部门的职能进行联合整治。二是逐步实现公益性服务单位的市场化运作。对环卫、污水收集管理等公益性服务单位，尝试进行市场化运作，进行项目化管理和招标，明确要求，提高效率，最大限度地发挥这些公益性服务单位的功能，促进服务的提质增效。三是成立市政管理等企业。尝试借鉴市区建立市政公司的模式，逐步建立中心镇的市政服务公司，可采用政府政策支持，企业自负盈亏经营模式，以做好公共基础设施的日常养护工作（见图6.5）。

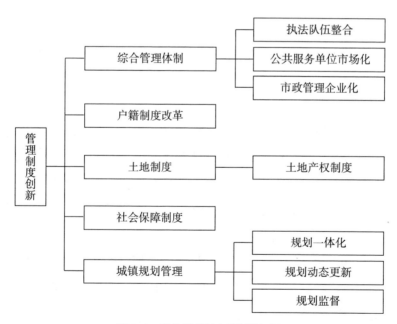

图6.5　莱芜管理制度创新框架图

另外，在新城镇建设过程中，对外合作也是非常的重要，莱芜市政府在加快管理制度创新的基础上，以济莱协作区为发展契机，应不断完善对外合作的机制，可以从激励、约束、信息共享和利益补偿等方面进行完善（见图6.6）。

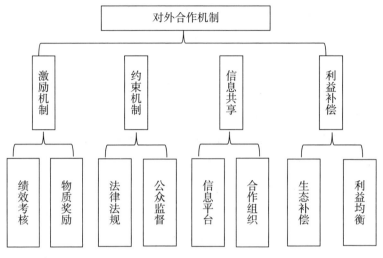

图 6.6　莱芜对外合作机制创新

第二，以生态文明建设促进持续发展。莱芜的持续健康发展必须以正确处理人与自然的关系为前提，加快推进生态文明建设不仅是时代进步的潮流，更是倒逼转调、加快发展的动力。莱芜一定要更加自觉地推动绿色发展、循环发展、低碳发展，绝不以牺牲环境为代价去换取一时的经济增长。

生态文明建设要落到实处，关键还是要推动生产生活方式向绿色环保转变。莱芜要和济南协作推进节能调控机制和能耗量交易机制，逐步引进环保研发机构。在全社会形成"发展重环保、增产降能耗、行业比节能、单位赛低碳"的浓厚氛围。

第三，建立单项评估机制，合理进行新城镇建设评估。从生产、生活、生态三个方面，构建不同的评估内容和评估指标，对莱芜的新城镇建设进行分类评估。具体而言，从生产上看，主要包括城市经济、土地利用以及城市产业；从生活上看，主要包括住房和公共服务设施以及综合交通；从生态方面看，主要评估生态环境的优良（见图 6.7）。

二、加强投融资平台建设

加强投融资平台建设，打造多层次投融资体系。为建设全省区域一体

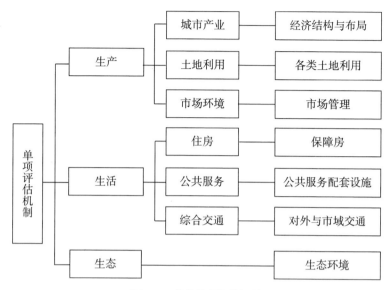

图 6.7　莱芜单项评估机制

化发展先行示范区和省会副中心城市，按照"政府主导、市场主体、社会参与、财政统贷统还扎口管理、平台自求平衡滚动发展"的原则，规范完善政府投融资平台发展，打造多层次的投融资体系。构建产业发展、基础设施建设的投融资核心平台，引导基金、信贷创新、担保服务的投融资支撑平台，并充分利用多层次资本市场。

　　投融资机制主要包括四个方面：（1）投融资主体；（2）投融资方式；（3）投资决策体制；（4）投资管理体制（见图 6.8）。其中最关键的问题是

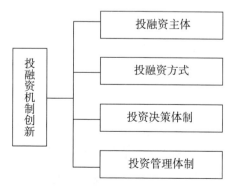

图 6.8　投融资机制构成图

投融资方式的选择，因为投融资方式不仅关系到投资的效率，还决定了投资的资金来源。投资来源主要有：（1）信贷资金；（2）政府和集体资金；（3）外商投资和中外合资、捐赠等；（4）农户投资；（5）股份投资或债券融资。

融资渠道主要包括财政渠道、国外渠道、银行信贷渠道、经济组织渠道、私人渠道、资本市场渠道和社会渠道（见图6.9）。

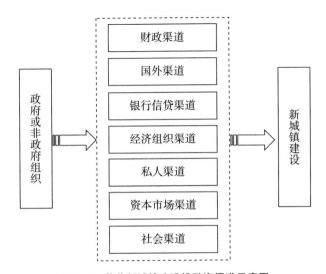

图 6.9　莱芜新城镇建设投融资渠道示意图

三、启动重大项目建设

在重大项目的建设过程中，重视产业结构的"高端构建"。莱芜市重大项目的建设应以产业高端化发展为新路径，以重点项目建设引领产业结构优化，促进莱芜市经济结构变"轻"变"绿"。

（一）依托核心项目推动产业升级

莱芜市应抓住济莱协作区、省会城市圈经济区、全省区域一体化发展先行示范区建设的契机，认真分析莱芜市资源和产业发展状况，突出政策叠加优势，积极争取开发、开放政策；突出土地相对比较宽裕优势，提升产业配套条件，吸引亟须拓展空间的企业；突出特色资源优势，吸引国内外大企业在莱芜市建立生产基地。推动招商引资从"粗放式"向"精细化"转变。选好主导产业，按照主导产业强攻重大项目建设。加快推进重大产业集聚区、重大项目、重大科技专项的"三重"建设，并以此为龙头带动全市传统产业升级、新兴产业发展、自主创新能力提升，实现项目集中布局、产业集群发展、资源集约利用。

莱芜市拥有莱钢、泰钢、九羊钢铁三大钢铁联合企业，现已形成全市钢铁生产能力700万吨、深加工能力250万吨，大H型钢、中宽带、轴承钢、齿轮钢和粉末冶金等主导产品深加工潜力，已发展钢铁深加工企业372家，年加工能力550万吨，有冷轧板H型钢、F型钢、带钢等产品。莱芜市应依托原有的产业基础，加强钢铁精深加工重大项目建设。

南部钢城，可借助其原有的钢铁产业优势，与济南钢厂联合构建钢产业协作网络，积极发展钢铁精深加工、汽车零部件生产等优势产业，莱芜钢铁精深加工产业园与莱芜粉末冶金和模具制造产业园的建设，有力地契合了本区的优势，可以发挥这些重大产业项目的带动作用。莱芜市的相关领导部门要认真地、动态地分别做好重大项目信息库和重点客商信息库的工作。北部新城的汽车零部件基地项目建设，可以通过与莱芜钢城联合，发挥其区位优势的经济价值。实施产业招商，要瞄准"标杆"企业。各单位要在世界500强、国内企业500强、民营企业500强、台企100大和国内行业前20位"标杆"企业中筛选出若干家，作为实现产业招商的主攻对象，长期跟踪、深入了解企业情况和投资意向、找准与当地着力培育发展产业的结合点，千方百计引进一批"标杆"企业落户。要在引进"标杆"企业上实现重大突破，如在钢铁精深加工制造项目建设中，应瞄准与中国二十冶集团合作，积极发展钢结构制造。日本阪和兴业株式会社是世界500强企业，主营钢铁、钢铁原料、建材、非铁金属等。莱芜市在钢铁精深加工发展中可通过积极取得与此企业的联系，在钢铁产品和精深加工方面开展合作，以提高当地钢铁企业的综合实力和竞争能力。

（二）突出重点发展区域

莱芜市与济南市地域相连、人缘相亲、文化相近、经济相通。济莱协作区的建设是山东省省会城市群经济圈发展的重要突破口和切入点，在协作区"双核"结构发展的过程中，莱芜市承担着与济南互补发展、合作共赢的任务。雪野绿城是与济南距离最近的地方，是济莱协作区建设中的重要纽带，雪野旅游区在近年来已经打下了产业发展的良好基础，当前可以考虑以雪野为龙头，整合北部山区生态旅游资源，探索特色运动、生态、休闲游的发展模式，积极争创国家级旅游度假区；并以此为基础，积极推动与济南南部山区、泰安东北部片区旅游资源共建共享，深化在旅游重大项目建设、市场开发、品牌塑造、营销力量等方面的协作，打造省会城市群经济圈文化旅游协作区。在北部新城的规划建设中，要注重与市经济开发区等的协调融合，主动对接济南产业和人口的布局调整需求，协调推进城市功能与产业发展水平提升，促进"产城融合"的现代化新城区健康发展。依托高新区和经开区发展，调整中心城区的产业结构，提升中心城区发展的技术密集度和服务水平，塑造中心城区省会副中心的品位和形象。由于目前雪野地区重大项目的建设出现较为无序的状态，这样的发展将会降低本区总体发展的层次和目标。雪野地区应充分利用其区位与资源优势，着力打造以山水一体化网络为核心的都市区生态旅游、齐鲁文化交错带的鲁中文化体验游为主体的雪野国际旅游城，同时将目标定位于山东高端商务会议服务中心的建设，从而实现与济南经济的对接。在雪野绿城重大项目的建设过程中，可突出香山旅游度假区和济南国际商务会议中心项目的建设，香山旅游度假区项目的建设与莱芜航空科技休闲公园的建设以及雪野国家影视基地项目的建设之间形成资源的互补利用，实现项目之间的协作可以最大限度地发挥本地区资源的价值。济南国际商务会议中心项目的建设可以有力地提升本地区的开放度，区外人员的进入能够为本地区的发展提供新的契机。该区可以凭借自身的资源与政策优势吸引区外人才的进入，从而使齐鲁数据产业园的建设得到充足的人力资本，这也将推动智慧莱芜网络平台的建设。该区整体经济的提升会为山东金色年华高级养老院、莱芜市雪野众乡村旅游专业合作社、卧铺村基础教育资源普及与典型宣传工程等重大民生保障项目的建设提供更多的资金支持，其规模也会相应的扩大，使更多的民众受益。

（三）培养重大产业项目人才

济莱协作区的建设也为莱芜市的发展带来了很大的机遇，为避免莱芜市在济莱协作区建设中成为济南的卫星城，打造济莱协作区建设的"双核"结构，莱芜市必须依托自身的优势，在功能上实现与济南的互补，在产业上实现与济南的对接，而非仅仅承接济南产业转移中的低端产业。因此，莱芜市需要对其产业进行转型升级，因为低端产业的可替代性较强，对环境的压力也较大，对莱芜市未来发展的意义不大。为了避免这种情况的出现，应对莱芜钢铁产业结构进行调整，着力发展钢铁的精深加工制造，国家新材料高新技术产业化基地建设、国家级旅游度假区建设、省级农业高新技术示范区建设等都是莱芜市未来发展的主要方向。产业的转型升级以及高新技术产业的发展需要较强的科技人力资源支撑，莱芜市的人力资源较为薄弱，需加大对教育的投入，莱芜市可以山东财经大学燕山学院落户莱芜作为开端进行大学城的建设，并重点开展与国外知名大学的合作、联合办学，建立山东省首个国际大学城试点，培养其产业升级或高级技术产业发展中所需的人才。

（四）完善项目监管机制

根据当地的实际发展情况，以重大项目为核心，切实提高在建、在谈项目的投产率和转化率。加快推进在谈、在建项目进展。强化对内资5亿元、外资1000万美元以上项目和延伸的产业项目跟踪服务，根据项目发展需求拓展服务内容，推进在谈项目早签约、在建项目早开工、开工项目早投产。莱芜市相关单位要深入分析世界500强、国内制造业200强、台企100大、央企等资本、产业、技术、人才等转移动态，组织专门工作班子适时地重点对接，力争重点地区重大项目取得突破。强化发展项目跟踪服务，莱芜市监察局要完善项目建设进度监督、项目建设督办、项目稽查和效能监察等制度，优先确保重大产业、重大项目建设的需要。超前谋划一批投资规模大，科技含量高，带动能力强，发展后劲足的大项目，促进关联、配套产业集聚，实现大项目接续建设，为经济社会长远发展奠定良好基础，同时要注重重大基础设施项目的建设，进一步扩大招商引资和项目储备，提高项目的质量和标准。加强招商引资队伍建设，密切跟踪国内外产业转移动态，加强与各地商会、行业协会的沟通，拓宽招商引资渠道。根据自身发展的实际，确保项目高水平、高质量。加紧包装储备一批新项目、好项目、大项目，不断充实项目库，切实形成"投产达标一批、开工建设一批、储备报批一批"的良性循环。

第七章　崇明生态岛生态文明建设之道：生态特区

作为国家主体功能区的限制开发区的典型代表，崇明生态岛的生态文明建设的主要特色在于崇明生态岛的示范效应以及生态特区的建立。生态环境优美、经济高度发达、社会和谐进步、城乡一体化的崇明生态岛建设不仅将成为中国区域发展的新样板，而且还将为其他发展中国家探索区域协调、可持续发展新模式、新途径提供有益的借鉴（曾刚，2009）。[①]

第一节　崇明生态岛发展现状评价

一、生态环境

（一）环境现状

崇明生态岛环保投入占全县增加值比重逐年提升，环境保护成效显著。但从整体来看，岛内内河水环境质量和社区卫生环境仍旧较差，空气质量相对较好。近年来，在生态岛建设背景下，崇明生态岛加大了对水环境的治理，水环境质量整体有所好转，2010 年饮用水源水质达标率为 62.4%，地面水质达标率为 95.2%，2009 年两项指标分别为 28.1% 和 90.9%。

2005 年二氧化硫年平均浓度为 0.010 毫克/立方米，达到《环境空气

[①] 曾刚：《基于生态文明的区域发展新模式与新路径》，《云南师范大学》（哲学社会科学版）2009 年第 5 期。

二氧化硫平均浓度（毫克/立方米）

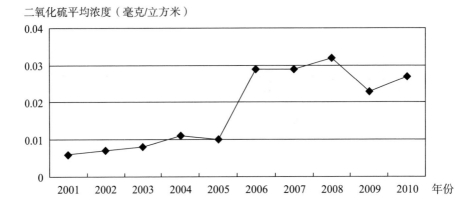

图7.1　2001—2010年崇明生态岛二氧化硫平均浓度

资料来源：《崇明统计年鉴2001—2010》，中国统计出版社2002—2011年版。

质量标准》（GB 3095-1996）一级标准。图7.1显示了崇明生态岛从2001年到2010年二氧化硫平均浓度的变化趋势。可以看出，虽然崇明生态岛二氧化硫年平均浓度一直达到了GB 3095-1996一级标准，但是，从2001到2010年，崇明生态岛二氧化硫年平均浓度呈现不断上升趋势。到2008年二氧化硫年平均浓度为0.032毫克/立方米，2009年和2010年的二氧化硫年平均浓度分别达到0.023毫克/立方米和0.027毫克/立方米。从经济角度来看，崇明生态岛本岛目前主导产业仍然是第一产业，经济水平和人均可支配收入也明显落后于上海其他行政区域。2010年崇明区的人均生产总值只有28184元，仅为上海市平均水平的1/3。同时也因第一产业大多仍采用传统耕作方式，引起的非点源污染是内河水环境质量较差的原因之一。

（二）生态制约因子

崇明生态岛建设旨在实现社会经济高度发展，生态环境得到有效保护和提升、居民生活品质明显改善、人与社会和谐发展的跨越式区域发展模式；这种发展模式对崇明生态岛的资源与环境提出了更高的要求，也带来了明显压力（王开运，2005）。[1]　生态制约因子集中体现在水安全问题突

———————

① 王开运、邹春静、孔正红等：《生态承载力与崇明生态岛生态建设》，《应用生态学报》2005年第12期。

出、自然湿地保护和恢复问题两个方面。第一，崇明生态岛的建设和发展
将使原本就很严峻的水安全问题更为突出；岛内水环境质量不甚理想，地
表水质总体呈下降趋势；第二，鉴于湿地生态系统的敏感性和脆弱性，以
及人为围垦和干扰的影响，进行长期的监测工作，提高管理水平、增加治
理经费，以加强湿地保护、恢复工作的效度。自然灾害频繁发生主要表现
为盐水入侵和风暴潮。

二、经济发展

（一）经济发展水平

2015 年，在错综复杂的国际国内的大环境下，崇明生态岛经济进入新
常态，经济总量呈现持续平稳增长态势。全县完成增加值 291.2 亿元，比
上年增长 7.0%。其中，第一产业小幅下降，完成增加值 22.9 亿元，下降
2.3%；第二产业略有增长，完成增加值 130.7 亿元，增长 1.9%；第三产
业对全县经济总量的拉动作用明显增强，完成增加值 137.6 亿元，增长
14.3%。在增加值的三次产业构成中，第一、第二、第三产业的比重由上
年的 8.6∶47.2∶44.2 调整为 7.9∶44.9∶47.2。农业生产环境明显改善。
农业面源污染减少，推广秸秆机械化还田工作，推进农村中小型不规范养
猪场综合治理。2015 年实现农业总产值 60.1 亿元，比上年下降 3.7%。其
中，种植业实现产值 29.5 亿元，下降 9.4%；林业实现产值 1.9 亿元，增
长 152.8%；畜牧业实现产值 11.6 亿元，增长 6.8%；渔业实现产值 15.3
亿元，下降 6.6%；农业服务业实现产值 1.8 亿元，下降 0.6%。全县工业
生产处于低位运行，增长幅度经历由"降"转"增"的过程，全年工业生
产总量小幅增长。2015 年，全县实现工业总产值 371.8 亿元，比上年增长
5.4%。其中，规模以上工业产值 339.1 亿元，增长 6.5%，占全县工业总
产值的 91.2%。全县六大主导行业完成工业总产值 303.6 亿元，增长
7.5%，占规模以上工业总产值的比重达到 81.7%。海洋装备产业实现工业
总产值 255.3 亿元，增长 14.4%。内外贸易、旅游、金融等行业都得到稳
步发展。环境保护、教育、卫生等得到显著提升。《崇明"十二五"规划》

《崇明三岛总体规划》《崇明生态岛建设纲要（2010—2020）》对崇明生态岛的经济发展、产业定位、区域布局等进行了描述，反映了崇明生态岛现有的发展思路。根据《崇明生态岛国民经济和社会发展第十二个五年规划纲要》，崇明生态岛要围绕建设现代化生态岛区的总体目标，调整和优化产业结构，努力促进经济增长方式的转变。从积极发展高效生态农业、大力发展先进制造业、加快发展现代服务业的发展思路开展三大产业。

完善崇明生态岛的功能布局。在崇中分区建设以森林度假、休闲居住为主的中央森林区，崇东分区建设以生态居住、休闲运动、国际教育为主的科教研创区和门户景观区，崇南分区建设人口集聚的田园式新城和新市镇区，崇北分区建设以生态农业为主的规模农业区和战略储备区，崇西分区建设以国际会议、滨湖度假为特色的生态休闲区。

（二）经济发展的潜力和问题

《崇明"十二五"规划》和《崇明生态岛建设纲要（2010—2020）》为崇明生态岛的未来发展提供了方向。但是其推动崇明生态岛经济的快速发展和生态岛的建设的能力还存在较大的疑问。因为从产业发展的角度看，按照当前的发展思路，无论农业、工业还是服务业都无法产生足够强大的推动力。

农业发展的潜力有限。2011 年崇明生态岛农业占生产总值的比重已经高达 13.7%，世界上几乎所有的发达国家，农业对生产总值的贡献都在3%以内，极少超过 5%（马涛，2011）。[①] 这是因为，本质上农业既是基础产业又是弱势产业：不稳定，受自然条件、市场变化等外部因素的影响大；利益周期长；相对于二产和三产的回报低。许多发达国家现代农业的一产特征已经明显淡化，更多的是依靠一产的二产化和三产化。

由此不难判断，无论是有机农业、绿色农业，还是循环型的生态农业，未来对崇明生态岛生产总值的贡献都不会太大。2012 年，崇明生态岛一产在生产总值的比重下降到 2010 年的 9.7%，到 2015 年一产在生产总值

---

① 马涛：《建设崇明世界级生态岛的新探索》，《生态经济》2011 年第 3 期。

的比重下降到 7.9%，这一趋势随着崇明生态岛经济的不断发展仍将继续。并且，从当前的发展趋势看，崇明生态岛的有机农业、绿色农业规模的进一步扩大，已经要求其他产业为之创造更多的机遇、更大的市场。

第三产业的发展存在许多难点。规划中提出发展现代服务业，以生态旅游业、生态商务业、商贸服务业和要素市场培育为重点。但是未来崇明生态岛如何实现这些产业的快速发展？崇明生态岛的商务环境构建需要时间，短期内很难构建竞争优势。

按照当前的形势，近期能够推动崇明生态岛经济快速增长的依然是第二产业。这既有经济学上的理论依据，也体现在崇明生态岛的经济发展过程中。一个明显的例子是 2005 年 5 月长兴岛和横沙岛划归崇明生态岛管辖后，长兴岛的海洋设备制造业对崇明生态岛生产总值增长率的贡献：2002—2004 年，崇明生态岛生产总值年均增长率为 11.69%；而 2004—2007 年，年均增长率跃升到 14.70%，上升了 3 个百分点。

（三）经济发展战略

崇明生态岛要建设成为世界级生态岛，必须能够找到经济发展与生态建设相融合的实现路径；崇明生态岛的现状决定了它必须保持高速度的经济增长，因此发展工业是必要的选择。本书认为要满足以上要求，崇明生态岛未来发展必须做到：一是在生态不退化的前提下挖掘经济发展空间；二是推动自然资本的经济价值的实现；三是打造领先性的生态经济模式（曾刚，2009）。[①]

1. 从"紧箍咒"到"笼中鸟"

在生态不退化的前提下挖掘经济发展空间。在目前的发展思路中，生态岛建设相当于给崇明生态岛下了一个"紧箍咒"：限制工业，限制污染产业等；崇明生态岛经济基础弱，底子薄，如此一来与上海其他区县的差距越来越大（马涛，2010）。[②]并且经济发展速度慢对生态岛建设的负面影响也非常明显：县政府财政实力薄弱，社会公共物品供给能力不足，无力

---

① 曾刚：《崇明生态岛未来建设亮点在哪里？》，东方网，2009 年 11 月 25 日。
② 马涛、刘平养：《崇明生态岛经济发展战略探讨》，《当代经济》2010 年第 1 期。

进行大范围的生态环境整治投入；人民生活水平较低，在生态环境保护和经济增长之间更加偏向于后者，导致许多污染大、附加值低的小加工、小制造业的出现，并且很难彻底取缔。整体而言，当地政府和人民建设生态岛的积极性都受到了较大影响。

崇明生态岛建设生态岛的自然禀赋并不好。历史上，它曾经接受上海市的产业转移，发展了很长时间的电镀工业，对生态环境造成了严重破坏。此外，"散、小、乱"的企业在一定程度内依然存在；农业的面源污染问题依然严重；水体富营养化的现象也较普遍。总体来说，崇明生态岛工业园区的建立和生态农业的发展等措施起到了一定效果，但是距根本上解决问题还有一段距离。

具体而言，就是将崇明生态岛的生态环境现状作为一个基准值，建立基础生态环境账簿。其数量通过完整的项目环境影响评价获得。在此基础上，崇明生态岛可以引入新的企业，只要新企业产生的环境压力不超过整治项目腾出来的部分。生态环境建设与经济发展的方向由对立转化为一致。

2. 推动自然资本的经济价值的实现

在生态环境不退化的前提下扩大经济产出，短期内可以通过淘汰落后产业、结构升级和区域调整实现，长期来看，则必须寻找崇明生态岛自然资本的价值实现路径。也就是说，政府和社会对崇明生态岛生态建设投入了大量的人力物力，使崇明生态岛的自然资源质量和数量大幅度提升，生态系统的服务功能强化，这部分收益应尽可能市场化（马涛，2011）。[1] 长期以来，自然生态系统的服务价值由于具有弥散性，往往被视为公共物品或准公共物品，无法进入市场（曾刚、辛晓睿，2012）。[2] 随着崇明生态岛生态环境建设的推进和经济的进一步发展，推动这部分服务价值的市场化势在必行。

---

[1] 马涛：《建设崇明世界级生态岛的新探索》，《生态经济》2011 年第 3 期。

[2] 曾刚、辛晓睿：《上海崇明世界级生态岛核心竞争力建设研究》，《上海城市规划》2012 年第 2 期。

实际上，生态系统服务的价值可以在市场上通过各种渠道体现出来。例如，可以将区域生态环境的改善与房地产的开发结合在一起，提升房地产的价值；充分利用优质的自然环境，吸引高档会展、度假产业等高附加值的现代服务业的进入；利用崇明生态岛优质的土壤、空气条件，打造安全、绿色、有机的农产品生产基地，提高农产品的附加值等。通过这些路径，生态岛的建设从单纯的成本演变为回报丰硕的投资，各类主体（包括政府、市场和个人）的积极性都得到充分的激发，生态岛的建设也将更加富有动力。

3. 打造领先性的生态经济模式

崇明生态岛建设的最终目标是成为经济发生水平高、生态环境质量高的国际级生态岛。本书认为，领先性的生态经济模式主要体现在以下三个方面。

（1）品牌效应

崇明生态岛目前已经具有了"国际重要湿地""国家级生态示范区""国家级自然保护区""国家地质公园""国家级绿色食品加工示范基地"和"国家生态村"等生态岛名片；"崇明蟹""崇明老白酒""崇明金瓜""崇明白扁豆""崇明白山羊"等农产品也已具有一定的知名度；"前卫村""西沙湿地公园""明珠湖公园""共青森林公园"等生态旅游景点每年吸引大量游客前来参观。在今后的崇明生态岛建设中，应该把生态品牌建设放在重要位置，通过打造全国乃至对国外产生影响的著名品牌，提升崇明生态岛的生态形象，提高产品的经济附加值，积累生态岛的无形资产。

（2）技术效益

崇明生态岛的生态建设，不是把各种各样的生态环保技术、设备和理念搬到崇明加以集成利用的问题，而是一种更高层次的集成创新。崇明生态岛应当成为生态环保技术的高地：既具备强大的研发能力，又能够进行成套装备的设计和制造，还能够源源不断地向外输出；并且，各类环保技术还可以在崇明实现有效的流转。崇明生态岛既是最前沿的生态环保技术的实验室和示范基地，又是产业化基地，能够引导华东地区乃至全国生态友好型的经济发展。

（3）低碳效益

随着人类社会对温室气体排放的日益关注，"低碳经济"将成为今后新经济的一个重要发展方向。"低碳经济"的理想形态是充分发展"阳光经济""风能经济""氢能经济""生物质能经济"的潜力。崇明生态岛的自然条件和经济模式决定了其在太阳能、风能和生物质能的利用上具有得天独厚的优势，在"低碳经济"的模式探索上大有发展空间（于丽英、杨鲁云，2012）。[1]

（四）产业发展路径

1. 工业升级

通过腾笼换鸟，淘汰落后产业以及产业结构的升级和区域整合，崇明生态岛的低污染、低资源消耗的工业将成为推动经济发展的主要力量。应当将崇明生态岛打造成为生态环保技术的研发高地、设计制造中心和技术扩散的源头，建立涵盖研发、制造、服务一体化的产业链，以形成崇明生态岛的独特产业优势。

2. 农业和服务业融合

整体推进农业的三产化进程，以形成对崇明生态岛经济的强大带动力。农业应向以下方向发展。

（1）优质、安全、绿色的农产品生产基地和流通枢纽

未来崇明生态岛与苏北的陆上通道打通之后，苏北的农产品会大量涌入，因此，崇明生态岛的农产品生产必须建立独有的竞争优势：一是立足生态岛，打优质牌、安全牌和绿色牌。二是开发生态农业的生产、管理和服务等全周期的生态农业技术体系，形成涵盖土壤监测改良、生产管理、营销服务等全过程，涵盖一产、二产和三产的产业链。这是扩大崇明生态岛生态经济发展空间的必要出路。三是采取多种形式推动生态农业技术服务体系的输出。例如可以用加盟的形式扩散到苏北、山东等地。

<hr />

[1]　于丽英、杨鲁云：《上海低碳经济的发展态势与评价分析》，《科技管理研究》2012年第5期。

同时，崇明应当利用未来交通条件的大幅度改善，建设生态农产品的流通枢纽。一方面，努力打造生态农产品的检测标准和认证规范，凡是经过崇明生态岛枢纽流转出去的农产品，必须全部都是优质、安全、绿色的；另一方面，可以将生态农业技术体系与流通枢纽建设结合起来，甚至可以考虑日本农产品市场建设的经验，形成封闭式的生产、一体化的管理和销售。

（2）农村景观整体向三产方向迈进

崇明生态岛的生态建设、国土整治和新农村建设，必须推动农村景观的三产化，以整体推动度假休闲产业的发展。凡是游客所到之处，其天际线内的风景必须都是迷人的。以此培育数百个具有接待能力的"前卫村"。

此外，以生态环境和优美的自然景观为依托，可以引入会展、教育、培训等产业；通过上海市的支持，可以引入户外运动等大项目。

第二节 崇明生态岛建设的背景与内涵

一、崇明生态岛建设的背景

崇明生态岛地处我国海岸带中段与长江口的交汇点，居于通江达海、连接南北的岛桥枢纽地位，是我国东部沿海与长江"T"字形战略发展的汇聚点，面积 1267 平方公里，是世界最大的河口冲积岛，是我国第三大岛。崇明生态岛是上海崇明区所在地，长期以来，由于崇明生态岛与上海市中心有一江之隔，人流和物流沟通不畅，所受上海的经济辐射影响较小，崇明生态岛一直被作为是上海的战略储备地，没有进行大规模开发活动，导致经济发展相对上海其他区域较为落后（马涛，2010）。[1] 这虽然使崇明生态岛的经济发展远远落后于上海的其他地区，但也使其生态资源得到比较好地保护，生态环境相对优越，被称为"上海最后一块真正的生态净土"。

---

[1] 马涛、任文伟：《崇明生态岛经济指标体系框架研究》，《长江流域资源与环境》2010 年第 2 期。

2002 年 5 月，上海市第八次党代会提出"制定崇明生态岛开发总体规划，加快越江通道工程建设，积极做好崇明生态岛开发准备"，并随后编制了《崇明生态岛域总体规划》，提出将崇明生态岛建设成上海世界级城市的生态岛区和最优美的"海上花园"，成为国内领先、国际一流的人类生态环境与生态活动示范岛区。上海市政协于 2012 年 6 月组织了"崇明生态岛发展定位论坛"，同年 10 月提出《关于崇明生态岛发展定位的若干建议》。2005 年，调整新的总体规划《崇明三岛总体规划》，2008 年开始编制《崇明生态岛建设纲要 （2010—2020 年)》。

2014 年 3 月，联合国环境规划署在上海发布了《上海崇明生态岛国际评估报告》，对崇明生态岛建设方案和成效进行了国际评估，给予了高度肯定，并计划将崇明经验作为发展中国家可持续发展典范编入联合国环境规划署绿色发展培训教材，在世界范围内进行推广。在绿色转型、低碳发展成为世界各国共识的当代，崇明生态岛建设经验进一步彰显了中国作为负责任大国的责任担当，成为我国近期对国际社会重要贡献之一，产生了广泛而良好的影响。

中共中央政治局 2015 年 3 月 24 日审议通过的《关于加快推进生态文明建设的意见》指出，"要加强顶层设计与推动地方实践相结合，深入开展生态文明先行示范区建设，形成可复制可推广的有效经验……为推动世界绿色发展、维护全球生态安全作出积极贡献"。崇明生态岛建设正是上海市贯彻落实中共中央文件精神、战略部署的具体行动，对于建设美丽上海、推动上海全球城市建设具有重要意义。

二、崇明生态岛建设的内涵

根据 2005 年年底上海市规划局公布的《崇明三岛总体规划》，到 2020 年，崇明将基本建设成为以发达的清洁生产为支撑，闻名的游乐度假为主导，以优美的生态环境为品牌，环境优美、经济发达、文化繁荣、保障健全、城乡融合的上海世界级城市的生态岛区和最优美的"海上花园"，成为国内领先、国际一流的人类生态环境与生态活动示范岛区，同时也是上海连接长江三角洲和沿海大通道的北翼纽带。具体地说，崇明生态岛建设必须体现以下五个方面的要求。

（一）崇明生态岛建设是科学发展观的生动实践

科学发展观是崇明生态岛建设的指导思想，按照"五个统筹"的要求，实现"以人为本、全面、协调、可持续"的发展是崇明生态岛建设的基本要求。多年的高速增长虽然正遭遇资源和要素的紧约束，但也为实现科学发展创造了条件。崇明作为上海经济中心城市的重要战略储备空间，一方面仍拥有相对良好的生态环境，另一方面可以依托上海的技术、经济实力，更好地实现符合科学规律、主要依靠知识、技术等高等级要素支撑的发展。因此，清洁生产等新的发展理念应该成为崇明生态岛建设的主要支撑，崇明生态岛的发展将不仅是经济的增长，更是人的全面发展和经济社会的全面进步。

（二）跨越式、高水平发展是实现崇明生态岛建设目标的关键

虽然崇明生态岛离上海市中心的空中距离不远，但受到交通条件的局限，崇明生态岛的发展不仅长期落后于上海市区，也落后于江北和苏南地区。因此必须走超常规、跨越式、高水平发展之路。也就是说，发展崇明生态岛不仅要求大规模的投资推动，更要求大量高等级要素的投入。沪崇苏越江隧桥工程等重点基础设施建设只是改善崇明生态岛发展环境的硬件基础，知识型产业的发展和品牌经济的培育才是崇明生态岛高水平发展的关键。未来崇明生态岛要精心选择高效益、低污染、低消耗的知识型产业和绿色产业作为主导产业，努力实现经济发展与生态保护同步，建设优美的"海上花园"。

（三）崇明生态岛应该成为人与自然和谐共处的示范区域

岛屿生态系统具有地理上的孤立性、人口和资源的有限性、资源和信息的依赖性、环境承载的脆弱性、生态和文化的独特性等多方面的特征。崇明生态岛作为上海市郊、长江口的冲积岛，虽然具有相对优越的地理位置，但也同样面临海水入侵等岛屿生态系统的许多共性问题，随着开发强度的增大和人类经济活动的增多，对生态环境的压力还会相应增加。在崇

明生态岛建设过程中，不仅要实现崇明生态岛的经济发展，更要重视生态系统的保护，使崇明生态岛真正成为人与自然和谐共处的示范区区。因此，在崇明生态岛的规划建设中，不仅要重视构建新的区域经济发展模式，重视以知识等现代经济要素的集聚，而且还要重视摸清岛屿生态系统的一般规律和崇明生态岛生态环境的特点，着力解决崇明生态岛存在的生态问题，努力使崇明生态岛在建设高度发达的经济体系的过程中，将生态足迹降到最低，并成为全国乃至全世界范围内市民富裕与环境优美、人与自然和谐共处的榜样和典范。

（四）崇明生态岛应该是社会和谐进步的典范

科学发展是以人为本的发展，在崇明生态岛建设的过程中不仅要重视经济和生态建设，也要重视人的发展，实现社会的全面进步。事实上，以科学发展观为统领，上述五方面的要求是相辅相成和互相促进的。文化的繁荣正是高素质人才培养和创新创业氛围营造的保障，健全的社会保障体系才能为崇明生态岛引来高素质的人才、技术和资本，城乡的融合则能使崇明生态岛的国土空间开发效益不断提高，从而实现经济高效发展、生态环境改善的目标。也就是说，崇明生态岛不仅应该成为经济发达的典范、环境优美的榜样，而且也应该成为社会和谐进步的示范性区域。

（五）崇明生态岛建设是未来上海经济发展的新增长点

纵观上海发展的历史，已经有过两次重大跨越：20 世纪初跨越苏州河，实现了苏州河两岸的共同繁荣，使上海成为远东屈指可数的大都市；改革开放跨越黄浦江开发浦东，使上海迅速崛起于太平洋西岸（唐琦等，2012）。[①] 崇明生态岛的生态岛建设是 21 世纪初我国实现经济发展方式根本性转变和上海提升城市国际竞争力的重要战略举措，在建设世界级生态岛的过程中。崇明生态岛将实现经济跨越式发展、社会和谐进步、人与自然和谐共处的目标，从而成为贯彻、落实科学发展观的生动实践，成为国内领先、国际一流的人类生态环境与生态活动示范岛区。

---

① 唐琦、滕堂伟、曾刚：《基于新型城乡关系的崇明生态岛发展模式研究》，《经济地理》2012 年第 6 期。

第三节 崇明生态岛建设指标体系构建

一、指标体系构建的原则

建设生态文明与促进区域发展，需要政府的科学决策和有效管理，需要一套科学指标体系作指导。为此，构建一套符合国际生态建设理念、接轨国际生态环境标准、得到国际社会广泛认可的引导与约束生态文明与区域发展的建设指标体系，可成为生态文明与促进区域发展建设实践过程的"风向标"，引领建设方向、规范建设行为、调控建设进程（曾刚，2009）。①上海市崇明生态岛建设实践表明，指标体系应遵从以下四大原则。

（一）先进性：建立世界级生态岛

崇明生态岛是依托于上海世界级城市建设的，是国内领先、国际一流的生态岛区，也是上海国际经济中心城市不可忽视的重要组成部分，是上海繁荣和国际竞争力的重要体现。崇明生态岛的发展不仅应该紧密依靠上海的发展，而且也可以成为上海新的经济增长点和上海连接长江三角洲和沿海大通道的北翼纽带。建设世界级生态岛，并不仅仅指维持崇明生态岛现有的社会经济及生态服务功能，还应当体现当今人类社会对生态的共性认识和智慧的成果，促进世界不同地域文化的交流与融合，在深化崇明生态岛文化及生态价值内涵的基础上，探索一种具有通用性的全新生态岛可持续发展模式（曾刚，2009）。②

（二）科学性：探寻实现跨越式发展的途径和规律

受交通条件的局限，崇明生态岛的发展不仅长期落后于上海市区，也落后于江北的南通市。国际生态区域建设的实践表明，经济可持续发展是

---

① 曾刚：《基于生态文明的区域发展新模式与新路径》，《云南师范大学》（哲学社会科学版）2009年第5期。

② 曾刚：《基于生态文明的区域发展新模式与新路径》，《云南师范大学》（哲学社会科学版）2009年第5期。

生态岛最终成功的重要前提条件之一。既要发展经济、提高区域经济发展质量和居民的收入水平，又要更好地保护和改善难得的自然资源和生态环境，这是一个十分艰巨的任务，也直接关系到崇明生态岛建设的水平和质量，关系到科学发展观在崇明生态岛发展中的实践成效。

（三）操作性：与崇明生态岛现状与未来发展需求相契合

崇明生态岛指标体系的建设需要反映崇明生态岛脱贫致富、追求跨越式发展的需求，并且要直接服务于政府部门对崇明生态岛开发的管理和引导。2009 年年底，连接崇明生态岛与浦东的桥隧贯通后，阻碍崇明生态岛发展的交通障碍被打破。因此，指标体系必须与崇明生态岛的现状相结合，与多年来崇明生态岛地方政府规划等接轨，使整体策划能真正"落地"，指导生态岛的有序、科学发展。

（四）统领性：指导各部门具体指标的设计和落实

崇明生态岛指标体系设计，就是要建构这样一个整体性的指标体系，它具有统领性、指导性、带动性，但不替代各部门对发展目标的追求和指标的设计。各部门具体指标的设计，既要对接整体指标的战略功能，成为整体指标体系中的有机组成部分；又要结合本部门实际和崇明生态岛本底特征，高起点对接世界顶尖生态理念和生态环境技术标准，不断创新，滚动发展，推进整体指标体系的完善、落实和进步。

总之，在以建立世界级生态岛为目标的先进性原则指导下，设计崇明生态岛建设指标体系总体框架，力争到 2020 年将崇明生态岛建设成为发展中国家和地区的世界性的区域发展样板与生态建设引领者，建成世界级生态岛；在操作性原则指导下，对崇明生态岛进行现状评价和问题诊断，帮助社会各界和政府部门凝结共识，制订统一的、切实可行的生态岛综合建设行动方案，解决当前建设步调不协调的问题。

二、指标体系总体框架

（一）指标体系框架构建模式

1. 基于系统分析，面向结构的构建模式：复合生态系统理论

我国著名生态学家马世骏先生提出了"社会—经济—自然复合生态系

统（SENCE）"的概念。它是指以人为主体的社会、经济系统和自然生态系统在特定区域内通过协同作用而形成的复合系统，即以人的行为为主导、自然环境为依托、资源流动为命脉、社会体制为经络，人与自然相互依存、共生的复合体系。

（1）自然子系统是指人类周围的自然界，它是人类生存和发展的物质基础和空间条件，由环境要素和资源要素组成（雄鹰、王克林，2005）。[①]其中资源是指能够作为人类生产资料或生活资料来源的环境要素，资源包括土地资源（又可分为耕地、林地、草地等资源）、气候资源、水资源、生物资源、矿产资源和旅游资源（景观）等。自然子系统为生物地球化学循环过程和以太阳能为基础的能量转换过程所主导。

（2）社会子系统由科技、政治、文化等要素耦合构成，由政治体制和信息流所主导。

（3）经济子系统由生产者、流通者、消费者、还原者和调控者耦合而成，由商品流和价值流所主导。

"社会—经济—自然"复合生态系统（SENCE）是指以人为主体的社会、经济系统和自然生态系统在特定区域内通过协同作用而形成的复合系统；复合生态系统是人与自然相互依存、共生的复合体系。

崇明生态岛建设的实质是崇明生态岛的可持续发展能力建设，应当是以人及其环境、物质生产环境及社会文化环境之间的协调发展，它们在一起构成社会—经济—自然复合生态系统。复合生态系统理论是竞争、共生和自生机制的完美结合，为崇明生态岛指标体系构建提供了坚实的理论基础。与"社会—经济—自然"复合生态系统相配套的分析方法包括层析分析方法（AHP）和网络分析法（ANP），它们为生态岛指标体系计算提供了有效的分析工具。

2. 基于过程分析，面向状态的构建模式：PSR 经典理论

自 1992 年联合国环境与发展大会后，可持续发展意识日益深入人心，

---

① 雄鹰、王克林：《基于 GID 的湖南省生态环境综合评价研究》，《经济地理》2005 年第 5 期。

各国际组织、各国政府和学术团体对如何度量可持续发展日益关注。反过来，可以通过改变行为、制定环境政策、经济政策以及部门政策（响应）对压力所导致的变化（状态）作出响应。基于此，经济合作与发展组织（Organization for Economic Cooperation and Development, OECD）于 1994 年提出支撑可持续发展指标体系的"压力—状态—响应"（Pressure State Response, PSR）概念框架。"压力"（Pressure）是指来自自然灾害及人类活动对岛屿生态系统产生的压力，具体由经济、社会和自然多方面的压力构成；"状态"（State）是反映整个岛屿生态系统的结构、功能状况与动态特征的指标，同时也是反映自然生态系统对人类服务功能和资源供给能力的指标；"响应"（Response）是反映处理岛屿生态环境问题和维护改善生态系统状态的保障及管理能力的指标（肖佳媚、杨圣云，2007）。①

由于"压力—状态—响应（PSR）"模型强调对问题发生的原因—结果—对策的逻辑关系的分析，在对可持续发展的脉络、转变演化过程进行复合评价时具有较好的效果。同时，它能很好抓住复合生态系统中"社会—经济—环境"相互关系的特点。"压力—状态—响应"模型是评价人类活动与资源环境可持续发展方面比较完善的、权威的体系。

3. 基于主体分析，面向要素的建模方法：社会经济环境关键要素

可持续发展包括社会、经济和环境三大要素，可持续发展的指标体系就是要为人们提供环境和自然资源的变化状况以及环境与社会经济系统之间的相互作用结果方面的信息。这里的环境包括人的栖息劳作环境（如地理环境、生物环境、构筑设施环境）、区域生态环境（包括原材料供给的源产品和废弃物消纳的汇及缓冲调节的库）及文化环境（包括体制、组织、文化、技术等）。它们与作为主体的人一起称为社会—经济—自然复合生态系统，具有生产、生活、供给、接纳、控制和缓冲功能，构成错综复杂的人类生态关系，包括人与自然之间的促进、抑制、适应、改造关系；人对资源的开发、利用、储存、扬弃关系，以及人类生产和生活活动

① 肖佳媚、杨圣云：《PSR 模型在海岛生态系统评价中的应用》，《厦门大学学报》（自然科学版）2007 年第 46 卷。

中的竞争、共生、隶属、乘补关系（王如松，2000）。[①]

（二）指标体系框架设计依据

生态文明建设与促进区域发展的实质是区域可持续发展问题，因此指标的选择也应借鉴和参照国内外已有的理论基础和可持续发展指标体系；目前系统性的、影响最大的是联合国可持续发展委员会（UNCSD）的"驱动力—状态—响应（DSR）"指标体系（曾刚，2009）。[②] 该指标体系于1996 年创建，由"社会、经济、环境、制度四大系统"按"驱动力（Driving Force）—状态（State）—响应（Response）"概念模型设计，由134 个指标构成。该指标体系指标间的逻辑性强，尤其突出了环境受到胁迫与环境退化和破坏之间的因果关系，这是 DSR 概念模型受到普遍接受的原因。

此外，联合国经济合作与发展组织（OECD）、联合国统计局（UNSD）的"综合环境经济核算体系"，欧洲统计局出版的"向更可持续欧洲前进的进展测评"以及中国科学院的可持续能力指标体系都为生态文明建设与促进区域发展指标体系框架的建立和指标的筛选提供了可借鉴的理论基础和指标集。

另外，联合国开发署基于社会角度提出"人文发展指标"，世界银行和著名学者戴利（Daly）和柯布（Cobb）基于经济角度提出"国家财富评价指标体系""可持续经济福利指标"，环境问题科学委员会基于环境角度提出"环境可持续发展指标体系"，康斯坦萨（Constanza）等学者基于生态角度提出"生态服务指标体系"，为生态文明建设与促进区域发展指标体系确立提供了依据（曾刚，2009）。

（三）指标体系总体框架

1. 体系框架设计

崇明生态岛建设体系采用分层结构，构建"五、三、X"指标体系，

---

① 王如松：《论复合生态系统与生态示范区》，《科技导报》2000 年第 6 期。

② 曾刚：《基于生态文明的区域发展新模式与新路径》，《云南师范大学》（哲学社会科学版）2009 年第 5 期。

五个专题领域形成顶层框架（一级），每个领域设计三个评价主题（二级），每个主题筛选 X 个具体指标（三级），以此构建崇明生态岛建设指标体系。

第一层次为专题领域，根据复合生态系统理论和中国传统五行学说的思想，将指标体系分为社会和谐、经济发展、环境友好、生态健康、管理科学五个方面，以专项指数的形式体现，反映建设总体进程，满足政府高层决策、宏观调控的需求（曾刚，2009）。

第二层次为评价主题，依据"压力—状态—响应"（PSR）模型理论，为每个领域设计三个评价主题，彼此间相互促进形成互动关系，构建起复合互动的三角形架构，实现建设行动的相对稳定性，维系其可持续性。评价主题以评价指数的形式体现，满足政府相关职能部门监督管理、引导方向的需求（曾刚，2009）。

第三层次为具体指标，筛选反映评价主题核心内容的若干具体指标。该层依据"世界生态岛"标准，参照现有国内外研究和区域特色，根据简洁明了的原则建立指标集。其中，每个主题对应指标集里的 X 个指标。反映评价主题核心内容的具体指标，以指标数值的形式体现，满足生态岛标准量化、规范建设行为的需要。

2. 专题领域确定

基于复合生态系统理论以及中国传统五行学说的思想，结合崇明生态岛规划目标与功能定位的理念内涵，立足政府主导的生态岛战略价值取向，以"社会、经济、环境、生态、管理"五大专题领域，构成了崇明生态岛建设指标体系的一级指标，反映了生态岛建设总体进程，在具体实施中以专项指数的形式体现，能满足政府高层决策、宏观调控的需求。

五大专题领域的基本功能域分别定位为社会和谐、经济发展、环境友好、生态健康、管理科学，相互之间有机组合，覆盖了崇明生态岛建设行动的主要功能域，彼此间相互促进形成互动关系，构建起复合互动的三角形架构，实现崇明生态岛建设行动的相对稳定性，维系其可持续性（曾刚，2009）。

（1）社会和谐

"社会"领域的功能域定位是"和谐"，它是崇明生态岛建设的归宿。科学发展观的核心价值观是"以人为本"，居民素质改善、生计质量提升、人居环境优化，是崇明生态岛建设的核心目标。因此，"社会和谐"的价值取向是：在全面提高居民素质的基础上，实现社会和谐进步和居民生计质量的提升，并维系其可持续性。

（2）经济发展

"经济"领域的功能域定位是"发展"，它是崇明生态岛建设的重要组成部分。"三岛总规"明确指出，优化产业结构，大力发展先进制造业，加快发展现代服务业，积极推进现代化生态农业，促进经济增长方式转变，实现又好又快发展。因此，"经济发展"的价值取向是：通过建立产业淘汰机制和准入门槛，实现经济向环境友好方向优化；生态岛建设的投资主要向自然资本领域倾斜，通过对自然资本的培育，使之保值、增值并能实现经济价值；通过打造崇明生态岛的生态品牌，引进高端产业，建立生态技术、生态产业的"双高地"。

（3）环境友好

"环境"领域的功能域定位是"友好"，它是崇明生态岛建设的本底基础。环境是影响人类生存和发展的基本因素，环境友好既体现了人类活动对环境的友好，也反映了客观存在的无机环境对人类社会发展的友好。因此，"环境友好"的价值取向是：基于环境容量的合理利用，减缓社会经济活动造成的环境压力，保障环境质量的可持续性，实现人与环境之间的友好互动。

（4）生态健康

"生态"领域的功能域定位是"健康"，它是崇明生态岛建设的准则。生态保护是生态岛建设的核心内容，"三岛总规"也明确提出了"留足自然生态涵养空间，提升生态功能服务价值"的指导思想，强调了人与自然的和谐共生关系。因此，"生态健康"的价值取向是：体现复合生态系统的生态服务功能优先，维系自然生态系统的正向衍化，保障生态安全。

（5）管理科学

"管理"领域的功能域定位是"科学"，它是崇明生态岛建设的枢纽与战略核心。管理具有生态建设战略上的主导性、主体性和调控性，崇明生态岛建设是政府主导型的战略管理行动，对任何其他要素具有顶端支点的战略支配功能。因此，"管理科学"的价值取向是：建构有效作为的服务型政府，提高科学战略管理能力，完善与其相适应的科学管理机制，充分发挥管理调控在生态岛建设实践中的作用（曾刚，2009）。

3. 评价主题分层设计

基于五大专题领域的功能域定位及其价值取向，设计形成反映生态岛建设进程与效应的以下 15 项评价主题，在具体实施中以评价指数的形式体现，能满足政府相关职能部门凝聚共识、明确方向、监督管理的需求（见表 7.1）。

表 7.1　崇明生态岛建设指标体系评价主题（二级指标）设计

专题领域 A	评价主题 B	设计依据
社会和谐 A1	社会安全 B1	是人类社会发展的共性要求，关注社会生态，保障社会成员共同发展和全面发展的权利
	生计质量 B2	关注民生，不断提高居民物质文化生活水平是社会和谐发展的本质要求和根本目的
	社会进步 B3	人文素质、教育科技是推动社会经济发展的原动力，为生态岛建设提供强有力支持
经济发展 A2	产业模式 B4	引导生态化的产业发展模式，调控生态岛发展的生态阈值与空间格局
	经济绩效 B5	衡量经济发展水平，从"生态经济"和"岛屿经济"的角度引导生态岛又好又快发展
	资源效率 B6	体现经济发展效率，引导经济发展过程中资源利用效率向国际领先水平靠近

专题领域 A	评价主题 B	设计依据
环境友好 A3	环境压力 B7	反映生态岛发展的环境约束条件，以环境污染物排放水平或强度等指标来衡量
	环境质量 B8	表征生态岛的环境状态，围绕舒适健康的人居环境要求，衡量评估生态岛的环境状态
	环境保护 B9	从污染防治角度，引导、规范污染治理行为，体现生态岛建设的环境保护与管理水平
生态健康 A4	生态风险 B10	反映生态岛面临的生态压力，是生态岛建设首要考虑的前提与基础
	生态安全 B11	表征岛域生态系统所处"状态"，生态系统健康状态是提供生态服务功能的基础
	生态保障 B12	从主动性考虑，通过人为的干预、修复与重建，用于改善和提高生态系统的结构和功能
管理科学 A5	管理能力 B13	是可持续发展的基本能力，涵盖了科学决策、创新示范、法治保障等方面的能力
	管理机制 B14	是可持续发展的运行机理和实现方式，是基于提高管理能力的运行机制保障
	公众参与 B15	是可持续发展管理能力外延式的管理机制，本质上是一种民主机制

第四节　核心指标筛选与参考阈值

一、核心指标筛选解析

通过国内外生态建设、可持续发展等相关领域的理论总结，本书建立了反映生态岛建设专题领域的备选指标集，并结合崇明生态岛现状，提炼立足于反映生态岛现阶段建设需求的核心要素和关键指标，提出了崇明生态岛建设的 24 项核心指标。

（一）评价主题的备选指标集

崇明生态岛建设的实质是崇明生态岛的可持续发展问题，因此指标的选择也应借鉴和参照国内外已有的可持续发展指标体系。目前系统性的、影响最大的是联合国可持续发展委员会（UNCSD）的"驱动力—状态—响应（DSR）"指标体系（曾刚，2009）。该体系于1996年创建，由"社会、经济、环境、制度四大系统"按"驱动力—状态—响应（DSR）"概念模型设计，共134个指标。该体系指标间的逻辑性强，尤其突出了环境受到胁迫与环境退化和破坏之间的因果关系，值得借鉴。此外，联合国经济合作与发展组织（OECD）、联合国统计局（UNSD）的"综合环境经济核算体系"，欧洲统计局出版的"向更可持续欧洲前进的进展测评"以及中国科学院的可持续能力指标体系都为崇明生态岛建设体系框架的建立和指标的筛选提供了可借鉴的理论基础和指标集（曾刚，2009）。

（二）核心指标的筛选方法

根据思路简洁、突出重点的原则，精练了由24个核心指标组成的指标集。

评价主题的备选指标集包括人口规模、单位生产总值水耗等指标（见表7.2）。

表 7.2　崇明生态岛建设指标体系备选指标集

评价主题 B	备选指标集
社会安全 B1	人口规模、劳动适龄人口比重、人口的消费模式和消费观念、失业率、灾害造成的人员和财产损失、基尼系数、刑事案件和治安案件发生率
生计质量 B2	平均预期寿命、居民可支配收入增长率、储蓄率、恩格尔系数、社会保险覆盖率和贫困人口发生率
社会进步 B3	新增劳动力的平均受教育年限、大学教育的毛入学率、年科研经费占生产总值的比重、年教育占生产总值的比重、人均社会事业经费财政投入、互联网普及率、新增就业岗位、城市化率
产业模式 B4	绿色农产品种植面积比重、环保制造产业占工业比重、现代服务业占生产总值比重、生态旅游业占服务业比重、经济集约化指数

续表

评价主题 B	备选指标集
经济绩效 B5	工业经济效益指数、经济规模指数、产品质量指数、失业率、城乡人民人均储蓄、农民人均纯收入、出口额占生产总值比重
资源效率 B6	单位生产总值能耗、单位生产总值水耗、工业用地产出率、绿色生产总值、自然成本指数、经济成本指数、社会成本指数
环境压力 B7	主要大气污染物排放量（二氧化硫/颗粒物/二氧化碳）、机动车污染物排放总量、水污染物排放量（化学需氧量/氨氮）、固体废物排放量（生活垃圾、工业固体废物、危险废物）、农用化肥施用程度
环境质量 B8	空气质量指数优良率、地表水功能区达标率、陆地水域面积占有率、噪声达标区覆盖率、土壤污染物含量、城镇绿化率
环境保护 B9	规模化畜禽养殖场污水排放达标率、城镇生活垃圾无害化处理率、规模化畜禽养殖场粪便综合利用率、秸秆综合利用率、工业用水重复率
生态风险 B10	自然灾害的受灾人口占总人口的比重、自然灾害成灾率、自然灾害损失情况、水土流失占土地总面积比重、盐碱地占耕地总面积比重、沙漠化占土地总面积比重、由外面引来或传播而来的物种数量/生物入侵指数、农业生产系统抗灾能力（受灾损失率）
生态安全 B11	自然保护区面积占国土面积比例、湿地面积增加数、草地面积变化率
生态保障 B12	受保护地区占国土面积比例、退化土地恢复治理率、退化土地治理率、受保护野生动植物物种数量/物种保护指数、珍稀濒危物种保护率
管理能力 B13	单位土地面积拥有生态岛城市维护建设资金、市级财政对崇明生态岛财政的转移支付力度、生态预算金额占生产总值比例、生态化基础设施建设示范规模占生产总值比例、单位土地面积中各类生态社区示范创建规模、依法环境影响评价执行率、依法环境影响评价数
管理机制 B14	环保投入占生产总值比例、生态环境监控网络覆盖率、国控、市控、县控生态环境监测监控站点总数、环境问题网格化处理率
公众参与 B15	人均生态岛政府网站点击量、政府主动公开信息总数、电子政府成熟度、每亿元生产总值中 ISO 14001 认证企业数量、环保社团数目占社团总数比例、民办社团数目占社团总数比例、城乡居民对居住区环境满意率、居民饮水满意率、人均市民信息咨询人次、申请公开占主动公开信息比例、千人电脑拥有量

（三）具体指标的含义和计算方法

基于以上指标集和崇明生态岛现状，本书筛选出 24 个具体核心指标，其含义、计算方法和数据来源如下：

1. 城市生命线完好率（C1）

指标解释：是衡量一个城市社会发展、城市基础建设水平及生态安全的重要指标。城市生命线系统包括供水线路、供电线路、供热线路、供气线路、交通线路、消防系统、医疗应急救援系统、地震等自然灾害应急救援系统。

计算方法：生命线完好率 $= \sum P_i \div 8$，式中 P_i 为各生命线完好率，单位：%。

数据来源：崇明区各相关部门。

2. 调查失业率（C2）

指标解释：就业是民生之本，国际社会普遍采用失业率作为各国经济社会发展的重要指标。我国从 1996 年开始以国际劳工组织（International Labour Organization，ILO）推荐"调查失业率"口径作为参照系，但从来没有向社会公开公布过。上海目前每年进行两次抽样调查，调查失业率大致在 6%—8%，高于城镇登记失业率约 2—3 个百分点。

计算方法：常住人口中要求寻找工作的人数占劳动力人口（在业人口+失业人口）的比重，单位：%。

数据来源：崇明区统计局、人保局。

3. 人均社会事业发展的财政支出（C3）

指标解释：按常住人口计算当年地方财政用于教育、科技、文化体育、社会保障和就业、医疗卫生以及城乡社区发展的财政支出经费的平均值。党的十七届三中全会在推进农村改革发展的目标任务中提出，城乡公共服务均等化明显推进，农村文化进一步繁荣，农民基本文化权益得到更好落实，农村人人享有接受良好教育的机会，农村基本生活保障、基本医疗卫生制度更加健全，农村社会管理体系进一步完善。

计算方法：人均社会事业发展的财政支出 = $\dfrac{\text{教科文卫体的财政支出}}{\text{常住人口}}$，

单位：万元/人。

数据来源：崇明区财政局。

4. 主要农产品中有机、绿色和无公害农产品种植面积的比重（C4）

指标解释：主要农产品中有机、绿色及无公害产品种植面积的比重（％）：指有机、绿色及无公害产品种植面积与主要农作物播种总面积的比例。其中有机、绿色及无公害产品种植面积不能重复统计。生态岛建设要使农业从传统农业走向生态农业，要提高有机、绿色及无公害产品产量，不仅能够提高农产品的附加值，而且减少了农业生产的不良环境影响。

计算方法：有机、绿色及无公害产品种植面积的比重 = 有机、绿色及无公害农产品种植面积/主要农作物种植总面积×100％，单位:％。

数据来源：崇明区统计局、崇明区农业委员会、崇明区环境保护局。

5. 现代服务业增加值占生产总值比重（C5）

指标解释：现代服务业增加值占生产总值的比例。其中，现代服务业包括第三产业中的交通运输、仓储和邮政业、信息传输、计算机服务和软件业、金融业、房地产业、租赁和商务服务业、科学研究、技术服务和地质勘查业、水利、环境和公共设施管理业、教育业、卫生、社会保障和社会福利业、文化、体育和娱乐业、公共管理与社会组织、国际组织、居民服务和其他服务业等。

计算方法：现代服务业增加值占生产总值比重 = 现代服务业增加值/生产总值×100％，单位:％。

数据来源：崇明区统计局、崇明区经济委员会。

6. 园区单位面积产出率（C6）

指标解释：园区单位面积产出率按报告期内已投产企业单位土地面积销售收入的平均值计算。可以衡量土地使用的集约化程度，测定土地的减量化使用效果。

计算方法：园区单位面积产出率 = 园区销售收入/园区占地面积×

100%，单位:%。

数据来源：崇明区统计局。

7. 单位生产总值能耗（C7）

指标解释：单位生产总值能耗是反映能源消费水平和节能降耗状况的主要指标，反映了产业可持续发展的能力。

计算方法：单位生产总值能耗=（耗能量/生产总值），单位：吨标准煤/万元。

数据来源：崇明区发改委、崇明区经委、崇明区统计局。

8. 化学需氧量/氨氮排放总量（C8）

指标解释：指排放到环境中主要污染物质的总量。不同阶段主要污染物控制种类不同，根据崇明生态岛环境污染特征，现阶段以关键性的水环境污染物化学需氧量、氨氮排放量表征，排放源包括工业、生活（城市和农村）、畜禽污染和农业面源。

计算方法：直接采用政府部门发布的化学需氧量（COD）、氨氮两类污染物质排放总量，单位：万吨/年。

数据来源：崇明区环境保护局。

9. 土地开发强度（C9）

指标解释：指岛内建设用地的比例占国土面积的比例，用来考核岛内建设用地状况。

计算方法：土地开发强度=建设用地面积/全岛国土面积×100%，单位:%。

数据来源：崇明区房地局、崇明区建设与管理委员会。

10. 空气污染指数达到一级天数（C10）

指标解释：指空气污染指数（API）小于50的天数，是一种我国现行普遍采用的反映和评价空气质量的评价方法，直观表征空气质量状况和空气污染的程度。

计算方法：空气污染指数（API）指数达到一级天数的比例=空气污染指数（API）<50的天数/全年的天数×100%，单位:%。

数据来源：崇明区环境保护局。

11. 骨干河道水质达标率（C11）

指标解释：河网达到《地表水环境质量标准》（GB3838-2002）中Ⅲ类水标准以上水体的比例，岛域骨干河道是指市县级的河道，具体为"一环"（环岛引河）和"29竖"（29条南北向骨干河道）。根据《地表水环境质量标准》（GB3838-2002），Ⅰ类水主要适用于源头水、国家自然保护区；Ⅱ类水主要适用于集中式生活饮用水地表水源地一级保护区、珍稀水生生物栖息地、鱼虾类产卵场、仔稚幼鱼的索饵场等；Ⅲ类水主要适用于集中式生活饮用水地表水源地二级保护区、鱼虾类越冬场、洄游通道、水产养殖区等渔业水域及游泳区。

计算方法：

$$骨干河道功能区达标 = \frac{达到功能区的断面因子频次}{骨干河道控断面、各类监测因子的全面监测频次}$$

×100%，单位:%。

数据来源：崇明区环境保护局、崇明区水务局。

12. 农田土壤内梅罗指数（C12）

指标解释：利用内梅罗污染指数方法来表征土壤质量，可以反映各种污染物对土壤的作用，同时突出了高浓度污染物对土壤环境质量的影响。

计算方法：

$$P_N = \sqrt{\frac{\overline{PI}^2 + PI_{max}^2}{2}}$$ 其中，$\overline{PI}$表示平均单项污染物指数，即 $\overline{PI} = \frac{1}{n}\sum_1^n \frac{P_i}{P_s}$，

$i = 1, 2, \cdots, n$；P_i 为土壤污染物测值；P_s 为土壤污染物质量标准；PI_{max} 表示最大单项污染物指数。

数据来源：崇明区农业委员会、崇明区国土资源局。

13. 园区外污染行业工业企业所占比例（C13）

指标解释：全岛位于工业园区以外的污染行业工业企业占工业企业总数的比例。工业园区包括国家核准的保留工业园区、上海市政府认定的"一业特强"工业区以及规划确定的产业基地。

计算方法：园区外的污染行业工业企业所占比例=位于工业园区外的污染行业工业企业数量/岛域工业企业总数×100%，单位：%。

数据来源：崇明区环境保护局。

14. 城镇污水处理率（C14）

指标解释：指城镇中经过污水厂二级或二级以上处理且达到排放标准的污水量总量占城镇污水排放总量的比例。

计算方法：城镇污水处理率=城镇经处理的污水总量/城镇污水排放总量×100%，单位：%。

数据来源：崇明区农业委员会、崇明区环境保护局。

15. 太阳能及风能使用比例（C15）

指标解释：太阳能及风能是崇明生态岛最为清洁的能源之一。本指标是指全部能源中太阳能和风能所占的比例。

计算方法：太阳能及风能的使用比例=太阳能及风能使用量/能源消耗量×100%，单位：%。

数据来源：崇明区统计局、崇明区环境保护局、崇明区经济委员会。

16. 农业受灾损失率（C16）

指标解释：指每年由于受台风、风暴潮、洪水以及盐水入侵等自然灾害影响造成的农业经济损失占农业生产总值的比率。

计算方法：自然灾害损失率=（前三年农业生产总值平均值－受灾年农业生产总值）/前三年生产总值平均值×100%，单位：%。

数据来源：崇明区统计局、崇明区农业委员会、崇明区国土资源局。

17. 占全球种群数量1%以上的水鸟物种数（C17）

指标解释：生物多样性指数（Diversity）是某一生态系统类型的物种数占整个区域的物种数的比例。考虑到可操作性，目前以达到全球种群数量1%物种替代生物多样性指数，参照国家重要湿地、国际重要湿地认定的相关技术标准，提出"达到全球种群数量1%物种"指标（实际调查中以水鸟作为指数），这一指标综合了物种的种类和数量，数据也比较容易获得，长期监测也有一定基础。而且，水鸟作为湿地型区域生态环境状况的重要指示生物，该指标可以从侧面反映崇明生态岛的环境质量问题。针对崇明生态岛生态的特点，以"全球种群数量1%物种（水鸟）"数量反映崇明生态岛生物多样性的特征，体现了崇明生态岛生态系统的独特多样性。

数据来源：崇明区统计局、崇明区林业局。

18. 自然湿地保有率（C18）

指标解释：自然湿地是指负5米等深线以上的滩涂湿地面积。自然湿地保有率是指自然湿地（特指河口滩涂湿地）占岛域面积的比例，岛域面积为崇明生态岛陆域面积与周缘湿地之和。保护自然生态系统及其演变过程具有不可替代的意义。因此，提出自然湿地保有率作为控制指标。主要目的是反映崇明生态岛开发建设过程对湿地生态基础空间的控制要求，体现了湿地保护与合理利用的宗旨。

计算方法：自然湿地保有率=自然湿地（特指河口滩涂湿地)/岛域面积（陆域面积与周缘湿地之和)×100%，单位:%。

数据来源：崇明区统计局、崇明区水务局、崇明区林业局、崇明区农业委员会、崇明区国土资源局。

19. 饮用水水源地水质达标率（C19）

指标解释：饮用水源水质评价标准为《地表水环境质量标准》（GB3838-2002），其中，地表水环境质量标准基本项目采用Ⅲ类水质标准。被考核饮用水源地水质指标中的任一项指标评价结果不达标，则该水源地水质评价结果为不合格。

计算方法：按照环保部有关地表水环境质量的监测规范和要求，在所有国控、市控监测断面的各类监测因子的全年监测频次中，分散式水源地水质达到国家《地表水环境质量标准》（GB3838-2002）Ⅲ类功能区标准的断面因子频次的比例；集中式水源地水质达到Ⅱ类功能区标准的断面因子频次的比例。评价因子为24项：pH、水温、溶解氧、高锰酸盐指数、化学需氧量、五日生化需氧量、氨氮、总氮、总磷、挥发酚、石油类、氟化物（以F计）、铬（六价）、硫化物、硒、阴离子表面活性剂、总氰化物、砷、铜、锌、镉、汞、铅和粪大肠菌群（个/升）；其中集中式饮用水源地补充五项：硫酸盐、氯化物、硝酸盐、铁、锰。

饮用水水源地达标率=所有达标集中式饮用水地表水源供水量之和/所有集中式饮用水地表水源供水总量×100%，单位:%。

数据来源：崇明区水务局。

20. 森林覆盖率（C20）

指标解释：指一个国家或地区森林面积占土地面积的百分比。在计算森林覆盖率时，森林面积包括郁闭度 0.20 以上的乔木林地面积和竹林地面积、国家特别规定的灌木林地面积。目前，北京和江苏等省市在指标的计算上，采用计算林木覆盖率的方法，把农田林网以及村旁、路旁、水旁、宅旁林木的覆盖面积也一并纳入覆盖率，这对提升平原地区造林绿化量有一定的作用。但是根据崇明生态岛相关数据统计的实际，结合国际标准，计算时只将有林地和国家特别规定的灌木林面积作为分子。

计算方法：森林覆盖率＝（有林地面积+国家特别规定的灌木林面积）/土地总面积×100%，单位:%。

数据来源：崇明区统计局。

21. 城镇人均公共绿地面积（C21）

指标解释：公共绿地包括公园绿地、街头绿地、滨水绿地等。城镇人均公共绿地面积指城镇内每个居民平均拥有的公共绿地面积。它是衡量一个城市绿化水平的重要指标之一。

计算方法：城镇人均公共绿地面积=公共绿地面积/城镇居民总数×100%，单位：平方米/人。

数据来源：崇明区统计局、崇明区绿化局。

22. 环境优美乡镇占比（C22）

指标解释：反映生态岛建设管理中先行的创新示范的体制支撑能力。

计算方法：环境优美乡镇占比=获评全国环境优美乡镇数量/全县乡镇总数×100%，单位:%。

数据来源：崇明区环境保护局。

23. **实绩考核中环保绩效权重（C23）**

指标解释：考核生态岛政府及干部政绩，反映生态岛建设管理的基本支撑机制。实绩考核中环保绩效权重是指在政治建设、经济建设、文化建设、社会建设和党的建设等方面的领导干部实绩考核内容中，环境保护工作的考核权数（总权数以100为计）。

计算方法：实绩考核中环保绩效权重＝环保绩效权数/实绩考核总权数×100％，单位：％。

数据来源：崇明区委政策研究室。

24. **公众对环境满意率（C24）**

指标解释：通过公众满意度反映生态岛建设管理中的公众的社会性参与情况。

计算方法：由专业调查公司测算，抽查总人数不少于千分之一，单位：％。

数据来源：崇明区环保局。

二、核心指标参照标准与参考阈值

（一）阈值设定的主要参照标准

为了将崇明生态岛建设成为世界级生态岛，使其成为上海国际经济中心城市重要的组成部分，崇明生态岛的各项具体指标必须达到或超过国内、上海的水平，向国际先进水平看齐。因此，本书参考了国际、国内、上海有关衡量社会和谐、经济发展、环境友好、生态健康、管理科学的先进标准，以及世界著名生态区域的相关标准，结合崇明生态岛特色，初步拟定了各核心指标的目标值、阈值。

目前，国际上主要衡量体系和标准包括：国际组织推荐提出的各类可持续发展指标，国际劳工组织、世界银行、世界卫生组织（WHO）制定的有关社会、经济、环境、卫生与健康等方面的标准，国际公认的生态城市、花园城市必须达到的考核要求。

国内的标准主要集中在生态县建设和环境保护两个方面。主要包括

2008 年环境保护部制定实施的《生态县、生态市、生态省建设指标（修订稿)》和《"十一五"国家环境保护模范城市考核指标及其实施细则》，2006 年国家环保部议定的《"十一五"城市环境综合整治定量考核指标实施细则》等。

除此之外，加拿大爱德华王子岛、新加坡等案例为本指标的目标值、阈值确定提供了有益的借鉴。加拿大爱德华王子岛位于加拿大东部，拥有丰富的风力、潮汐资源，以"水清、气净、土洁"的良好生态环境而著称，其环境和人民社会生活等方面的发展经验为崇明生态岛建设提供了很好的借鉴。新加坡作为亚洲四小龙，是世界上经济发展迅速、环境保护良好的知名城市和岛国，都以旅游业、金融业等发达的现代服务业和制造业著称，更是被世界银行列为全球 25 个高收入国家之一。这两个地区的经济结构、社会状况等具有较高的学习价值。这些城市的发展过程与现状都成为本书指标目标值、阈值设定的依据，其中生态、环境、管理指标主要参考爱德华王子岛，经济、社会、管理指标主要参考新加坡。

最后，上海政府、崇明区政府的若干规划也成了本书设定参考阈值的主要依据。

（二）具体指标的参照阈值

具体指标无量纲化方法采取阈值法，其优点是转化得来的指数值相对数性质较明显，大致反映了各个指标阶段性目标的实现程度。本书采用 2020 年的目标值或预测值作为阈值，各指标的目标值或预测值的相应栏目（见表 7.3），并于表后详细解释各核心指标阈值的设定依据。

表 7.3　崇明生态岛建设核心指标汇总

序号	名称	2020 目标值/阈值		
		数值	参照依据	调整
C1	城市生命线完好率（%）	90	环保部《国家生态县建设指标》（2007）	高于
C2	调查失业率（%）	5	新加坡（2007）	高于

续表

序号	名称	2020 目标值/阈值		
		数值	参照依据	调整
C3	人均社会事业发展财政支出（万元）	1.50	上海市平均水平（2020）	不变
C4	主要农产品中有机、绿色和无公害产品种植面积的比重（%）	90	环保部《国家生态县建设指标》（2007）	高于
C5	现代服务业增加值占生产总值比重（%）	60	新加坡（2007）	不变
C6	园区单位面积产出率（万元/亩）	1200	国家级平均水平（2008）	不变
C7	单位生产总值能耗（吨标准煤/万元）	0.60	新加坡（2005）	高于
C8	化学需氧量/氨氮排放量（万吨/年）	4.3/0.17	环保部《国家生态县建设指标》（2007）	高于
C9	土地开发强度（%）	15	欧盟重点国家平均水平（2006）	不变
C10	空气 API 指数达到一级天数（天）	200	环保部《国家生态县建设指标》（2007）	高于
C11	骨干河道水质达标率（%）	96	环保部《国家生态县建设指标》（2007）	高于
C12	农田土壤内梅罗指数（%）	0.70	《土壤环境监测技术规范 HJT 166—2004》	不变
C13	园区外污染行业工业企业所占比例（%）	3	环保部《"十一五"国家环境保护模范城市考核指标》（2006）	不变
C14	城镇污水处理率（%）	90	环保部《节能减排综合性工作方案》（2007）	不变
C15	太阳能/风能占能源使用比例（%）	5	欧盟重点国家平均水平	不变

序号	名称	2020 目标值/阈值		
		数值	参照依据	调整
C16	农业受灾损失率（%）	6	环保部《国家生态县建设指标》（2007）	不变
C17	占全球种群数量 1% 以上的水鸟物种数（种）	10	国际重要湿地标准	高于
C18	自然湿地保有率（%）	43	美国湿地零净损失政策	不变
C19	饮用水水源地水质达标率（%）	96	环保部《"十一五"国家环境保护模范城市考核指标》（2006）	高于
C20	森林覆盖率（%）	28	联合国粮农组织《2005 全球森林资源评估报告》	不变
C21	城镇人均公共绿地面积（平方米）	18	世卫组织"国际大都市生态环境主要绿化标准"	不变
C22	环境优美乡镇占比（%）	90	环保部《国家生态县建设指标》（2007）	高于
C23	实绩考核中环保绩效权重（%）	25	崇明区规划	高于
C24	公众对环境满意率（%）	98	环保部《国家生态县建设指标》（2007）	高于

1. 城市生命线完好率（C1）

指标阈值：90%。

阈值说明：生态市建设"城市生命线系统完好率"指标中，完好率最高为 1，前四项以事故发生率计算，每条生命线每年发生 10 次以上扣 0.1，100 次以上扣 0.3，1000 次以上为 0；交通线路每年发生交通事故死亡 5 人以上扣 0.1，死亡 10 人扣 0.3，死亡 30 人以上扣 0.5，死亡 50 人以上则为 0。后三项以是否建立了应急救援系统为准，若已建立则为 1，未建立则为 0。以百分比表示，生态市达标值为大于或等于 80%。调研中发现崇明生态岛目前未对这一数据进行单独计算统计，根据相关数据测算其现状值为 65%。通过提高城乡的基础建设水平到 2020 年可以实现城市生命线完好率 90%。

2. 调查失业率（C2）

指标阈值：5%。

阈值说明：根据农业普查资料，2006 年度内从事过农业的劳动力全市为 58.55 万人，崇明生态岛为 18.94 万人。以农业为主的从业人员占本年度内从事过农业劳动力的比例，上海市为 78.7%，而崇明生态岛为 41.9%，表明崇明农村有更多的剩余劳动力。如果按全市劳均耕地为 3.88 亩水平，崇明生态岛则需农业劳动力 12.71 万人，其中 6.23 万人是富余劳动力，约占农业劳动力的 1/3。根据崇明生态岛的人口预测（以 2005 年人口抽样调查为基础数据，不考虑外来新迁入人口），2005 年崇明生态岛劳动适龄人口（男 16—59 岁、女 16—54 岁）为 47.43 万人，2010 年 42.80 万人，到 2020 年则为 37.47 万人，加上崇明未来经济发展对劳动力需求的增加，所以，失业率控制在 5% 是有可能的。

3. 人均社会事业发展财政支出（C3）

指标阈值：1.5 万元。

阈值说明：崇明生态岛该指标值 2006 年为 0.19 万元、2007 年为 0.28 万元。而全市 2006 年这一部分财政支出为 751.16 亿元，按常住人口计算（1815.08 万人）人均 0.41 万元。上海市 1996—2006 年仅用于文教、卫生、科学部门的财政支出年均增长 12.6%，近些年政府财政用于社会保障和就业的支出急剧增长。因此，如果按常住人口每年人均社会事业财政支出增长 15%，上海市平均水平到 2012 年为 0.95 万元。2020 年为人均 1.50 万元，年均增长 10.0%。

4. 主要农产品中有机、绿色及无公害产品种植面积的比重（C4）

指标阈值：90%。

阈值说明：在环保部 2008 年 1 月发布的《生态县、生态市、生态省建设指标（修订稿）》中，将主要农产品中有机、绿色及无公害产品种植面积的比重 ≥60% 列为参考性指标。也就是建议有条件的生态县最好能够实现这个目标。此外，据《2010 年崇明区国民经济和社会发展统计公报》，全县主要农产品中有机、绿色及无公害产品种植面积的比重达到75%。

2020年，崇明生态岛对农业发展的要求，即不仅要提供绿色优质的农产品，更要实现农业种植的生态环境友好。即要基本实现农业生产的绿色化，因此将该指标设定到90%，平均每年增加1.5%，这是完全可以实现的。

5. 现代服务业增加值占生产总值比重（C5）

指标阈值：60%。

阈值说明：2010年，上海市现代服务业比重超过40%，但2001—2007年比重变化不大，只从38.8%上升到40.8%。崇明生态岛这些年该指标变化幅度也较小，这反映了在产业结构不发生重大调整的前提下，该指标的变化是非常缓慢的。但是2009年10月桥隧通车后带来崇明生态岛现代服务业的新一轮发展机会，因此2020年的崇明生态岛，绿色地产、生态教育、休闲度假和环保咨询服务等产业将得到较大发展，现代服务业占生产总值的比重有望达到60%。

6. 园区单位土地面积产出率（C6）

指标阈值：1200万元/亩。

阈值说明：根据当前崇明生态岛园区的发展情况，本书对其今后几年发展趋势进行线性预测。随着高科技、高产出企业的不断进驻，园区单位经济产出可望实现跨越式增长。根据对该指标的发展趋势进行指数预测可以算出，到2020年，园区单位面积产出可基本达到当今闵行经济技术开发区的水平，即1200万元/亩。

7. 单位生产总值能耗（C7）

指标阈值：0.6吨标准煤/万元。

阈值说明：崇明生态岛作为单位生产总值能耗很低的一个区域，很大程度上是由于它的第二产业落后造成的。随着经济建设的进一步发展，特别是长兴岛船舶制造和本岛工业园区的发展，第二产业的增长会增加整个经济单位生产总值增加值的能源消耗。而要进一步降低这个指标，除了依赖技术节能和管理节能以外，更重要的是依靠低能耗的第三产业的发展。

对于崇明生态岛这个指标已经很低，而且处于经济腾飞期的经济体而言，设定很低的单位生产总值能耗是不现实的，保持这一水平并持续排在全国前列就已经相当可观。按照"十一五"的节能减排目标，崇明生态岛在2010年的单位生产总值能耗大致在0.70吨标准煤/万元。对于2020年该指标的设定，本书没有选取国外城市作为参考，一方面是能源结构不同不具可比性，另一方面是人民币汇率的问题和购买力平价问题使得该指标很难和国外的指标进行直接对比。本书选取了当前国内单位生产总值能耗最低的北京市作为参考。北京由于第三产业高度发达（超过70%），高污染高能耗的工业企业大量外迁，在节能减排的技术示范上具有先天优势，因此可以作为崇明生态岛远期的一个参考目标。本书认为，崇明生态岛在2020年能达到北京在2010年的水平（0.60吨标准煤/万元），较为合适。

8. 化学需氧量/氨氮排放量（C8）

指标阈值：4.3万吨/0.17万吨。

阈值说明：按照地表水环境Ⅲ类功能区要求，根据水资源普查资料计算，在常水位条件下，崇明地区河网总库容为5545161万立方米，其中骨干河道库容为3039万立方米（包括北横引河）。但由于乡镇级河道和村级河沟淤积较为严重，河道水体流动性差，引清调水时水体交换程度低，故本次只以骨干河道库容3039万立方米作为河网水体有效库容。据统计，目前崇明生态岛现有水闸的年引清调水能力和可引潮水量为30.1亿立方米，因此，设计了三个情景方案进行环境容量分析。基准情景是崇明生态岛近年来年均调水量的情景；高容量情景是完全充分利用水闸调水引水能力的情景；中等容量情景是利用一半水闸调水引水能力时的情景。考虑到2020年，崇明生态岛水利工程建设将不断推进，水闸调水量至少能达到中等容量情景，因此2020年COD、氨氮排放目标确定为中等容量情景下的估算结果，即4.3万吨/年、0.17万吨/年。

9. 土地开发强度（C9）

指标阈值：15%。

阈值说明：上海的土地开发强度远远高于纽约、东京、伦敦等国际大都市的水平，土地资源紧缺十分明显。而崇明生态岛开发强度在 8% 以下，远远低于全市平均水平，但是随着隧桥完工，大量的交通配套设施和经济开发迅速提高土地开发强度，形势不容乐观。而崇明生态岛是上海土地储备最后的战略空间，崇明生态岛建设是缓解上海土地资源紧缺的希望所在。因此，严格控制崇明生态岛建设用地规模，将土地开发强度控制在目前英国 15% 的水平以下，通过大规模基础设施建设、环境优化工程的实施，为到 2020 年期间崇明生态岛土地升值、上海世博之后的崇明生态岛大发展奠定坚实的基础。

10. 空气 API 指数达到一级天数（C10）

指标阈值：大于或等于 200 天。

阈值说明：这是崇明生态岛的特色指标。"十一五"国家环境保护模范城市考核指标中规定，全年空气污染指数小于或等于 100 即达到二级的天数至少达到全年天数的 85%。由于崇明生态岛空气质量非常好，空气质量优良率常年保持在 90% 左右，仅用空气质量优良率不足以体现崇明生态岛空气质量的优势，故采用达到一级标准的天数来衡量。2007 年崇明生态岛空气质量达到优的天数为 117 天。崇明生态岛建设规划中设定了未来一段时间的目标值，本书参考该值，认为崇明生态岛 2020 年空气 API 指数一级天数应达到 200 天。

11. 骨干河道水质达标率（C11）

指标阈值：96%。

阈值说明：崇明生态岛已满足国家《生态县建设指标》和《"十一五"国家环境保护模范城市考核指标及其实施细则》中规定地表水质量必须达到功能区水平。为了更高地提高崇明生态岛地表水的质量，根据崇明生态岛水务局提供的信息，2007 年地表水质达标率为 86.4%，在各项政策及工程措施到位的前提下，2020 年崇明生态岛骨干河道水质达到Ⅲ类水域比例有望达到 96%。

12. 农田土壤内梅罗指数（C12）

指标阈值：0.7。

阈值说明：土壤是生态健康的基础，崇明生态岛农田土壤内梅罗指数接近1，总体质量较好，但也受到铬、农药、化肥等的影响。根据2005年度实施的崇明生态岛生态环境质量本底调查结果，不同区域土壤环境质量的内梅罗污染指数平均值为0.77。因此，控制农业面源污染，保持洁净的土壤环境，力争到2020年达到0.7的《土壤环境监测技术规范 HJT 166-2004》安全洁净要求。

13. 园区外污染行业工业企业所占比例（C13）

指标阈值：3%。

阈值说明：根据统计资料和污染源普查结果，崇明生态岛各类工业企业942家，其中涉及小化工、电镀、漂染等行业的污染行业工业企业有103家，目前均位于工业园区以外，园区外污染行业工业企业所占比例为10.9%。根据崇明生态岛目前的企业污染源整治计划，对园区外的103家污染行业工业企业计划关闭80%左右，此后持续推进。因此，2020年园区外污染行业工业企业所占比例控制在3%以下。

14. 城镇污水处理率（C14）

指标阈值：90%。

阈值说明：目前欧美发达国家污水处理率一般在75%以上，美国荷兰等国家超过90%，我国《节能减排综合性工作方案》设定我国城市的污水处理率不低于70%。而崇明生态岛"十一五"规划中，将建设并完善环境基础设施，提高生活污水集中处理率作为重点，具有一定基础。崇明生态岛2007年数据城镇生活污水处理率为31%，2010年全县城镇污水处理率上升到82.8%。依据生态岛的建设要求，未来污水处理率必须进一步提升，因此，本书将污水处理率（包括城镇与农村）的阈值设定为≥95%。

15. 太阳能/风能占能源使用比例（C15）

指标阈值：5%。

阈值说明：欧盟规定使用可再生能源是强制性指标，规定2020年英国可再生能源的比重达到20%，德国为18%。日本是节能高效的国家，其规定2010年可再生能源使用比例达30%。但总体来说，西方国家的可再生能源使用比例大部分都在 10% 以下，而中国本底值较小，在 0.5% 之下。目前，崇明生态岛已经开展了部分可再生能源项目，可再生能源使用比例在 1% 左右，但崇明生态岛具有一定的风能、太阳能资源开发潜力，还可以推广使用生物能。故本书将该指标阈值设置为 ≥5%。

16. 农业受灾损失率（C16）

指标阈值：6%。

阈值说明：农业受灾损失率受区域受灾频率、强度等地方特征影响，具有较大的差异性，不便于横向比较，但便于纵向判断，因此自然灾害损失率的逐年减小代表生态建设能力的增加。目前崇明生态岛的农业受灾损失率是 9%，表明崇明生态岛农业自然灾害预警系统和防灾抗灾能力还有待加强。2012 年崇明生态岛农业受灾损失率约为 7.5%，岛内自然灾害应急机制基本形成，并发挥作用。2020 年的农业受灾损失率达到 6%，全岛自然灾害防御应急系统逐渐完善健全，对自然灾害生态风险源的防御能力进一步加强。

17. 占全球种群数量 1% 以上的水鸟物种数（C17）

指标阈值：10 种。

阈值说明：根据多年调查与监测数据，目前崇明生态岛内达到"全球种群数量 1% 物种（水鸟）"10 种以上，超过国际重要湿地标准。通过对自然湿地或人工湿地的保护、恢复、改良等措施，这一指标有望保持，2020 年将保持 10 种以上。尽管水鸟是重要的生境指示生物，但是这一指标也有其局限性，它不能完全覆盖全岛所有类群的鸟类。

18. 自然湿地保有率（C18）

指标阈值：43%。

阈值说明：指标的设定参考了美国湿地零净损失政策。湿地零净损失是美国联邦湿地保护管理设定的一个政策目标，这一目标的含义被解释为：任何地方的湿地都应该尽可能地受到保护，转换成其他用途的湿地数量必须通过开发或恢复的方式加以补偿，从而保持甚至增加湿地资源基数。该目标虽然要求稳定并且最终增加湿地的存量，但并不表示个别湿地将在任何情况下不能触及，而仅仅是指区域的总体湿地量在短期内达到增减平衡。目前湿地面积的减少主要是人工围垦的结果，因此在未来的生态岛建设过程中要重点加强人为因素对自然湿地的破坏，保持自然湿地面积的动态平衡。即控制滩涂湿地与岛域面积比例在 2020 年保持 43%，基本不变。

19. 饮用水水源地水质达标率（C19）

指标阈值：96%。

指标解释：目前崇明生态岛的饮用水水源地水质达标率为 84%，尚未达到国家标准，距离国际性生态岛建设的要求还远远不够。由于崇明生态岛水源地受外来因素，如咸水入侵、流域污染等影响较大，通过饮用水源保护区划分与调整、水源保护区警示标识设施建设、一级保护区违章建设项目清拆、保护区内取缔直接排污口、城市饮用水源应急预案制订等措施，崇明生态岛可以在 2020 年实现饮用水源水质达标率达到 90% 国家标准，并进一步应该达到 96%，全岛居民饮用水安全得到保障。

20. 森林覆盖率（C20）

指标阈值：28%。

阈值说明：目前崇明的森林覆盖率为 18.1%，生态环境较好，达到国家平原地区生态县市的要求。如加上四旁树木的投影面积的林木覆盖率为 22.8%。下一步通过大力发展四旁绿化，加上城镇绿化等的建设，完成 28% 覆盖率的目标是可行的。随着 2020 年 28% 森林覆盖率的实现，崇明生态岛的生态环境质量及生态服务功能将有一个更大的改观。

21. 城镇人均公共绿地面积（C21）

指标阈值：18 平方米。

阈值说明：世界卫生组织推荐的国际大都市生态环境主要绿化标准为绿化覆盖率>40%，人均公共绿地面积 20 平方米，而根据我国的实际情况，国家园林城市、生态县、生态城市的指标值≥12 平方米。目前城桥镇的城镇人均公共绿地面积 9.05 平方米，考虑到崇明区的基本农田和湿地的保护现实和城市化的进程，到 2020 年 18 平方米超过国家生态城市和生态县的标准，城市人居环境的质量将有明显改善。

22. 环境优美乡镇占比（C22）

指标阈值：90%。

阈值说明：国家环保部 2007 年 12 月印发了《生态县、生态市、生态省建设指标（修订稿）》，对生态县建设的基本条件规定了五个方面的要求，其最后 1 条要求是："全县 80% 的乡镇达到全国环境优美乡镇考核标准并获命名。"

2007 年崇明区所获评的全国环境优美乡镇数量达到 5 个，占 31.25%（按 16 个乡镇测算）。生态村镇是崇明生态岛建设的基本单位之一；要达到国际水平的要求，到 2020 年，"生态村示范创建比例"达到 90% 以上。

23. 实绩考核中环保绩效权重（C23）

指标阈值：25%。

阈值说明：把生态岛建设目标任务完成情况列入各级领导干部实绩考核的重要内容中，将生态岛建设年度考核结果以一定的计分比例纳入领导干部实绩考核计分体系，将领导干部落实生态县建设发展战略的评估结果和工作责任考核作为定量考核和评估其政绩的主要依据，是一项促使各级领导干部尽快形成科学政绩观、促进生态建设的重要机制和有力举措。

24. 公众对环境满意率（C24）

指标阈值：98%。

阈值说明：国家环保总局曾经委托国家统计局进行公众对城市环境保护满意率调查，作为对参加全国城市环境综合整治定量考核城市的 16 项指标之一，调查内容包括空气污染、水污染、噪声污染、垃圾处理满意程度，以及环保宣传教育方面的工作满意程度。

国家环保部《生态县、生态市、生态省建设指标（修订稿）》要求，国家生态县建设指标中的"公众对环境满意率"高于 95%。根据《崇明生态县建设规划（2007 年—2020 年）》提供的数据，2006 年崇明生态岛的"公众对环境满意率"为 96%，已经达到国内领先水平，到 2020 年，应最终达到 98%。

表 7.4 崇明生态岛建设核心指标本底及 2020 年阈值

领域名称	主题名称	核心指标		
		名称	本底值	2020 年阈值
社会和谐	社会安全	城市生命线完好率（%）	65	90
	生计质量	调查失业率（%）	10	5
	社会进步	人均社会事业发展财政支出（万元）	0.28	1.50
经济发展	产业模式	主要农产品中有机、绿色和无公害产品种植面积的比重（%）	14.01	90.00
		现代服务业增加值占生产总值比重（%）	31.12	60.00
	经济绩效	园区单位面积产出率（万元/亩）	379.91	1200.00
	资源效率	单位生产总值能耗（吨标准煤/万元）	0.75	0.60
环境友好	环境压力	化学需氧量/氨氮排放量（万吨）	5.28/0.35	4.30/0.17
		土地开发强度（%）	10.5	15.0
	环境质量	空气 API 指数达到一级天数比例（天）	117	200
		骨干河道水质达标率（%）	86	96
		农田土壤内梅罗指数（%）	0.77	0.70
	环境保护	园区外污染行业工业企业所占比例（%）	10.9	3
		城镇污水处理率（%）	34.9	90.0
		太阳能/风能占能源使用比例（%）	0.74	5.00
生态健康	生态风险	农业受灾损失率（%）	9.0	6.0
		占全球种群数量1%以上的水鸟物种数	10	10
	生态安全	自然湿地保有率（%）	42.8	43.0
		饮用水水源地水质达标率（%）	84	96
	生态保障	森林覆盖率（%）	18.1	28.0
		城镇人均公共绿地面积（平方米）	9.05	18.00
管理科学	管理能力	环境优美乡镇占比（%）	31.25	90.00
	管理机制	实绩考核中环保绩效权重（%）	16	25
	公众参与	公众对环境满意率（%）	96	98

第五节　指数计算方法与初步计算结果

崇明建设世界级生态岛，其目标既不同于一般意义上的自然生态保护区，也不同于一般意义上的生态县、环保模范城市、城乡生态居住区，而是中国特色、具有显著世界影响的区域发展样板。具体体现在三个超越：与国家生态县只重视节能减排、循环经济、产业污染控制等防御性、控制性特征相比较，世界级生态岛目标更高、形态更丰富、主题更积极、驱动力更强大；与国家环境保护模范城市只偏重绿化、污染物控制的环境友好型城市建设目标相比较，世界级生态岛总体要求更高、生态功能更全面、发展更和谐；与现代城乡生态居住区（最佳人居环境）相比，世界级生态岛更强调资源的节约、生态的保护、土地资本的增值（曾刚，2009）。

一、阈值确定及本底值获取

按照上述指标体系进行指标设计，这些指标中，国际组织推荐使用的可持续发展指标阈值占15%；发达国家和生态区域使用的发展指标阈值占25%；建设部、环保部颁布的相关指标阈值占50%；崇明生态岛发展规划确定的目标值占10%（曾刚，2009）。

通过网上和统计年鉴查询以及崇明生态岛现场调研、上海市政府相关委办局走访，获取了绝大部分指标的本底值。对个别无现存数据但又十分重要的指标，采用通用的计算方法进行了推算。其中，上海市统计局公开发布数据占21%；上海市委办局提供的数据占58%；崇明区提供的数据占17%；推算的数据占4%。

在此基础上，本书采用专家打分法、加权求和等方法，初步计算出崇明生态岛建设的综合指数、专题领域指数、评价主题指数、指标指数。采取阈值法对具体指标进行无量纲化处理，将指标的原始数据转化成可以进行相互比较的标准值，用以反映各个指标阶段性目标的实现程度。本书分别采用上海市政府2012年的值和2020年的阈值作为计算依据。

二、计算方法

针对上述 24 项核心指标，围绕五大专题领域 15 项评价主题开展崇明生态岛建设跟踪评估，采用数据归一化处理和计权方式，以综合指数形式表征。分别得到社会和谐指数、经济发展指数、环境友好指数、生态健康指数和管理科学指数，以及相应的 15 项评价主题指数和 24 个核心指标指数。指数越大代表该领域、主题、核心指标发展情况越好，指数达到 100 即达到理想状态。指数越小，代表发展情况越差，该项指数应得到政府重视，谋求尽快发展，以实现崇明生态岛建设的整体目标的实现。

三、计算结果

（一）崇明生态岛专题领域指数与战略定位

目前崇明生态岛综合指数为 57，即崇明生态岛复合生态系统的本底较好，但离建设国际生态岛的目标尚有一段距离。此外，崇明生态岛社会、经济、生态、文化、管理五大领域发展情况具有较大差别（见图 7.2）。

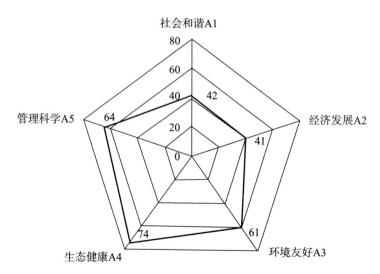

图 7.2　崇明生态岛领域指数雷达图

崇明生态岛环境友好指数、生态健康指数和管理科学以 61、74 和 64
领先。目前，崇明生态岛三岛尚未大规模开发建设，并且相对隔绝的地理
条件也大大减少了外界的干扰，空气环境质量、水环境质量和土壤环境质
量都保持着较优的状态，是上海环境质量较好的地区。崇明生态岛生态承
载力为全市的 21%，生态足迹仅为全市的 4%，崇明生态岛东滩、北滩等
地区是全球鸟类迁徙的重要驿站和很多保护生物的栖息地，具有重要生态
价值。崇明生态岛优越的生态环境条件是生态岛建设目标实现的基础。崇
明生态岛屿的行政体制比较复杂，岛上既有市属国营农业，还有属于江苏
省管辖的地区，因此在管理协调上难度很大。环境保护等部门的人员配置
和资源配置离实际需求有较大差距。政府管理受客观条件制约而成为崇明
生态岛建设的主要瓶颈。

社会和谐、经济发展指数均低于崇明生态岛综合指数，应成为未来崇
明生态岛建设的战略重点。其中，社会和谐指数为 42，崇明生态岛人口总
量进入减速增长阶段，人民生活质量和社会保障覆盖面持续提高，社会治
安秩序较好。同时，崇明生态岛也面临着居民收入低、受教育水平较低等
问题。提高当地居民的文化素质和生活水平是生态岛建设的重要任务。经
济发展指数均为 41。目前，崇明生态岛的经济发展模式相对落后，经济效
益不高，发展循环经济，提高经济质量成为近期的核心任务。

因此，崇明生态岛建设的战略定位是：在保持当地健康优美生态环境
的前提下，重点推进当地经济发展模式转变和管理制度转型，以实现经济
发展集约化、管理法制化，社会进步、人民幸福和共同富裕的战略目标。

此外，根据调查失业率、空气污染指数、森林覆盖率、财政支出、现
代服务业比重、园区单位面积产出率、主要污染物排放总量、自然湿地保
有率、城镇污水处理率等指标的历史数据推算，2020 年崇明生态岛综合指
数为 50。根据园区单位面积产出率、主要污染物排放总量、土壤质量、骨
干河道水质达标率、城镇污水处理率、生物多样性指数、自然湿地保有
率、饮用水水源地水质达标率、森林覆盖率、人均公共绿地面积、环境优
美乡镇占比等指标的综合分析计算，2012 年崇明生态岛综合指数为 75，

2020 年粗略估计为 90，全面达到世界级生态岛建设目标。

（二）崇明生态岛评价主题指数与行动方针

崇明生态岛各评价主题发展参差不齐，其中环境质量、生态健康和公众参与指数远远超过其他指数，体现了崇明生态岛现有优越的社会生态环境状况。社会进步、环境保护和管理能力指数相对较低，反映了崇明生态岛社会、环境和管理领域发展面临的重要问题。由于各主题指数与所在领域有较强的关联关系，因而本部分按照主题所在的领域进行分类总结，介绍各领域内部结构，以期寻求崇明生态岛建设各领域中的短板主题，谋求崇明生态岛的全面发展。崇明生态岛各评价主题指数雷达图如下（见图7.3）。

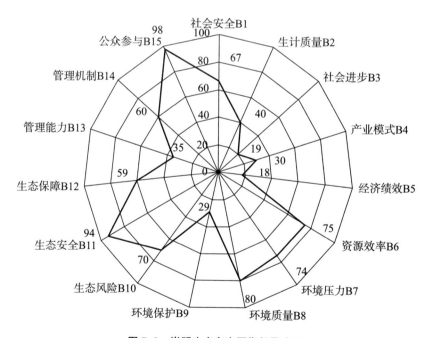

图 7.3　崇明生态岛主题指数雷达图

1. 社会和谐

生态岛建设的最终目的是能使人类的素质更高、生活质量更好，而不是单纯地追求一种原生态的维持。因此社会和谐对崇明生态岛建设尤为重要。目前，社会和谐领域，各主题发展差别较大。社会安全指数达到 67，发展情况较好。生计质量、社会进步指数只有 40、19，这表明崇明生态岛居民生活水平、人口素质、社会发展潜力远低于生态岛建设所要达到的水平。目前，崇明生态岛就业机会相对较少，居民的收入明显低于全市平均水平，也低于长三角其他地区，大量的年轻劳动力外流到岛外就业，即使考上大学的，毕业后回岛工作的人也较少，地区经济社会发展缺乏人力资源的支撑，这又反过来影响了地区的发展。

因此，引入高端产业提供更多更好的就业机会以吸引高素质人才，提高居民整体的文化素质和收入水平，成为未来社会方面行动计划的重要抓手。

2. 经济发展

经济发展是生态岛建设的根本，长期通过市级财政投入进行生态建设的做法，只能造成对地区财政的重大负担，不能实现崇明生态岛生态资本的巨大价值，也不能实现真正的可持续发展。经济发展并不一定导致环境污染和生态恶化，选择合适的发展模式将决定今后生态崇明的正确走向。

目前经济发展领域中，产业模式、经济绩效和资源效率指数分别为30、18、75。崇明生态岛经济结构中现代服务业的比重较小、农业的先进性和集中性不够成为经济发展要解决的主要问题。而崇明生态岛封闭的自然条件造成了相对落后的经济发展现状，工业企业具有规模小、分布分散、劳动生产率低下等诸多问题，亟待解决。

但是从一定程度上来说，崇明生态岛落后的经济正是其能保持较好生态本底条件的原因。但是要把崇明生态岛建设成为世界级生态岛，必须要重新塑造崇明生态岛的经济形态，使得经济发展和生态建设能够相互推动。一方面，通过建立经济准入门槛，规划产业淘汰的路线图和时间表，设计环境容量的置换机制，使得经济发展走向生态友好；另一方面，要引导建设资金投向自然资本的培育，以实现自然资本的保值和增值，通过绿色农产品、生态旅游、房地产等形式实现生态投入的资产价值化；另外，通过树立崇明生态岛的生态品牌，引进低碳经济、循环经济、生态经济等形式的高端产业，建立生态技术和生态产业的双高地，辐射长三角乃至全国。

3. 环境友好

崇明生态岛位于长江入海口，因为对外交通不便，岛内开发力度小，环境本底非常好，因此环境友好领域中，环境质量指数高达 80。与此同时，环境压力指数也高达 74，表明崇明生态岛社会经济发展引起的污染及土地开发带来的影响已经产生了一定的负面效应，对崇明生态岛环境形成了较大压力；同时，由于环境保护力度的不足，环境保护指数只有 29，反映了未来崇明生态岛环境保护的隐患。

随着上海长江隧桥工程的全部建成，崇明生态岛与外界的联系更加直接而紧密。空间可达性的改善引发崇明生态岛新一轮的投资热潮，崇明生态岛人口规模控制面临着前所未有的难度，流动人口的大量导入和不稳定性，加大了环境压力，也向现有的环境保护能力提出了挑战。特别是环境保障主题中，城镇污水处理和可再生能源等环境保护现有措施远远低于生态岛建设的基本要求，成为生态岛建设迫切需要解决的问题。

因此，加强环保设施建设、提高环境保护能力，保护崇明生态岛现有的优美环境成为环境领域的重中之重。

4. 生态健康

由于岛屿生态系统在地理上的相对孤立性，崇明生态岛生态系统保护相对较好，生态安全指数达到 94。另外，生态保障指数也达到 59。目前，基础设施建设不足，对崇明生态岛未来的生态环境保育产生了负面的影响。现有人均公共绿地面积较小，使得生态岛建设很难与国际接轨，并得到国际社会的承认。

同时，由于岛屿的资源有限性和承载力脆弱性，崇明生态岛本身面临着多方压力，比如自然灾害、水安全、湿地保护恢复等问题，因此生态风险指数只有 70，落后于生态健康指数，随着开发强度的增大和人类经济活动的增多，生态环境压力还会继续增加，一定要引起足够的重视。

因此，为了推动生态文明建设，崇明生态岛应提高自然灾害防御水平，将治理生物入侵作为工作重点。同时，要提高人均公共绿地面积，加强崇明生态岛生态保障成为未来发展的要务。

5. 管理科学

管理科学领域中，各专题指数不太令人满意。其中，管理机制和公共参与指数分别为 60 和 96，体现了崇明生态岛现有较好的固定资产投入力度和公共管理中对生态环境的重视程度。管理机制的相对完善对于未来崇明生态岛建设目标的实现具有较好的铺垫作用。

管理能力只有 35，成为管理科学领域的主要短板。崇明生态岛生态、环境保护等部门的人员配置和资源配置远远落后于生态岛建设的需要。尽管近年来，崇明生态岛将生态村镇建设作为工作重点来抓，但力度和生态岛建设的目标还相距甚远。

因此，加大基础设施投入和生态示范区域建设力度，完善干部考核机制、规范环境保护行为，提高政府的管理能力是管理科学领域的重要突破口。

(三) 崇明生态岛指标指数与建设重点

图 7.4 显示了崇明生态岛建设体系中各核心指标指数。其中，设警戒值的指示性指标中，公众对环境满意率达到 98，自然湿地保有率指数、占全球种群数量 1% 以上的水鸟物种数均达到 100，体现了崇明生态岛较高的公众参与能力和生态系统保育水平，为崇明生态岛建设整体目标的实现打下了良好基础。但是，园区单位土地面积产出率只有 315 万元/亩、太阳能/风能占能源使用比例仅 0.74%、环境优美乡镇占比仅 31%，提升这些指标指数应成为崇明生态岛建设工作的重点（曾刚，2009）。

崇明生态岛建设涉及生态、环境、经济、社会、管理等诸多方面，而现阶段最关键的工作主要集中在受损生态系统的修复、自然生态系统的保育，污染控制与治理、水资源的保护与开发利用、绿化系统的优化、土地等发展潜力空间的拓展及其自然资本增值储备。因此，崇明生态岛建设指标体系应该重点关注骨干河道水质达标率、饮用水水源地水质达标率、园区外污染行业工业企业所占比例、城镇污水处理率、土壤质量、土地开发

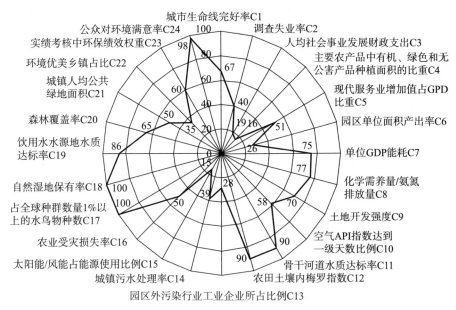

图 7.4 崇明生态岛核心指标指数雷达图

强度、有机、绿色和无公害农产品种植面积的比重、园区单位面积产出率、森林覆盖率、自然湿地保有率、人均公共绿地面积、生物多样性指数12 个关键核心指标。

第六节 崇明生态岛指标体系及其应用

"崇明生态岛指标行动计划"旨在凸显政府建设崇明生态岛的主导战略思想，依据业已构建的一套科学指标体系，结合部门职能分工与日常服务管理工作，全面贯彻和落实崇明生态岛指标体系，推进崇明生态岛的建设进程。

一、指标行动功能域的设定及其战略价值取向

崇明生态岛指标体系行动是在崇明生态岛建设期间统筹政府间相关关系、统筹社会经济与环境发展之间相互关系、统筹人与自然关系的重要举

措。其中，政府主导是关键。基于政府主导崇明生态岛建设的思维视角，崇明生态岛建设所涉及的主要功能域的基本内涵及其战略价值取向主要集中在五个层面。

（一）管理科学

管理功能域的指标行动是对政府关于崇明生态岛指标行动的机构能力、政策与绩效的"引导、规范与调控"。崇明生态岛指标行动是政府主导型的指标管理行动，对其他功能域发挥着顶端支点的战略支配功能。其基本价值取向是建构有效作为的服务型政府，追求崇明生态岛的地方特色，不断提高崇明生态岛指标体系行动来自政府层面作为的质量，维系崇明生态岛指标体系行动的可持续性。

（二）生态健康

生态功能域的指标行动是对崇明生态岛生物伙伴关系的结构状态、服务及质量水平的"引导、规范与调控"。这里的生态，主要强调的是与本岛居民相互依存的生物伙伴，它们尽管是人以外的有机世界的重要组成部分，却是人类不能离开的生物伙伴，为崇明生态岛提供新鲜空气、洁净水源、安全食品、多样性生物景观以及废弃物的生物分解服务，是崇明生态岛指标行动中生态文明建设的着力基点。其基本的价值取向是实现生态结构的正向衍化和优化，提高绿色产品的服务水平，维系崇明生态岛特色的生物多样性的可持续性，最大限度地规避生物侵害与灾变。

（三）环境友好

环境功能域的指标行动对崇明生态岛物理世界的结构要素状态、服务水平及质量的"引导、规范与调控"。传统管理是把环境和生态统一在一起，按照"生态环境"作为管理对象，来设计相关指标体系。因此，把"环境"作为无机世界，考察其物理要素结构水平、社会经济系统的承载服务水平以及自然变化态势、经济社会变化所产生的影响，是环境管理的重要任务，也是崇明生态岛指标体系行动关注的人地关系和谐的战略着力点。其基本的战略取向是实现环境要素结构水平的优化、承载服务水平的提升以及灾变与不确定性的可预见性。

（四）经济高端

经济功能域的指标行动是对崇明生态岛的产业经济活力、结构优化与绩效的"引导、规范与调控"，是崇明生态岛指标行动的战略基础。发展是第一要务，只有不断提高崇明生态岛的经济活力，增加崇明生态岛物质文明生产能力，才能为改善崇明生态岛的社会公共服务供给提供更多的财政支持，才能为崇明生态岛居民提供充分就业的机会与和谐、可持续的生计环境和人居环境。因此，其基本价值取向是在实现生产方式转型、实现清洁生产、服务的过程中，提高产业结构的高端化，实现地区绿色生产总值和财政经济实力的总量扩张，不断创造新的就业机会，维系经济活力的可持续性。

（五）社会和谐

社会功能域的指标行动是对崇明生态岛的社会和谐、福利能力及居民生计质量的"引导、规范与调控"，是崇明生态岛指标行动的战略基点和归宿。居民素质改善、生计质量提升、人居环境优化，是崇明生态岛建设的核心目标。因此，其基本的价值取向是在全面提高居民素质的基础上，实现社会和谐进步和居民生计质量的提升，并维系其可持续性。

因此，"管理、经济、社会、生态、环境"构成崇明生态岛指标行动的五大基本功能域，也是构成"崇明生态岛综合水平指数"的一级指标系统。五大功能域的指标体系的有机组合，覆盖了崇明生态岛指标行动的主要功能域，又促进了相关功能域形成互动关系，实现指标行动的相对稳定性。

二、五大功能域指标体系间的关联互动

"管理、生态、环境、经济、社会"构成崇明生态岛指标行动的五大基本功能领域，也是构成崇明生态岛发展综合水平指数（即崇明生态岛生态文明发展指数）的一级指标体系系统。五大功能域的指标体系的有机组合，既能覆盖崇明生态岛指标行动的主要功能域，为下一层次指标设计和筛选发挥引导和约束作用，又能促进相关功能域形成互动关系，彼此排除

干扰和重复，形成合力，每三组功能域又构建起复合互动的三角形架构，实现崇明生态岛指标行动的相对稳定性，维系其可持续性。

（一）管理域与其他功能区域的互动关系

依据管理功能域的战略价值取向，管理与经济之间的关系互动式为：管理/经济＝投入最小/产出最大。经济对管理的贡献在于维系生产总值的总量扩张和财政收入递增的可持续性，实现产出最大化的目标。

管理与社会之间的关系互动式为：管理/社会＝服务最优/需求理性与民主监督。即管理提供的社会公共服务要努力实现最优，最大限度地满足日益增长的社会公共服务需求；而社会公共物品供给是随着社会进步而逐步改善的，因此社会对管理不能有超现实的渴求，要逐步理性化；同时，社会有责任通过有效机制对管理实施民主监督，规避管理权的滥用和私用。

管理与环境之间的关系互动式为：管理/环境＝排放标准与保育/支撑最大与灾变不确定性减小。即管理对环境的影响主要体现在提供社会经济体对环境排放的技术约束和质量标准监督，诸如生活垃圾分类及处理；生活污水排放，工业废水、废气、废物排放与回收等技术或质量标准，促使社会经济活动体对环境尽可能实现零排放或达标排放，将干扰影响降低到最大限度，实现对环境资源的可持续利用；另外，动员社会经济体对环境的保育达到最高水平；而环境要素结构水平要朝着正向方向演变，提供合理、必要的承载力支撑服务，实现环境灾变及不确定性的可预见性。

管理与生态功能域之间的关系互动式是：管理/生态＝干扰标准监督与正向诱导/绿色服务质量提升、结构优化、多样性维系。即：管理要实现干扰方式的变革，实行技术、质量标准监督管理，绿色产品品牌管理，分类管理，实现对生态系统结构演变的正向诱导；而生态系统，诸如基本农田生态系统、森林生态系统、园林景观生态系统、水生生态系统、湿地生态系统、畜牧生态系统要实现绿色产品生产率的提高，实现崇明生态岛特色的生态系统结构的优化，维系其生物的多样性，规避生物侵害和灾变的不确定性。

（二）经济域与相关功能域的互动关系

依据经济功能域的价值取向，经济与环境功能域的互动关系式是：经济/环境＝排放最低、干扰最小/自然净化能力提升与灾变不确定性减小。经济与环境功能域的互动关系式表明，经济要努力转变增长方式，实现清洁生产，发展循环经济，降低单位生产总值的资源耗损和能源耗损量，使其努力达到发达国家同类地区的水平，实现对环境的干扰最小、资源索取最小、排放干扰最小；而环境为经济活动提供合理的承载容量支撑和必要的资源供给，维系环境的自然净化和生产能力，实现环境灾变不确定性的可预见性。

经济与生态功能域的关系互动式为：经济/生态＝干扰最小与正向诱导/绿色服务与结构性优化、多样性维系。经济功能域要转变经济活动的利用方式，发展生态经济，正向引导生态结构要素朝着提高绿色生产率和崇明生态岛特色方向的演化，实现对生态系统的逆向影响最小；而生态要为经济提供必要的初级绿色产品、提供新鲜空气、洁净水源、多样性生物景观、安全食品资源，规避生物侵害，防治生态灾害，实现灾变不确定性的可预见性。

经济与社会功能域的互动关系式是：经济/社会＝提供就业机会与收入提升/高素质劳动力与和谐人居环境。经济是社会发展的物质基础和主要功能域，居民就业和收入来源主要来自经济功能域的生产或服务活动。经济要有活力，实现结构高度化和现代化，不断创造新的就业机会，为提高居民收入创造基本舞台和来源；社会则通过福利保障供给，改善居民素质和人居环境，为经济发展提供具有吸引力的社会保障环境。

（三）社会功能域与相关功能域的互动关系

依据社会功能域的价值取向，社会与环境功能域的互动关系式是：社会/环境＝最低排放与绿色排放、最小干扰/承载支撑与灾变不确定性减小。社会功能域是人口集中的生活圈，主要集聚着人类的消费体验型活动与日常起居生活。社会依照人口数量规模及属性，划分为不同的类型，具有针对管理、经济、环境、生态功能域各自不同的响应与影响能力。对于社会功能域来说，要实现对环境的最低排放、绿色排放，必须控制人口规模和提高人口素质，引导和改变人们生活方式，自觉实行环境质量监测标准，呵护环境，呵护自然，将其消费体验活动和日常生活对环境的干扰影响降低到最低限度，实现人与自然环境的和谐共生；而环境则为社会提供合理的容量支撑，在社会呵护和正向诱导下，实现"气、水、声、土、无机微量元素"环境的结构性正向演化，不断提升其环境质量，并实现灾变不确定性的可预见性。

社会与生态功能域的互动关系式是：社会/生态＝保育投入、可持续索取、干扰最小/绿色服务与多样性、维系生态安全、消除生物侵害。社会自身是一个生态系统，面临着"心态和人态"关系的协调；而社会与生态功能域的互动关系，主要凸显人与生物之间相互依存的伙伴关系的协调与和谐共处。因此，社会要呵护生物生态系统，改变生态系统的利用方式，诱导生态系统结构朝着积极、正向的方向演化，并逐步形成崇明生态岛特色的生物生态系统，实现基本农田、湿地、森林、园林景观绿地、水生生态以及畜牧生态系统的优化与整合，基本满足崇明生态岛日益增长的绿色产品需求，维系生态安全与生物多样性，规避生物侵害，实现生态灾变不确定性的可控制性。

（四）环境与生态功能域的互动关系

依据现代人类对于环境和生态功能域的价值取向，环境与生态功能域的互动关系式是：生态/环境＝绿色服务与多样性、消除生物侵害/承载支撑与养分供给、灾变干扰最小。环境作为生物生命体的舞台，为生命体提供生存所必需的最基本的空气、微量元素养分、能量、水分和空间舞台；生命体来自环境，生命终结又回到环境，参与环境的微量元素的物质循环。生命活动体与环境构成自然生态综合体。

在崇明生态岛的指标行动中，将生态与环境二者分离为"二元功能域"，生态集中在表征非人的有机生命体系统；环境所代表的"气、水、微量元素养分（肥）、能量、空间"所构成的无机自然界，这就便于指标行动具有具体的标底对象，能够实现指标行动的"导引、约束、评估、调整"的功能。因此，生态系统在接受人类呵护与保育、索取与干扰、正向诱导的前提下，遵从崇明生态岛环境的自然变化规律，朝着有利于环境结构正向变化的方向演化，提供绿色服务，改善环境的要素结构，参与环境的元素循环；而环境则给所有生命体系统提供合理的容量支撑，保持环境的正向演变态势，实现灾变不确定性的可预见与可控性。

三、五大指标功能域与政府行动的衔接

"管理、经济、社会、生态、环境"五大功能域的指标体系设定，蕴含着中华传统文化的精髓，凸显复合三角形稳定性规律，是贯彻科学发展观的需要；是应对崇明生态岛建设所面临的机遇和挑战、规避崇明生态岛建设不确定性的重大战略举措，具有重要的战略价值和实践指导意义。因此，相关指标的落实，必须与政府职能部门分工相挂钩，得到政府职能部门的行动响应。

（一）管理功能域的政府部门响应

管理作为质量是崇明生态岛指标行动成功的关键。几乎所有的政府部门均与管理功能域的指标相关。但从综合的角度考察，应直接与那些具有综合性的政府部门挂钩，这些部门包括政府办、发改委、规划局、财政局、文明办、科委等。其中科委作为此次崇明生态岛指标行动计划的组织者和发起者，可以作为政府"崇明生态岛指标行动计划"落实的综合性办公室，以协调政府有关崇明生态岛的全部作为行动，进行符合"管理"功能域的价值目标取向的整合，实现政策协调机制的创新、技术与质量标准的创新、基金筹措与投资结构指向的优化，并实施年度绩效及影响评估的反馈，全面协调和适时调整崇明生态岛的全局性战略行动。

（二）经济功能域的政府部门响应

经济发展是崇明生态岛指标行动的支撑基础，也是物质文明成果的主要表现。主管经济发展的相关部门如经委、商务、贸易、旅游委、交通委以及城市基础设施服务部门。经济功能域的指标，不仅需要有明确的生产总值核算指标，更要有投入、能耗、减排、资源节约等确定的指标，不断

追求产业结构的优化、升级，产出与财政贡献的最优，并不断创造新的就业和经济机会。

（三）社会功能域的政府部门响应

社会和谐是崇明生态岛指标行动的起点，也是精神文明成就的重要载体。社会和谐涉及千家万户与政府所有服务管理部门。最主要的是计生委、民政、人力资源与劳动保障、公安、教委、卫生健康等部门。社会功能域的指标，不仅关注人口数量，更要关注人口质量、就业和社会和谐，核心是维系居民生计质量的不断提升和可持续性，并不断提升社会对生态、环境的呵护与保育的自觉性。

（四）环境功能域的政府部门响应

环境友好是崇明生态岛指标行动的自然基础。人们不能离开环境对人的呵护和承载服务，但损害自然环境服务质量的依然还是人们自身的无知和盲动。与环境直接相关的管理部门有建委、国土与房地产局、环保局、水务局、气象局、地震局等部门。环境功能域的指标，不仅要关注自然资源配置的合理性与基本量的约束；更要关注自然环境质量的变化，提高对环境灾变的可预知性，不断提升自然环境对人类的服务质量，促进环境要素的结构优化。

（五）生态功能域的政府部门响应

生态文明是崇明生态岛指标行动的重要归宿，也是落实科学发展观的标志性成果。与生态功能域直接相关的政府部门主要集中在大农业方面，如种植业、林业、畜牧业、水产业、园林景观、湿地保护等部门。生态功能域的指标行动不仅要关注生物生态系统所提供的食品、生物原材料、生物多样性以及生态景观服务质量和生产率；更要呵护生物生态系统，实现基本农田、湿地、森林、园林景观绿地、水生生态以及畜牧生态系统的优化与整合，维系生物多样性和可持续性。

应该指出，五大功能域的政府部门对应是大致的，不是绝对分工。实际上，政府部门功能与崇明生态岛指标行动的五大功能域是交叉对应的，相互包含，相互影响，是协同对应的共生共存共荣的生态关系。

　　当然，政府在提高自身作为质量的同时，可以采取市场化的手段，充分调动社会力量以及非政府组织的机构行动能力，实现崇明生态岛指标行动落地；"管理"的政策协调机制，应与企业责任、社区参与挂钩，从而实现与经济功能域、社会功能域的互动。

　　总之，五大功能域的指标行动，与政府职能行动紧密挂钩，涵盖崇明生态岛战略行动的方方面面，具有"引领生态岛的建设方向；规范生态岛的建设行为；调控生态岛的建设进程"的战略功能。应该指出，五大功能域的政府部门对应是大致的，不是绝对分工。实际上，政府部门功能与崇明生态岛指标行动的五大功能域是交叉对应的，你中有我，我中有你，是协同对应的共生共存共荣的生态关系（见图7.5）。

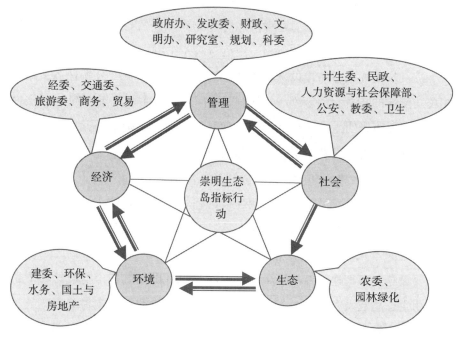

图7.5　崇明生态岛指标行动的政府部门响应及对应关系

四、崇明生态岛指标行动计划建议

　　崇明生态岛指标行动，核心价值是凸显政府主导的崇明生态岛行动，旨在提高政府崇明生态岛建设的作为质量，规避决策失误和不确定性的重要行动。落实崇明生态岛指标行动计划，应抓好以下三个方面的工作。

（一）建构强势组织保障体制

切实加强崇明生态岛指标体系行动计划实施的领导。崇明区委、县政府是推进行动的主体；上海市委、市政府及市直各部门给予行动以强有力的支持、保障和政策指导；上海市科委为崇明生态岛建设指标体系的科学制定、实施、监测、完善提供切实的组织保障与科学支撑。

要在现有地方权力架构运行的领导和协调机制上，充分发挥生态岛建设协调领导小组的组织协调作用，依托各成员单位，明确职责，各司其职，形成合力，组织领导保障有序有力有效。

组建专家咨询委员会，保障科学决策，充分利用国内外知名智库和智力资源，加强对崇明生态岛建设的跟踪、监测、评估与决策咨询工作，发挥世界级生态岛指标体系的引领、规范与调控作用。

进一步明确生态岛建设领导协调小组办公室的职责，分解任务，结合相关功能域的指标体系，列入职能部门年度工作目标和年度绩效考核内容，切实保障崇明生态岛指标行动计划落到实处，明确责任，加强检查督促，确保生态岛建设各个建设项目的顺利推进。

（二）创新生态岛建设的运行管理机制

世界级生态岛建设是生态文明建设的伟大实践，要敢于试验，大胆实践，创新运行管理机制，探索出生态岛建设的新模式、新机制。

1. 创新生态岛建设的投融资机制

要设立生态岛建设专项资金。市政府要通过设立有别于财政转移支付的崇明生态岛建设专项资金，加大崇明生态岛建设的财政支持力度。鼓励和引导国内外各种生态环境公益性基金资本、民营资本、福利慈善资本投向崇明生态岛建设项目（曾刚，2009）。进一步拓宽利用外资渠道，积极利用世行、亚行、全球环境基金、联合国开发计划署等国际组织以及各国政府的贷款或赠款。鼓励外商投资高新技术、污染防治、节能和资源综合利用项目。独资、合资、合作造林营林。积极引进国外优良品种和先进技术、设备和管理。鼓励外商在崇明生态岛设立生态经济研发机构，开展有关项目的合资合作。要根据"费随事转"的原则，切实保障和提高专项资金的使用效益。

2. 创新生态岛项目管理机制

扎实推行生态岛项目工程的前期研究、立项建设质量跟踪、竣工验收质量评估、项目实施效益评估的项目管理机制。要建立崇明生态岛建设项目库，以自然资本储备与升值、生态安全保障为目标，重点开展崇明生态岛能力建设，建立崇明生态岛重大工程项目库，实行"储备一批、开工一批、竣工一批"的滚动推进格局，通过科学的项目管理机制，促进崇明生态岛建设进程，规避不确定性，提高生态岛建设项目的效率和质量。

3. 创新生态岛建设的统筹协调机制

要坚持"三有三重三评"，科学推进计划实施。行动计划要科学、合理、简洁、可操作，既有中长期目标，又有阶段性目标，有序推进；既有项目载体，又有实施措施；既有状态评估，又有过程评估，全面推进中重治本，综合治理中重机制，资金投入重实效。世界级生态岛每一个阶段的建设绩效，经得起市民评判，社会评价，科学评判，经得起历史检验（曾刚，2009）。

要聚焦问题、突出重点，坚持"三个并举"。行动计划框架要与崇明现实相结合，与崇明生态岛发展的客观趋势相吻合，与相关规划相衔接，坚持污染治理与生态保护并举，突出源头预防；坚持基础设施建设和体制机制完善并举，注重机制创新；坚持生态环境建设与经济社会发展并举，促进生态岛建设的可持续发展。

要综合推进，科学管理，坚持"三个整合"。整合条块力量，市县联动推进；整合相关政策手段，提高作为质量；整合利益分享机制，充分调动各方的积极性。

（三）进一步发挥科技的基础支撑作用

尽管上海建设国际化大都市，具有显著的科技和经济实力，但有关生态经济、循环经济、低碳经济，以及生态环境的科技发展，还仍然是发展中国家的水平。崇明生态岛建设是世界上没有先例的挑战性行动。把一个人口较多、发展水平相对滞后的世界级河口沙洲岛，建成为世界级生态岛，是世界上没有先例的颇具挑战性行动（曾刚，2009）。因此，只有坚持科技兴岛的基本战略，始终发挥科技进步在建设世界级生态岛中的基础作用，才能确保生态岛建设的世界先进性。

1. 创新指标体系科技支撑的机制

崇明生态岛建设要坚持科学决策机制，生态岛重大建设项目不能靠拍脑袋，要发挥专家咨询委员会的作用，充分论证和比选。要设立生态岛科技信息中心，全面系统地收集分析生态岛建设的信息和国内外发展动态，为生态岛建设提供信息服务。

要借鉴环境保护、生态建设、循环经济与低碳经济发展的国际经验和做法，在融入全球经济一体化进程中，把握生态环境保护和建设的国际标准和惯例，围绕"建设世界级生态岛"的核心目标，面向"水资源利用与保护""土地资源利用与控制""环境污染预防与治理""绿化建设与生态保护""环境优美乡镇创建与示范"等重点，聚焦"十大核心任务"，全方位开展国际交流与合作（曾刚，2009）。

崇明生态岛建设离不开国内高校和学术团体的强力科技支撑。要进一步巩固崇明区与上海地区重点高校与科研基地之间形成的各种合作关系。利用好崇明生态岛科技专项资金，围绕生态岛建设重大现实性命题，开展学术研究与合作，重奖对崇明生态岛建设作出重大贡献的科技人员。

2. 创新世界级生态岛建设的科学评估制度

崇明生态岛建设世界级生态岛是一个生态文明渐进发展的过程。实施崇明生态岛指标体系行动计划，需要对指标体系实施进程进行跟踪监测，需要对上海经济发展宏观格局及其变动、国家生态环境建设宏观政策及其变动、毗邻地区经济与生态环境变化带来的影响等因素进行动态评估，对生态岛重大项目绩效及其影响进行评估，建立生态岛建设指标体系基本数据库及其动态监测平台，完善指标体系数据采集机制和可采集网络平台，建构科技监测与决策之间的互动机制，不断引导生态岛建设可持续发展。

崇明生态岛生态指标体系是一个系统，单体指标抑或多个指标都设置了相应的阈值。一些指标超过阈值，就会直接威胁到崇明生态岛目标的实现，一些指标若严重偏移方向还会造成生态危机。

3. 注重发挥人文社会科学在生态岛建设进程中的作用

随着崇明生态岛建设进程的推进，"经济富裕""社会和谐""生态健康""环境友好""管理科学"以及"保护""预留""储备"等关键词，应成为崇明生态岛社会生活中的流行话语，以引导和凝聚社会共识。崇明生态岛建设，不仅依赖于上海市政府对崇明生态岛建设的关注、巨额投入与财政转移支付，也是崇明民众生存与发展方式的重要转型。凝聚社会共识和民众力量，需要发挥人文社会科学的基础作用。

要充分发挥非政府组织在科技支撑崇明生态岛指标体系行动中的作用。非政府组织（Non Governmental Qrganization，NGO）是指独立于政府之外、不以营利为目的的志愿者组织，是与政府和企业相平行的"第三方部门"。生态环境领域是非政府组织（NGO）最活跃领域，他们建言献策，维护公众环境权益，组织公众参与环境保护，促进环境保护公益行动。

推进崇明生态岛建设指标体系行动计划，要继续发挥第三方部门的积极作用，掀起生态环境教育公益活动，动员和促进公众参与生态岛建设进程。要勇于和善于接受权威性非政府组织的监督与评估，为发挥非政府组织（NGO）在世界级生态岛建设中的作用营造氛围和条件。鼓励一些公共服务行业主管部门与相关专业性非政府组织对口交流与合作，接受非政府组织善意的公益性活动与资助，促进崇明生态岛的建设进程。

崇明生态岛建设的指标体系行动，不仅是凸显政府建设生态文明的意志和行动，也是公众参与生态文明建设的社会行动。进一步发挥崇明生态岛的生态环境优势，开展"生态夏令营""绿色学校""绿色社区"等公益活动；推行生态岛建设重大项目、重大决策的公众听证、公示、监督、评估制度，保障公众环境权益，激励民众参与的积极性。

崇明生态岛是上海国际大都市后世博时代最重要的潜在战略成长空

间，是上海追赶世界生态科技领先水平、凸显中国发展方式转型、引领生态文明建设方向的示范岛。崇明生态岛的建成，必将在全国率先实现城乡一体化新格局，推进上海大都市建设、促进上海服务全国的总体战略中发挥重要作用。

第七节　崇明生态岛建设成效

一、生态成效

（一）湿地保护汇聚世界目光

1. 加强滩涂湿地保护

崇明崇东、崇西、九段沙等湿地是崇明生态岛自然价值最高的生态系统，也是上海市重要的生态屏障（严柳晴，2014）。[①] 围绕崇明湿地保护与利用的适用技术体系的科技支撑工作成效显著。崇西湿地，成为保护与开发双赢模式的成功实践区，创建的崇西湿地科学实验站成为全球湿地联盟（GWC）成员和湿地国际（WI）亚洲培训中心。

2. 加强鸟类保护

崇明生态岛东滩水鸟栖息地营造和种群维持的技术与示范通过为期两年（2010—2012 年）的研究，确定了影响水鸟栖息地利用的关键因子和水鸟种群维持机制，初步形成了水鸟栖息地优化效果综合评估报告。崇明生态岛建设有助于恢复鸟类的栖息地以及提高占全球种群数量 1%以上的水鸟物种数；2012 年，崇明生态岛占全球种群数量 1%以上的水鸟物种数保持在 7 种，实现了《崇明生态岛建设纲要（2010—2020）》所提出的目标。近两年来，由上海市绿化和市容管理局、崇明区农业委员会组织复旦大学、华东师范大学等单位成立的专家组对崇明生态岛"占全球种群数量1%以上水鸟物种数"进行评估，认为水鸟物种保持良好态势。

---

① 严柳晴：《崇明生态岛将入联合国绿色经济教材》，《青年报》2014 年 3 月 11 日。

3. 保障岛屿生态环境

完成了崇明生态岛围堰、水系、水调控系统（泵站及涵闸）的设计及工程实施，形成了 2000 亩的水位可调控的生态修复技术综合示范区基础，开展互花米草清除工作。利用三维激光地物扫描系统（TLS）、地貌动态监测系统（ARGUS）开展了生态修复工程前及过程中水、沙、沉积、地貌、栖息地特征的监测工作。开展了夏季盐沼繁殖鸟类的繁殖生态学研究，对其食物、生态环境需求以及威胁因子开展监测，初步掌握其繁殖规律及需求。完成了 100 亩水鸟友好型中试养殖示范区的设计及施工，并开展了适合崇明生态岛东滩地区人工湿地养殖的品种的筛选研究，初步筛选出本土水产品种 3 种。

（二）加强陆地生态保护，优化生态格局

1. 建立和完善生态补偿机制

自 2003 年上海市建立生态补偿机制以来，2009 年至 2012 年，崇明区已获得生态补偿资金 7.57 亿元，从 2009 年的 1.2 亿元提升到 2012 年的 2.59 亿元，年均增长率达到 29%。可以看出，近年来崇明区生态补偿逐年递增，同时上海市政府还设立崇明生态岛建设的专项资金，2010 年至 2012 年累计投入达到 140 亿元。崇明生态岛积极探索、建立湿地生态效益补偿机制政策，努力实现自然湿地的"零净损失"和生物多样性保护。自《崇明生态岛建设纲要》发布以来，崇明生态岛在水土林等自然生态建设方面取得了重要进展；东滩湿地公园、西沙湿地公园、金鳌山公园、瀛洲公园、东滩国家级鸟类保护区等的建立与发展，对于崇明生态岛陆地生态保护具有重要意义。

2. 完善生态系统服务功能

崇明生态岛是长江三角洲生态系统的重要部分，具有重要的生态系统服务功能和价值。生物多样性和生态管理是崇明生态岛生态建设的主要内容，通过建设全岛绿色基础设施网络、发展生态系统服务、综合治理有害生物，有效保护了崇明生态岛陆地生态系统。

有害生物综合治理（IPM）是一种将大量的基于常识建立的原理结合

在一起，用于害虫防治的高效环保的方法。通过利用害虫生命周期中的综合信息以及它们与环境的关系，以一种环保的方式来治理害虫，确保对人类和环境的危害达到最小。首先，通过有害生物综合治理对害虫种群、环境控制条件进行评估，确保在行措施的必要性。其次，通过有害生物综合治理精确地检测和确定害虫数量，降低实施不正确措施的可能性，一旦进行检测和识别，有害生物综合治理会通过权衡效率和风险得到最有效的方法。依托东滩湿地公园等，建立生态教育基地，并针对学生、崇明生态岛居民和游客等有针对性地探索和推广多种形式的生态教育，使全民参与生态保护。

（三）开展高碳汇生态示范，合理利用土地资源

1. 湿地碳汇景观营造成效显著

在对全园土壤盐度、景观视线等调查和分析的基础上，对示范工程的部分样地进行了土壤改良，形成了两套适用于滨海盐土地植物群落和树种筛选的综合评价指标体系，构建了高碳汇及景观型植物配置方案，初步筛选出了40种耐盐碱性观赏性植物，以及18种备选植物，确立8种水岸景观配置模式，已在东滩湿地公园的观海楼北侧及双墩桥和访客中心至地震馆两边道路进行种植优化，示范面积达5000平方米，编写了植物的栽种管理技术手册。

2. 保障土地资源利用合理有序

海岛土地，由于肥力衰退现象严重，如旱耕地中65%的土壤有机质含量低于2%。利用海岛资源，以农户庭院、联户或适度规模的生态农渔业方式，构成多层次多食物链的农渔生态体系，建立起饲料（粮）加工—渔—禽、畜—农田的岛特色农业生态良性循环，以提高海岛资源利用率，提高海岛土地资源的总体质量和"三个"效益。

二、环境成效

（一）聚焦水源地水质安全，促进水资源可持续利用

开辟水源地，实现集约化供水，完善污水处理系统。采用"基于崇明

生态岛沙质土壤特征的河岸生态护坡技术"等多项国际先进的河道整治技术，系统推进"一环二湖十竖"骨干河道综合整治。

1. 实现集约化供水

以创新性、实用性为特色的技术研究与应用取得突破，完成了崇明生态岛河网水量水质模型构建与水闸调控精细化模拟，提出了面向防汛安全、供水安全、生态安全的三项调度预案，完成了崇西等五座水闸的自动监控调度运行综合示范，初步形成水资源综合调度管理的技术支撑。构建完成基于河道功能属性的护坡设计与生态护坡评估体系，编写了《崇明生态岛河道生态护坡/护岸设计技术导则》（草案），开展了多项生态护坡/护岸技术示范，打造了集航运、行洪、旅游休闲和水环境教育为一体的清水廊道。

2. 完善污水处理系统

崇明村镇环保基础设施相对薄弱，近 200 个自然村落的污水排放是影响农村住区环境质量的主要问题之一。近年来，岛内按照分类指导，有计划、分阶段推进污水治理工作，通过集中与分散相结合，创新农村污水处理新思路。

3. 推进骨干河道综合整治

崇明生态岛河网发达、水系密布，具有重要的生态服务功能。岛内市县级河道总长 566.3 公里，乡镇级横河总长近 1200 公里，村级泯沟 1 万多条，长度总和超过长江干流的长度。近年来，崇明生态岛河网部分河段淤积，水量减少，河道自净能力减退，部分河段水体出现明显污染，个别泯沟和小河水体水质达四类至五类水。

4. 促进水资源循环利用

2012 年崇明生态岛本岛自来水供水总量 5838 万吨，崇明生态岛工业用水占总供水量的 34.5%，生活用水占 38.1%。根据第一次全国水利普查暨上海市第二次水利普查资料，截至 2011 年年底，崇明三岛有效灌溉面积 89.45 万亩，其中节水灌溉 67.72 万亩，节水灌溉覆盖率达 75.7%。

（二）推进废弃物资源化利用，加强环境污染综合治理

崇明生态岛结合现状水平和低碳发展的要求，遵循"资源化、减量

化、无害化"的原则，优先考虑环境，兼顾各种固体废弃物，统筹规划，大力推进垃圾源头减量以及综合处理利用。

1. 加强农业面源污染治理

崇明生态岛 20 世纪 70 年代已经开始进行畜禽粪便循环利用的实践，根据"农牧结合、种养结合、生态循环"的理念，逐步试点并建立了种养结合的"畜禽—沼气—作物"等闭路生态平衡模式。通过推进规模化畜禽场标准化生态养殖基地建设、积极开展大型牧场沼气利用示范、加强中小型生猪饲养户治理工作、充分利用畜禽粪便"变废为宝"等途径，崇明生态岛的畜禽粪便资源化利用率近年来稳步提高，2012 年为 81%（见图 7.6），超过了《崇明生态岛建设规划纲要（2010—2020）》提出的阶段性目标。

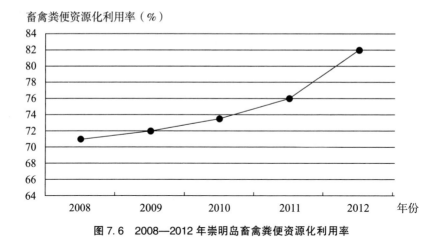

畜禽粪便资源化利用率（%）

图 7.6　2008—2012 年崇明岛畜禽粪便资源化利用率

2. 促进生活垃圾资源化利用

崇明生态岛人均生活垃圾产生量较低，2010 年为 0.48 公斤/人/天。生活垃圾采取垃圾房和垃圾桶相混合的收集方式，由收运车送至中转站或处置点，处理方式以填埋为主。2012 年启动了崇明生态岛固体废弃物处置综合利用中心（焚烧发电）项目的前期工作，未来生活垃圾继续依照"资源化、减量化、无害化"的原则，通过垃圾分类对生活垃圾中的餐厨垃圾、大件垃圾、电子垃圾等单独处理，可回收物进行回收利用，不可回收物以焚烧为主，卫生填埋为辅。

3. 提高其他废弃物综合利用水平

崇明生态岛产生的一般工业固体废弃物不多，以铁屑、渣石为主，主要以分拣综合利用为主，不可利用部分进行终端处理。沟渠和清淤产生的污泥大多回用至田地。完善危险废物、医疗废物集中收集与安全处置系统，建立健全危险废物收集、贮存、运输、处置的全过程环境监督管理体系（张密山，2005）。[①]

（三）有效落实节能减排措施，持续优化能源结构

探索绿色能源体系，优先利用农业废弃物等生态资源，加强生物质能、风能、太阳能等可再生能源的开发，逐步关闭燃煤发电机组，岛内能源结构得到持续优化。

1. 加强可再生能源开发利用

扩大可再生能源开发利用规模，提高可再生能源应用比例。加大风能开发利用力度，建设北沿、北堡港、青草沙等风电场，扩建前卫风电场。崇明充分利用清洁能源、开发可再生能源，推进太阳能、风能、生物质能、浅层地热能在内的多种清洁能源项目，已建设成为全市可再生能源利用的示范区域，并获批成为国家绿色能源示范县、全国可再生能源建筑应用示范县，可再生能源利用全市领先。已建成两万千瓦东滩风电场、两万千瓦长兴风电场和前卫村一兆瓦太阳能光伏发电站；已基本建成4.8万千瓦北沿风电场、6万千瓦前卫风电场；竖新镇2.5兆瓦生物质能综合利用项目、若干个具备太阳能发电和旅游观光功能的太阳能光伏电站也投入建设使用，海上风电场成效显著。

2. 推进能源审计和合同能源管理

进一步优化工业结构，继续淘汰高能耗、高污染、低效益企业。加强政策配套和专项资金投入，对固定资产投资项目，实施"批项目、核能耗"制度，从源头上控制能耗的不合理发展。鼓励和组织企业实施重点工

---

① 张密山、赵国华、王汉东：《抚顺市生活垃圾管理现状及对策探讨》，《辽宁城乡环境科技》2005年第1期。

程及节能技术改造。同时，积极推进合同能源管理，加强监督管理，强化重点企业节能，落实重点用能单位能源利用状况报告制度和能源审计制度。

3. 低碳示范成效显著

崇明生态岛人均能耗及碳排放均为上海平均水平的一半，且重点发展的第三产业单位增加值能耗和碳排放强度均优于上海平均水平。岛内原有火电厂的关停以及电力供应的清洁化转变将为全岛的低碳发展提供重要的能源基底保障；除可再生能源的大力推广外，岛内正在全面推进公交优先、清洁能源汽车、建筑节能，以及各类资源的综合、高效、循环利用等综合策略，大量由点及面的低碳基础设施建设将为崇明生态岛低碳发展提供强大支撑；岛内现有林地及湿地在充分发挥综合的生态效益的基础上，也为崇明生态岛提供了宝贵的碳汇资源。构建低碳农业生产方式，园区的秸秆、畜粪和有机垃圾等资源化利用率达到100%。低碳社区项目集中开发和展示低碳能源、建筑、土地利用、交通运营、垃圾分层次收集利用等技术，实现社区可再生能源利用率30%以上，综合节能率达到75%—80%，位居全国最高水平。

（四）加强污染防治，完善环境监测体系

1. 开展大气污染防治

创建了231.7平方公里的"基本无燃煤区"；积极开展18个乡镇"烟尘控制区"创建，并达到市环保局规定指标；创建10.8平方公里扬尘污染控制区。2012年，崇明生态岛空气污染指数达到一级天数为192天。此外，加强日常空气环境治理监测，实施实时监控，建立日报制度，并在政府网站和市环保局网站发布空气质量日报，及时让群众了解崇明生态岛空气环境质量现状和变化情况。

2. 加强噪声污染防治

积极开展环境噪声达标区创建和复验工作，范围包括崇明区城区（城桥镇、新河镇、堡镇）和崇明区工业园区，总面积24.7平方公里。通过实施城市道路建设和改造、开展畅通工程、实施机动车禁鸣、城市道路绿

化、淘汰破旧车辆等措施，整治交通噪声污染。2012 年，崇明生态岛区域环境噪声达标率为 100%。此外，开展形式各样的噪声整治和声环境优化工作，包括规划城市噪声功能区，优化声环境布局；加强宣传，积极开展安静环境教育，开展机动车禁鸣宣传执法活动。

3. 强化污染物排放总量控制

按照国家及市的总量控制要求，制订行业、区域污染物排放总量控制分配方案，进一步明确污染削减责任，控制工业和生活化学需氧量（COD）、二氧化硫等污染物排放总量。加强污染物排放总量动态管理，严格实施排污许可证制度，加大对无证、超量排污企业的查处力度，强化污染物排放总量跟踪监控，完善企业排污申报制度。

三、社会成效

崇明生态岛的建设目标是世界级生态岛。崇明生态岛社会经济水平不断提升，生态岛建设工作推进整体有序、生态环境质量稳步提升，在市区两级政府的共同努力下取得了阶段性成果。

（一）人口负增长明显，获批"中国长寿之乡"

2012 年，崇明生态岛人口约为 60.9 万人，人口密度为 480 人/平方公里，人口规模连续 12 年呈负增长趋势（见图 7.7）。2010 年 9 月崇明生态岛成功获批"中国长寿之乡"，80 岁以上老人 2.9 万人，占总人口数的 4.3%；人口平均寿命达到了 80.26 岁。

（二）推进新型城镇化建设，人口布局持续优化

生态岛人居生态的核心价值在于合理推进城镇化及生活方式的生态化。城镇化代表着规范的建筑、便利的交通等基础设施，也代表了更高程度的公共服务、更舒适的生活方式、更多元的文化和更适宜人类居住环境。2012 年，崇明生态岛城镇人口为 24.7 万人，城镇化水平为 40.5%，根据图 7.8 可见，崇明生态岛的城镇化水平连续 12 年呈增长趋势。

（三）绿色建筑、绿色交通，构建低碳基础设施体系

在强有力的科技引领和支撑下，崇明生态岛目前已基本形成以电力清

人口（万人）

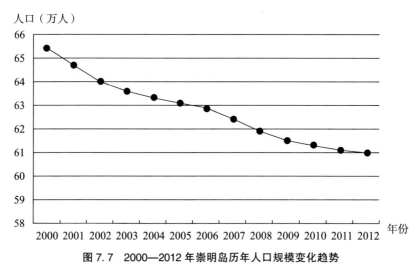

图 7.7　2000—2012 年崇明岛历年人口规模变化趋势

资料来源：《上海市崇明统计年鉴 2000—2012》，中国统计出版社 2001—2013 年版。

人口（万人）

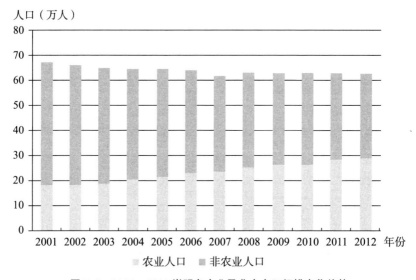

　农业人口　　非农业人口

图 7.8　2001—2012 崇明岛农业及非农人口规模变化趋势

资料来源：《上海市崇明统计年鉴 2001—2012》，中国统计出版社 2002—2013 年版。

洁化为基础，以可再生能源和智能电网的协同发展为辅助的低碳能源基底，以绿色建筑和新能源汽车等技术的本地化应用和推广为亮点的低碳基础设施体系，以林地和滩涂湿地的大力保护及发展为代表的自然碳汇系统，以传统的"天人合一"思想为核心的低碳人居氛围，基于以上综合措施的持续推进。

1. 绿色建筑

基于区域经济发展资源及能源"输入—转化—输出"过程机理，针对崇明生态岛发展实际及其特色，为其他发展中国家或地区推进绿色、低碳发展提供良好借鉴。目前已对瀛东村现有 45 栋双层住宅建筑进行低成本生态化改造，使其既达到建造综合节能率 57%，又保持原有的海岛地域风格，有效改善了村民的室内生活环境与心理环境感受。

2. 新能源交通

实施新能源汽车"崇明示范区"科技支撑计划。结合 10 辆世博新能源汽车的后续利用，制订了适合"崇明示范区"交通需求的新能源汽车应用规划，以及相应基础设施建设规划。2011 年，以城桥镇"城桥 1 路"超级电容车示范线为突破口，推动新能源汽车在崇明区应用。

（四）推动现代化交通体系建设，优化交通规划布局

崇明生态岛低碳交通立足重大关键技术开发和示范的长效机制，以乡镇为主体开展低碳交通运输体系建设试点工作。崇明生态岛交通体系建设主要包括两大方面：岛内外路网系统规划建设和公共交通发展。建成于 2009 年的上海长江隧道是世界最大的隧道；崇启大桥，又称崇启通道工程，是国家高速公路网中上海至西安高速公路的一部分。

四、经济成效

（一）经济持续稳步上升，与全市平均水平差异大

1. 产业结构优化

近年来，崇明生态岛深入学习和实践科学发展观，坚定信心，抓住机遇，迎难而上，努力化解国际金融危机和产业结构调整带来的双重压力，崇明生态岛的经济连续 9 年保持两位数增长（见图 7.9）。

2012 年，崇明生态岛全岛完成增加值 263.3 亿元，比上年增长 5.5%。其中，第一产业完成增加值 21.3 亿元，比上年增长 2.3%；第二产业完成

增加值（万元）

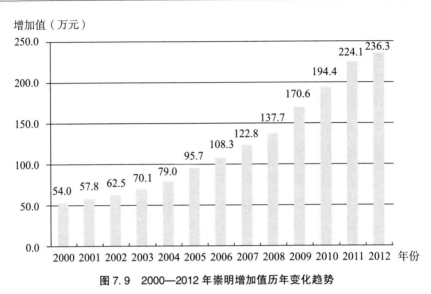

图 7.9　2000—2012 年崇明增加值历年变化趋势

资料来源：《上海市崇明统计年鉴 2000—2012》，中国统计出版社 2001—2013 年版。

增加值 126.1 亿元，比上年下降 0.4%；第三产业完成增加值为 88.9 亿元，比上年增长 15.8%。三次产业结构比为 9.0∶53.4∶37.6。

但是岛内经济发展水平整体不高，随着产业发展及人口的不断引入，未来综合能源消费及温室气体排放的增长空间大；产业发展呈现高端制造业缺失，现代服务业发展缓慢，绿色有机农业的竞争力尚未充分发挥，生态旅游业仍处低端等发展格局，低碳产业发展的支撑不足。

2. 人均生产总值增长快速，与全市差距较大

近年来，在国家大政方针的正确指导，以及市县两级政府的共同努力下，崇明生态岛经济保持高速发展，2012 年，崇明生态岛人均生产总值达 2.49 万元，且逐年稳步上升，但其与上海人均生产总值的差距则有所增加，2012 年崇明人均生产总值不到全市水平的 1/4。同样，崇明生态岛人均财政收入逐年上升，2012 年为 9795.7 元，但其与全市人均财政收入的差距也呈现出不断增长的趋势。

在农村居民人均纯收入方面，崇明生态岛农村居民人均纯收入逐年增加，人民生活水平明显改善。2012 年，崇明生态岛农村居民人均纯收入达

到 1.4 万元，是上海市农村居民水平的 77.8%，且差距逐年有所增加。

通过以上比较分析可以发现，崇明生态岛近年来经济发展势头良好，但与全市平均水平仍有差距，且有所增加。由此可见，崇明生态岛作为上海市可持续发展的重要战略空间，为保护生态环境、建设世界级生态岛以及构建全市生态安全格局等，经济发展受到一定程度的限制，崇明生态岛生态环境保护与区域经济发展之间的矛盾有所增加。

（二）大力发展高效生态农业，生态岛成为全市最大菜篮子

农业已成为崇明生态岛的重要支柱产业之一，在崇明生态岛的建设中具有举足轻重的作用，同时也为上海的粮食供应提供了切实有力的保障。在强有力的科技引领和支撑下，崇明生态岛目前已基本形成以高效生态农业和轻型服务业为主要支撑的低碳产业格局。

（三）积极推进落后产能调整，绿色工业体系建设起步

崇明生态岛建设目标围绕如何促进低碳建设这一核心和理念，从产业结构、低碳能源、绿色建筑、低碳交通、绿色农业、生态环境建设等领域对崇明生态岛的未来发展提出了相应的目标和要求。崇明生态岛工业体系由于产业能级较低、设备比较陈旧、产品更新慢、附加值较低，崇明生态岛现有产业的技术改造难度较高，未来进一步推动节能减排的压力较大。

工业体系的建设方面，崇明生态岛努力推广清洁生产技术，以整治铸造、危化、小化工、黑色金属冶炼加工和橡胶制品等"两高一低"企业为抓手，淘汰落后产能，大力发展低污染、低能耗的现代服务业和高新技术产业，大力开展重点耗能企业节能技术改造，提高能源利用效率。积极开展清洁生产审核工作，对清洁审核单位进行培训、指导，使企业了解掌握清洁生产审核对企业可持续发展的重要性，增强企业做好清洁生产工作的主动性。

（四）悉心培育现代服务业，生态旅游能级提升

明珠湖、北湖、森林公园、东滩湿地等已成为都市人群的休闲旅游度假胜地。通过旅游业的发展，生态岛不断强化接二连三产业融合发展，有序提升岛内现代服务业发展水平。东滩 1.8 平方千米的湿地公园区域作为

低碳旅游示范区，已开发运行了游客智能服务系统，并利用非化石燃料动力的清洁能源交通接驳工具，实现了低碳交通；设计并完成了低碳饮食套餐方案，使人均摄入食物碳含量降低 20% 左右，碳排放量降低 15% 左右；同时完成了公园的污染物生态处理和循环利用等碳减排技术和模式，以及高碳汇植物群落配置、湿地植物芦苇合理管理、土壤有机碳保持、高碳汇水体营造等已围垦的湿地增碳汇技术，从而降低旅游示范区在管理和营运过程中的碳排放，增加公园的碳吸收能力。

第八章　加快推进生态文明建设之行动：步骤与保障

从可持续发展、新型工业化、"五个统筹"、科学发展观、转变经济发展方式到循环经济，再到加快推进生态文明建设，这都反映出中央对我国工业化、现代化进程与中华民族和平崛起科学道路的不断追求和指导思想的不断与时俱进。统筹人与自然和谐发展、建设生态文明，是国家可持续发展、科教兴国现代化总体战略的有机组成部分，不仅是中国从大国走向强国的一种理念上的支撑，也是"建设富强民主文明和谐的社会主义现代化国家"的唯一路径选择。从国际环境看，加快推进生态文明建设，还是中国作为负责任大国的庄严承诺。当前，中国尚处于工业文明既发展又不发达的现代化爬坡期，在这样一个特殊的国情基础之上建设生态文明，必然是一个长期而持续的历史过程。这首先需要进行艰难的文明跨越式转型，即从工业文明模式跨越性转向生态文明模式，并在此基础上，有序推进生态文明建设。党的十九大报告明确指出，中国现代化建设是人与自然和谐共生的现代化，既要创造更多物质财富和精神财富以满足人民日益增长的美好生活需要，也要提供更多优质生态产品以满足人民日益增长的优美生态环境需要，党的十九大报告为未来中国推进生态文明建设和绿色发展指明了路线图。为此，迫切需要适应中国现实国情，科学制订生态文明建设的总体目标和阶段性目标，逐步完成各阶段的战略任务和重点工作，不断夯实基础，积累经验，创造条件，加快生态文明建设的步伐，提高生态文明建设的质量。

第一节　推进生态文明建设"中国行动"的战略部署

本书在国情研究的基础上，综合各类主体功能区生态文明建设的模式和路径，科学规划加快推进我国生态文明建设的总体目标以及近期、中期、远期的阶段性目标和行动纲领，以从生态文明建设的视角进一步丰富"中国模式"的内涵和内容，更好地服务于我国发展方式的转型与和谐社会建设，从而为我国的和平崛起提供坚实有力的保障。笔者编制了中国加快推进生态文明建设的"三步走"战略规划：2011—2015 年为生态文明建设的夯实基础期，以发展方式转型为重点，实现由工业文明向生态文明的转型；2016—2020 年为生态文明建设构建框架期，以大规模生态系统修复、重建为重点，基本形成生态文明大国的总体架构；2021—2030 年为生态文明建设的基本建成期，以建设基于生态文明的强国为重点，实现人口、资源、环境、经济、社会等在不断的交互耦合，中国将成为一个生态文明强国。

一、夯实基础阶段（2011—2015 年）

2011—2015 年为我国生态文明建设的夯实基础阶段，该段时期内我国生态文明建设主要以发展方式转型为重点，旨在实现工业文明向生态文明的转变。随着生态文明建设地位的不断提升，推进生态文明建设成为夯实基础阶段发展的重点，该阶段要实现工业文明向生态文明的转型，具体是要实现经济增长方式及生产方式的可持续发展，寻求新常态下经济增长推动力的转型。

笔者通过选取 1988—2012 年中国外贸进出口额、固定资产投资、社会商品零售总额三个变量的数据，运用向量自回归模型（VAR）分析三组因素对经济增长的影响，首先对数进行单位根（ADF）检验，结果显示平稳，进而对脉冲响应函数进行方差分解，分析每一个结构冲击对内生变量变化的贡献度。结果显示，生产总值在第一期只受自身波动影响，外贸、消费、投资对生产总值的影响在第二期才显现出来，到第八期之后冲击影响趋于稳定。到第十期，生产总值受自身波动影响贡献率为 56.0%，而受外贸、消费、投资的影响则分别为 24.6%、12.3% 和 7.1%（见图 8.1），尤其是外贸波动对生产总值的影响较大。根据中国社科院沈利生（2009）利用投入产出模型测算出"三驾马车"的拉动作用，其研究表明在生产总值增量中，消费拉动的增量贡献最低，只有 20% 多，投资的贡献保持在 30% 多，而出口的贡献最高，达 45% 左右。王玉华的研究也表明，中国出口受发达经济体的影响严重，一旦发达经济体经济发生波动，中国出口也会受其影响发生波动，中国出口的可持续性严重依赖于外部环境的稳定性，未来应逐步增强内需对经济的拉动和贡献。

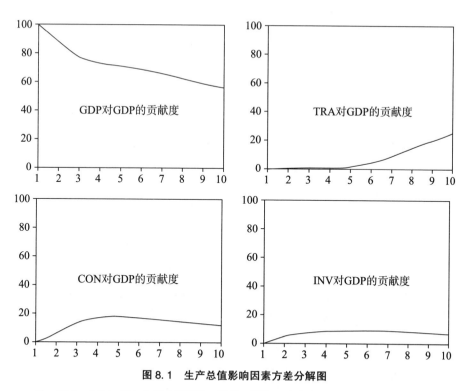

图 8.1　生产总值影响因素方差分解图

注：TRA、CON、INV 分别表示贸易、消费、投资三个变量，纵轴表示贡献度，横轴表示预测期。这里不是分析三组变量对生产总值增长的贡献，而是分析三组变量脉冲响应对生产总值波动的贡献。

当前，我国经济消费、投资、出口三大需求的平衡协调增长是实现稳增长和结构优化的重要条件。未来应逐步改变依靠"粗放型"投资和不可控的外需推动下的经济增长，着力解决内需不足的问题。具体来看一方面要实现消费、投资、出口的转型升级，消费、投资、出口作为经济增长的"三驾马车"未来应继续发挥其对经济增长的拉动作用。同时加强对消费、投资、出口的转型升级，从长远发展来看，要通过消费结构的调整实现对第三产业的推动作用，具体举措包括政策的积极引导、多样化的消费理念培养等，通过这些举措实现对消费的整体拉动，提升消费比重从而推动产业的整体发展。

在过去三十多年的投资建设后，涌现出大量的新技术、新产品、新业态、新商业模式，对传统的方式提出了新挑战，需要进行融资方式的创新。在新型城镇化发展过程中，对于公共基础设施及产品的建设与供给等方面都具有很大的投融资空间。在后续的投融资过程中，需要逐渐消除投融资障碍，发挥其对经济增长的主导核心作用；此外，随着全球经济发展的低迷，我国低劳动力成本的优势也逐渐变得不够明显，但是也应该看到我国的竞争优势依然存在，需要进一步提升自己的发展水平，同时扩大走出去的规模，加快培育比较优势并实现出口对经济快速发展的核心作用。同时，还需要进一步寻求经济发展的深层次动力机制，在发挥旧常态下传统"三驾马车"作用的同时，应努力寻找经济增长的新动力，通过制度创新、结构优化、要素升级作为经济增长的"三大发动机"，推动经济发展进入新常态。首先，继续深化经济体制改革，通过制度创新调动经济主体的积极性和创造性、优化资源配置、改革消费者和投资者预期等途径释放生产力。制度创新包括调整生产要素价格制度，促进财政支出安排倾向于经济建设的财税制度，完善金融制度，改革城乡土地制度，深化科技体制改革，着力解决制约科技创新的突出问题等。

在此基础上加快推进结构优化，实现产业结构优化转型升级。通过体制改革，要素结构、市场结构、产业结构和区域结构将得到重新塑造，巨大的经济活力有望在这场结构重塑中再次焕发活力，从而形成新动力。

从要素结构上看，土地、私人资本、技术等生产要素的作用尚未得到充分发挥，投资渠道狭窄，与发达国家相比，我国的生产水平较低，因此更需要进一步进行产业结构的转型升级，淘汰落后产能的产业，大力发展具有较强国际竞争力的战略性新兴产业，培养产业发展的新动力及新增长点，从而实现我国经济转型、实现经济稳步增长。随着"创新驱动，转型发展"国家战略的实施，产业升级步伐加快，位于价值链低端的劳动密集型加工工业对生产总值的贡献将逐渐减少，而位于全球价值高端的资本、技术、知识密集型的先进制造业、生产性服务业对生产总值的贡献将大幅度增加，生产总值对劳动力数量增加的依赖程度将下降，这将在较大程度上减弱人口红利消失对经济增长的冲击。中西部地区经济水平相对较低，通过发挥中西部地区的经济发展潜力，区域结构的显著改善也将为中国经济次序增长提供强大的动力。

此外，需要进一步加快对资源要素的转型升级，如技术、人才以及信息要素等，需要进一步提升全要素生产率和国民经济的运行速度，主要实现途径包括：一是建立企业为主导的技术创新体系，营造良好的市场竞争生态体系，实现企业核心技术的创新及企业的网络化及产业集聚，强化企业技术创新的动力脊椎，激励企业创新（吕薇、田杰棠，2012）。[1] 二是加强人力资本投入，通过优化教育体系、发展教育创新等途径实现具有创新意识人才的培养，同时形成人才培育保障体系，建立人才创新激励体系。三是加强资源节约型技术的采用，提高资源利用效率，这将从根本上促进资源瓶颈对经济增长的约束。

二、搭建框架阶段（2016—2020 年）

2016—2020 年为我国生态文明建设的搭建框架阶段，该时期内我国基本形成生态文明大国的总体架构，生态文明建设旨在构建能够实现生态系统修复及建设的框架。通过生态补偿实现可持续发展进程，同时将生态文

---

① 吕薇、田杰棠：《营造良好制度环境推动企业成为技术创新主体》，《人民日报》2012 年 8 月 31 日。

明建设融入城市建设及城市空间拓展中。将发展低碳经济作为实现创新驱动经济发展的基本途径。

根据 2011 年世界银行报告，2010 年发展中国家的人均碳排放量远远低于高收入国家，且低于世界平均水平。但是值得关注的是，中国的人均碳排量已经超过世界平均水平。同时，基于庞大的人口基数，中国的碳排放总量占到全球总量的 23%，成为碳排放大国。尽管中国采取了严格的减排措施，但由于经济迅速扩张，无论其年排放量还是人均历史累计碳排放，均在迅速增加。虽然中国人均历史碳排放仍然较低，但目前已经超过了法国和西班牙。

同时，中国目前处于工业化中期阶段，对能源的需求量比较大，因为这段时期内中国城市化速度较快，导致一些大型基础设施的建设需要大量的能源、资源消耗（从玉华、张可佳，2005）。[1] 我国能源结构主要以煤、石油、天然气等为主，若继续保持现有的高速增长，必然消耗大量化石燃料，进而造成碳排放总量的上升。要实现《京都议定书》上的碳排放目标更是难上加难。未来，如果要获得额外的碳排放量，则需要向别国购买，而购买成本也将成为巨大的压力。由于中国总体上仍处于工业化阶段，加上富煤缺油少气的能源资源特点，尽管在碳减排方面做了巨大努力，但实现经济低碳增长目标的难度很大，经济快速增长与碳减排之间的矛盾仍然十分突出。中国必须通过技术创新、要素创新、管理创新和市场创新来实现经济增长速度提升、资源利用效率提高、碳排放强度降低的协调发展。具体措施有以下几点：

一是从国家发展战略的高度重视低碳经济的发展，变被动为主动，实现发展与减排的良性循环。必须以中央政府提出的 2020 年碳减排目标为手段，加快产业转型，积极参与国际碳减排活动，尽快实现由规模扩张向效率提升的转变，切实落实"创新驱动，转型发展"的战略部署，实现工业

---

[1]　从玉华、张可佳：《〈京都议定书〉生效对中国意味深长》，《中国青年报》2005 年 2 月 16 日。

化、信息化、城镇化、农业现代化四化同步发展（尚勇敏等，2014）。[①]

二是正确评估中国温室气体减排的义务和责任，在国际气候谈判中，中国要建设性地参与应对气候变化的进程。中国的碳排放增长不仅要考虑中国特定的发展阶段因素，更要考虑现代贸易和投资引发的转移性因素，尤其是高碳产品出口引起的碳排放问题。要把中国特定发展阶段所产生的"生存和发展排放"的客观必然性与发达国家的排放相区别，并要求出口的需求方，为由出口产品造成的排放埋单，从而减少中国在减排温室气体上面临的国际压力，避免陷入发达国家借气候问题给中国设计的陷阱（金乐琴，2009）。[②]

三是加快建立国内的绿色市场，提升服务经济的自主创新能力，大幅提高第三产业占国内生产总值的比重，在产业结构调整、区域布局、技术进步和基础设施建设等方面，为向低碳经济转型创造条件。尽快完成中国以低端生产为主的产业体系沿"微笑曲线"向高端研发、运营为特征的价值链高端环节转变，实现中国经济健康绿色发展。

三、基本建成阶段（2021—2030 年）

2021—2030 年为我国生态文明建设的基本建成阶段，将建设基于生态文明的强国作为重点，以实现人口、资源、环境、经济、社会等在不断地交互耦合为目标，最终将中国建设成为一个生态文明强国。由于我国地域范围广阔，东、中、西部不同地域类型的经济增长速度、城市低碳经济发展水平等方面都存在较大差异，生态文明建设模式也存在较大差异。

如我国化石燃料生产和建筑水泥消耗的二氧化碳排量的可视化。其清楚地显示了我国城市，特别是大中城市是碳排放的主要区域。1981—2001年，我国的二氧化碳排放区域仍集中在东部区域，但实现了由华北向华南的扩张。2000 年之后（政府"十五""十一五"规划），中国掀起新一轮

---

① 尚勇敏、曾刚、海骏娇：《基于低碳经济目标的中国经济增长方式研究》，《资源科学》2014 年第 5 期。

② 金乐琴、刘瑞：《低碳经济与中国经济发展模式转型》，《经济问题探索》2009 年第 1 期。

投资热潮，经济发展"重型化"特征明显，经济增长仍然严重依赖于能源要素的大量投入，我国传统资源型城市主要位于北方煤铁矿或石油资源富足地区，并为其他区域大量输送能源，碳排量较大。而南方则侧重于轻型制造业，碳排放量相对较小。我国的单位生产总值碳排放量则呈现出东—中—西格局，这体现了我国东、中、西生产总值梯度对碳排量效率的纠正。

从各城市的生产总值、碳排放总量和效率之间的关系可见（见图8.2），60个地级市分布在四大象限：第一象限为生产总值和碳排放量双高象限，不意外的，北京、天津、上海、重庆四大直辖市和苏州都落于第一象限；第二象限为低生产总值、高碳排放量象限，唐山这一华北的工业和矿业重镇位于此象限；华南的两大轻工业城市深圳、广州则位于第四象限，体现了高生产总值、低碳排放量的高效经济发展模式，这两大城市发展金融等高级服务业、科技创新产业，较好地实现了经济结构的调整和增长模式的转变；其余城市则落在低生产总值、低碳排放量的第三象限。但第三象限的城市存在这两大类：杭州、成都等城市位于虚线上方，其单位生产总值碳排量较低，但昆明、徐州、呼和浩特、洛阳等城市则位于虚线下方，单位生产总值碳排放量高于全国平均水平，亟须实现产业升级和经济增长模式的转变。

因此该阶段要实现生态、经济、社会的协调发展也要根据东中西部地区不同的生态发展模式进行规划。我国城市既是人口集聚中心，也是经济发展引擎，是实现经济转型、科技升级、低碳经济发展的关键，然而我国各城市的自然环境基底和经济发展现状各不相同，应对城市进行分类指导，经济发展和环境保护各有侧重。

我国东部经济较为发达的区域内，城市的碳排放总量较大，是我国碳排放量降低的关键区域，因此要实现产业结构优化、鼓励低碳科技创新来控制二氧化碳排放水平，实现经济转型。具体包括：（1）加快产业结构调整速度，促进第三产业的发展，培育高新技术产业和节能环保产业，重点支持生产性服务业发展；（2）改善能源结构和利用效率，加快研发传统化

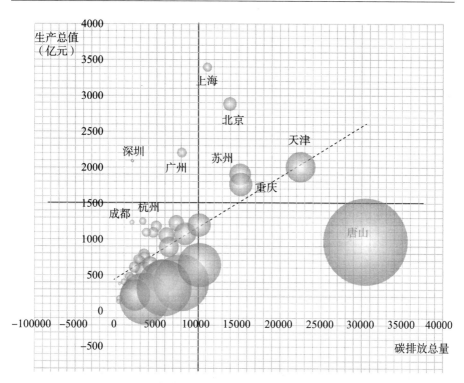

图 8.2　2011 年中国主要地级以上城市低碳经济发展现状图

资料来源：《中国城市统计年鉴 2011》，中国统计出版社 2012 年版。

石燃料的清洁高效技术和循环利用技术（韩晶、李小丽，2013）；[①]
（3）大力发展低碳技术，重视企业的技术创新主体地位，鼓励和支持自主
创新、研发低碳技术和低碳产品。而位于经济欠发达区的城市碳排放强度
较大，这种粗放型增长对我国未来资源、环境的可持续发展产生了较大威
胁。这些城市应避免走东部城市以资源、环境为代价换经济发展的老路。
具体包括：（1）贯彻实施工业碳排放、环境污染的控制强度，防止东部高
能耗产业在向内陆转移过程中，对当地资源、环境的过度开发；（2）加大
工业节能改造，加大对高能耗企业能源利用管理，健全企业能源利用效率
统计制度；（3）优化能源消费结构，大力发展低碳能源，根据区域自然资

[①]　韩晶、李小丽：《我国省域低碳经济发展水平比较研究》，《中国延安干部学院学报》2013
年第 6 期。

源基底，积极开发风能、太阳能、生物质能等新型资源。

第二节　推进生态文明建设的保障体系建设

　　加快推进生态文明建设是一项系统性工程，需要各方的积极参与和集思广益，因此，有效的制度保障体系是落实加快推进生态文明建设之"中国行动"方案的前提和基础。本部分主要是在现状分析、模式设计和阶段性战略规划的基础上，充分吸收借鉴国内外比较研究的有益成果，重点基于政府（特别是中央政府）的角色和职能，对加快推进生态文明建设提出系统性、可操作的对策建议，以更好地协调各阶层、各部门、各区域之间的利益关系，破解生态文明建设中的关键性难题，形成合力建设生态文明的良好氛围。

　　本书研究重点探讨的关键性问题主要包括以下几个方面：一是如何通过文化创新和法律体系的构建，塑造有利于生态文明建设的社会文化环境。二是以生态文明建设为目标，促进技术、人力资本等要素环境的优化，调整和优化产业与经济结构，构建资源节约环境友好的复合技术体系及生产体系，以发展循环经济为主要的生态体系建设目标，通过优美宜居的城乡生态环境体系及科学高效的生态保障体系建设实现生态文明的建设目标。三是如何提高政府对环境质量进行跟踪监测和科学管理的水平，科学设定生产建设项目的生态环境门槛，创新生态环境方面基础设施和重大工程建设的投融资机制，通过有效的财税手段规范和调控企业等微观主体的投资和生产活动。四是设计基于生态文明建设目标的公共产品和服务提供机制，更好地引导居民和企业改善日常生产、消费行为和生活方式。五是以充分发挥市场调节功能为目标，以生态环境类商品的市场体系建设为重点，探索以价格手段、产权交易等经济利益机制加快推进生态文明建设的可行性方案。

一、生态文明建设社会文化氛围营造[①]

　　基于我国传统经济发展方式面临的转型压力和生态危机趋于频发的严

---

①　彭福扬、刘红玉：《实施生态化技术创新促进社会和谐发展》，《中国软科学》2006 年第 1 期。

峻挑战，也基于全球对生态环境问题的更多关注和国际竞争规则的加速调整，加快推进生态文明建设业已成为可持续发展的内在要求，另外，我国的生态文明建设乃是在经济、社会、文化等整体水平不高的条件下进行的，整体来看是基于社会文明进步的科学规律进行的前瞻性、跨越式发展的战略选择，因而更需要积极营造各方共同参与的文化氛围，有效构建促进资源集约、优化配置的保障机制，从而提高生态文明建设的质量和效率。

（一）营造生态文明文化氛围

城市生态文明建设离不开公众参与，这是各国的共同经验。而普遍提升城市居民的生态文明意识，优化生态城市建设的文化氛围，对于鼓励市民更好地参与生态文明建设，实现生态文明建设理念的普遍性，提升农民的生态文明建设理念，有必要积极开展生态文化建设，主要通过每个市民城市生态价值观和文化观的重塑，促成城市建设的革命。国外不少案例都提供了这方面的有效做法，我国城市可以充分吸收借鉴，但关键要重在落实，切不可满足于走形式，而是要以市民喜闻乐见的形式，生动活泼地诠释生态文明内涵，从而赢得市民内心深处的高度认同。此外，我国目前市民参与城市建设的渠道还比较有限，借鉴国外经验，优化渠道建设对于生态文明建设取得重要进展也将十分必要。总之，城市生态文明建设是个复杂的系统性工程，不仅要充分借鉴吸收国外成功经验，更要结合城市发展的特殊条件，探索特色道路，这是生态文明建设的内在要求，也是真正取得生态文明建设丰硕成果的基本道路。

在此基础上，推进生态产业文化建设。以生态旅游为导向，实现生态旅游开发与观光、保护的结合，作为未来生态旅游开发的主要路径。主要途径包括建设森林公园等，从而真正意义上实现经济建设森林与生态保护林地的有效结合。同时，在城市郊区建设农业科技园，在科技园内开展生态绿色的农家乐旅游方式，也就是生态创意农业旅游，将文化要素与生态农业有机结合。还可以将城郊的生态景观与休闲度假相结合，可以包括城郊观鸟、野生动物互动、自行车骑行、水上漂流、自然生态考察等在内的多样活动。不仅是原生态的自然景观，还可以通过对半人工生态景观的开发达到生态文化游的目的，生态旅游形式包括游览、观赏、考察、垂钓、采摘等多种形式，将各城市自己的文化及地域特征与生态建设相结合，真正实现生态文明建设融入市民的生活中。

（二）完善生态文明法律体系

在法治国家，法律是调整人们行为和利益关系的重要准则，通过法律体系的构建保障生态城市建设有序推进，是大多数生态城市重要的成功经验。从 20 世纪 60 年代末起，发达国家开始通过立法推进城市生态文明建设，随着生态文明建设的深入逐渐成效显著，相关法律包括绿色能源、生活、消费、贸易以及绿色教育和公众参与的多个方面，欧洲发达国家出台相应生态法规的目的是构建资源节约型环境友好型的可持续发展社会，也使生态环保有法可依。如日本出台的包括《节约能源法》《促进建立循环型社会基本法》和《促进资源有效利用法》等。美国联邦政府的《国家能源政策》《21 世纪清洁能源的能源效率与开发再生资源办公室战略计划》和 2003 年出台的《能源部战略计划》。相应地，欧洲一些国家通过实施一定的财税政策对产业活动的企业、个人等进行督促和鼓励，如对能源的使用和资源的使用方面。提高能源效率不仅是解决能源短缺的重要手段，也是一种良好的社会行为。一些国家通过各项节能政策使社会逐步形成一种有效和积极的节能氛围，构建节约型社会，各国政策和法律的生态化趋势日益明显。一些产生于个别国家的环境影响评价规则、公民诉讼制度被各国、欧盟和国际法所认同；同时，产生于国际法的预防原则、可持续发展原则等也为各国和欧盟所采纳，总的来看，各国在生态城市建设中，最主要的共同点是关注通过法律及政策的制定营造良好的生态法制氛围，再通过法律的保障体系协调经济发展与生态环境保护之间的关系，使法律对生态的保障作用得到最大化的发挥，进而推动整个城市的生态文明建设进程，实现资源的合理配置、经济的稳步发展、生态环境的保护（张庆彩、计秋枫，2008）。①

---

① 　张庆彩、计秋枫：《国外生态城市建设的历程、特色和经验》，《未来与发展》2008 年第 8 期。

在我国城生态文明发展的过程中，同样应该着力提高城市规划水平和构建法律保障体系，这对于生态文明发展将具有引领、规范和调控的重要价值。我国近年来在城市规划方面取得了许多新的进步，如面对日益增加的资源环境压力和激烈的国际竞争，中国提出了可持续发展的战略。发展循环经济的举措可以看作是中国转变经济增长方式，改善资源利用效率，提高国际竞争力的国家战略。在法律保障方面，2009 年的《中华人民共和国循环经济促进法》以经济、资源及环境保护三者的协调发展为目标，以实现经济可持续发展，同时将环境保护与生产者责任制相联系，促进消费者的绿色消费。同时，还规定了消费者的义务，以减少在消费环境出现的废物，但如何切实将生态文明理念融入规划体系之中，并使之真正长期指导城市的发展，还有很多工作要做。目前，我国的许多城市规划更注重直接借鉴国外已有城市的经验，注重微观尺度的形态规划和技术规程的落实，但却忽视了因地制宜、从城市整体发展的视角进行系统性的综合规划，对先进规划理念的解读和应用也相对缺乏，同时，在规划过程中较少注意广泛开展调研和听取民众意见，这就使得规划虽然好看，但却难以真正指导城市的科学发展，社会各界对规划的认同度不高，也便成了规划常常改、时时新。在法律体系构建方面，我国虽也颁布了许多与生态文明相关的法律法规，但环境标准的制订和严格实施却仍缺乏保障，这既与国家的整体发展水平和技术进步能力有关，也体现出我国法治环境建设的滞后。总的来看，吸收国外成功经验，加强规划体系和法律体系建设，对于我国生态文明建设仍是基础的保障性工程。基于此，需要进一步完善环境保护立法机制，将资源节约与环境保护有机结合起来，实现经济与环境的可持续发展，在立法过程中也需要将市场与消费之间的相互关系纳入考虑范围之内，协调资源体量、环境承载力之间的相互作用关系，同时结合本国、本地区或区域之间的环境能力进行因地制宜的法律制定，同时实行有利于可持续发展的财税政策，健全资源环境友好制度以及环境生态补偿机制的法律体系。

（三）借鉴生态文明国际理念

国际生态文明建设的探索，是将区域内及各区域之间的经济、社会、环境、能源等要素相结合并结合本区域或本国区情、国情的基础上，许多地区从立法、产业结构调整和鼓励公众参与等方面进行建设，以实现生态文明建设的模式。综合来看，国际可借鉴的生态文明建设经验集中于联合国的可持续发展倡议及应对全球化变暖的低碳理念。

20 世纪 70 年代联合国斯德哥尔摩"人境会议"发表了著名的《人类环境宣言》，系统检讨了工业文明时代的生态环境危机。1987 年联合国世界环境与发展委员会提出可持续发展的思想，把原先单纯的环保与发展相结合，通过这种协调发展的方式实现经济与环境的协调发展，从而实现可持续的发展过程。1992 年联合国环境与发展大会通过《21 世纪议程》进一步强调可持续发展理论的重要性，同年，全球可持续发展的发展理念被提出并得到世界各国的广泛共识，从此拉开了生态文明时代的序幕；2002 年，联合国在约翰内斯堡举行可持续发展世界首脑会议，要求执行《21 世纪议程》的量化指标。可以说，《21 世纪议程》成为人类建设生态文明的全球性法律框架，催进了人们对于生态文明的理论研究与实践探索。

从应对全球气候变化，促进低碳经济发展的视角来看，1992 年 5 月 22 日，《联合国气候变化框架公约》是世界上第一个为控制二氧化碳等温室气体排放，应对全球气候变暖给人类经济和社会带来不利影响的国际公约。《联合国气候变化框架公约》为推进国际生态建设奠定了良好基础，是全球性的、涉及广泛的、具有共识性的全球性发展战略框架。《联合国气候变化框架公约》旨在控制大气中二氧化碳、甲烷和其他造成温室效应的气体的排放。公约对发达国家和发展中国家规定的义务以及履行义务的程序有所区别。相对来说，发展中国家并不实质上承担相应的法律限控义务，只是制定相应的符合要求的与降低温室气体相关的实施策略，并承担相关的清单义务。公约建立的目的是对发展中国家提供一定的资金及技术支持。

1997 年 12 月，在《联合国气候变化框架公约》第三次大会上通过了《京都议定书》。在议定书中提出了有关温室气体排放目标、各国责任、实现机制等相关的问题。2007 联合国气候变化大会制定了"巴厘岛路线图"，这一举措对推动低碳经济的进一步发展和跨越起到了重要的推动作用。

2008 年 6 月 5 日，联合国环境规划署确定"世界环境日"的主题为"转变传统观念，推行低碳经济"。2008 年 7 月，G8 峰会上制定了到 2050 年把全球温室气体排放减少 50% 的长期目标，以哥本哈根气候变化大会为标志，发展低碳经济成为国际共识。

二、"三生共赢"生态体系建设

（一）推进创新生态经济体系发展

实现经济增长方式转变的重要途径包括，建立区域内及区域之间的产业的分工体系、增强企业自主创新能力、发挥生态城市的领导及辐射作用、实现市场的一体化等方面。

首先，从优化产业体系分工角度来看，为了克服我国地域跨度大、涉及省市及部门多的阻碍，有效打破行政区经济的藩篱，当务之急就是需要在各省市及其所辖地市之间建立统一、及时、顺畅的政府协调协商、交流沟通机制，通过政府的主动引导和新的制度安排，促进城市间或区域间产业分工合作与经济一体化发展的新格局。为此，可积极总结、借鉴国内及国际区域政府间合作的成功经验，实现区域经济一体化发展与产业分工合作的生态创新格局。具体来看，加强我国各省市之间主要领导率团的互访与回访，通过相互学习、沟通交流统一思想，将生态产业一体化发展向深层次推进，积极落实省市主要领导间确立的省市合作与共同发展的大政方针，并就与生态文明建设相关的地区经济联动发展和产业分工合作所涉及的产业规划布局、产业发展政策协同、重大基础设施项目对接、港航互动发展、流域共同治理等重大问题进行协调与磋商。同时以"十三五"体制机制建设为契机，由我国各省市发展改革委牵头尽快落实其实施细则，并待条件成熟时适时成立由各省市人大和政府共同授权的、由政府主导和社会各界共同参与的"十三五"生态产业发展规划，以充分体现和发挥区域规划在区域产业分工合作与经济一体化发展中的国家战略意图和引领带动作用。

其次，为增强企业自主创新能力，特别是生态技术创新。创新是产业持续发展、企业立于不败之地的根本出路，创新亦是产业分工合作之机遇、方式、途径、手段不断涌流的重要源泉。因此各城市既要适时抓住国家战略实施所带来的自身产业结构调整、新型产业发展的机遇，挖掘科技进步的内涵，又可主动瞄准"创新驱动、转型发展"关键时期涌现出的重大技术创新成果和创新溢出效应。在生态制度创新方面，各城市可积极学习和相互借鉴彼此的先进管理制度和管理经验。

在集成创新方面，组建大型工业技术创新项目联合体，重点对电子信息、生命科学、新能源、新材料等与绿色经济、低碳经济相关的高技术产业的重大共性技术和关键技术环节开展合作创新与联合攻关。积极组建跨地区的大中型综合性研究咨询机构和小型专业咨询公司网络，利用最新科技成果和完备的信息系统，联合成立研发合作平台和科技信息共享服务平台，共同构建区域科技创新体系。在现有的研发公共服务平台的基础上，整合各区域研发平台资源，通过采用统一的数据交换标准和接口，进行系统总成，形成一个面向全国的生态经济公共服务平台，通过建立这种类型的服务平台模式，实现科学数据、相关的科研资料、专业技术、技术创新、知识流动等多方面资源的共享，充分体现产学研联盟的重要性，促进科技资源的高效配置，提升企业自主创新能力，加强产学研合作，通过科技创新及科技创新中心的建立增强我国的生态技术发展潜力。

（二）推进主体功能区的生态建设

综合创新型生态城市建设，需要与国家主体功能区战略规划有机结合起来，并以主体功能区规划为统领，在建设中扬长避短，强化自身的主体功能。

城市化地区的开发方式属于优化开发区域和重点开发区域，承担着提供工业品和服务产品的主体功能，以及提供农产品和服务产品的其他功能。《国务院关于印发全国主体功能区规划的通知》明确规划了"两横三纵"为主体的城市化战略格局。综合创新型生态城市建设与基于主体功能的中国城市化战略格局规划存在着内在张力。优化开发的环渤海、长三角、珠三角生态城市建设的水平较高，下一步的任务性质属于"优上加优"，是在做"加法"；而处于重点开发区的东北、中西部地区的城市，面临着工业化、城市化、生态化的三化并进的任务，三者之间有可能产生内部自我消解的"减法"效应。对处于优化开发中的环渤海、长三角、珠三角城市，生态城市建设的重点在于城市的创新驱动、转型发展，在于向世界级城市群的行列迈进，为此要着力构建区域创新中心，加快形成一批核心技术和知名品牌，积极促进产业的高端化，实现产业结构转型升级，提高生产效率，增加产业的附加值。同时，积极进行城乡二元结构的调整及优化，在对建设用地合理调整的基础上要大力保障生态用地，以达到对生态系统合理调整的目标，并力争向世界性城市水准看齐。

对于处于重点开发中的中西部综合创新型生态城市，其战略取向在于形成各具特色、优势互补的制造业基地、特色产业基地、中国城市化进程的主体推进者。建设的重点在于将社会先行资本、交通、资源等基础设施力度相结合，有限布局重大制造业项目等，统筹城镇与工业的发展空间布局，以保证生态环境的可持续发展，合理控制并稳步扩展建设用地指标，对经济发展、人口发展及生态发展进行合理的协调整合，走出一条新型城市化道路。

（三）促进区域间生态科技协同创新

探索新形势下区域协同发展，将政府、企业、个人相结合，以市场协调为导向，将生态保护纳入考虑范围之内，实现资源的合理优化配置、能源的节约、并进一步加强区域间的合作机制，深化区域内部及区域之间的协同发展。[①]

首先，发挥政府在区域间的协调职能。强化区域创新体系，建设联席会议办公室宏观管理和统筹协调职能。可将创新体系建设进行分部门的分工管理，加强区域之间的创新协作，建立跨区域的协同创新网络。为实现跨区域的创新合作，其中重要的一点是要实现创新资金的跨区域流动及支

---

① 《国务院关于进一步推进长江三角洲地区改革开放和经济社会发展的指导意见》，见 http://www.gov.cn/xxgk/pub/govpublic/mrlm/200809/t20080916_32924.html。

持，在国家统一的资金支持下，设立跨区域的科技创新中心，科技创新中心根据本区域或区域之间的特色及优势进行区域试点工作。

在此基础上推进建立科技服务中介中心的建设进程，一要建立健全社会化、科学化决策咨询服务体系，吸引社会各界广泛参与科技合作行动计划的实施，实现决策的有效性及科学合理性。通过建设区域间及跨区域的技术管理及评价系统，为区域公共服务体系完善提供一定依据。二要联合探索、创新科技公共服务提供方式，简化办事程序，缩短审批时间，提高政府科技公共服务的质量和效率，完善区域性科技公共服务供给模式。三要进行经常性的跨区域技术交流活动，各省市区域共同进行新知识、新技术的交流，定期举办科技论坛等学术活动及科技成果交流会，实现区域间无障碍的科技交流。同时，加强对外科技合作交流事务的磋商与协调，鼓励以区域整体名义开展国际科技合作与交流，共同引进国外科技创新资源。此外还要选择若干重点产业进行引进技术再创新示范，进行跨区域的国际博览会学术研讨会、技术交流会等活动的举办，区域间联合进行项目创新及技术合作示范，实现全方位、多层次的区域内及区域间的合作交流。

另外，还要切实转变政府职能，加快构建区域共同要素市场，形成更高水平、更加灵活的市场反应能力，打破区域内部不同地方的市场保护和分割，促进创新要素在全国范围内自由流动。一是联合建设区域资本市场。联合建立风险投资机构和担保机构，建立区域性风险创业投资协作网，鼓励跨省区开展科技风险投资活动，积极推动区域内金融机构之间的交流与合作，推行跨行政区开设账户、存贷款等相关金融服务，开展知识产权贷款抵押试点和科技保险试点，推动建设科技型中小企业贷款平台，构建区域一体化的金融市场。二是联合建设区域人才市场，建立区域间及跨区域人才市场的统一标准及服务，实现区域间的公共服务产品开发，加快区域人才资源一体化进程，同时组织跨区域的人才及技术交流会等活动。三是建立合作的技术市场，推动科研活动及高等院校研究成果的转化，真正实现科技产品的市场化及产业化。

三、生态文明建设战略及政策引导

（一）建立整体生态建设战略

中国综合创新型生态建设空间分布，明显地呈现出"V"形格局规律，综合创新型城市的生态文明建设程度相对较高，生态城市的建设进程较快；而西部区域，特别是我国西南部地区生态环境脆弱，是城市生态建设的劣势区域，对我国整体生态文明建设产生了一定的阻碍作用，因此必须要进行合理的规划与治理。我国中部地区的生态状况介于东西部之间，相对较为平衡。因此，制订我国综合创新型生态城市建设的"V"形战略，就是要基于以上空间分布规律，实现从"V"字形空间格局迈向综合创新型生态城市建设的胜利（Victory）。我国生态建设整体发展战略主要包括以下几个方面内容：

首先，打造中国综合创新型生态城市建设的"三大引擎"。长三角、珠三角、环渤海城市群呈"品"字形态势，在中国综合创新型生态城市建设进程应义不容辞、责无旁贷地担当起引擎职责。不仅要率先实现现代化，更要在生态文明建设中担负着率先生态城市化的重任，通过综合创新型生态城市的建设，成为中国参与全球低碳发展的重要举措，对谋求更多更强大的中国话语权有重要的推动作用。对内而言，通过生态城市建设，持续增强自身的生态盈余度，提升在中国生态城市网络中的能级，实现对其他城市与区域的生态辐射、生态服务、生态带动能力。其次，以西北、西南综合创新型生态城市建设强化西部生态腹地支撑。西北、西南地区的综合创新型生态城市数量较少，综合发展水平与东部地区相比差距悬殊，大多属于西部大开发战略部署中的重点开发区域或重点开发带。其发展不仅关乎城市自身，更与西部广大地区的生态建设与环境保护息息相关，关系到"美丽中国"的建设。因此，该区域内综合创新型生态城市建设的战略目标在于以综合创新型生态城市建设为抓手、为据点，实现向综合创新生态持平乃至略有盈余目标转化。强化、夯实中国西部生态腹地，为全国的生态城市建设、生态文明建设提供坚实的自然生态环境条件支撑。最后，以中部、东北地区综合创新型生态城市建设强化中国生态脊梁。中部生态持平城市区、东北生态略亏城市区是中部崛起的战略支点，城市人口数量多，城市经济中资源密集型经济比重大，处于工业化的中期略后阶段，城市发展的生态压力突出，整体上处于生态略持平或略亏空状态（曾刚，2013）。[1] 为此，其生态城市建设的战略目标应该确立为：加强中部地区、东北地区综合创新型生态城市向生态持平、盈余化迈进，由此强化"美丽中国"的生态脊梁。

（二）构建区域生态合作机制

区域间的生态合作需要以区域的共同利益为基本出发点，在此理念的指导下坚持"共同目标、利益共享、监测合作、执法协作、利益平衡、定期协商、循序渐进、市场机制"的原则，以有效性和整体性为导向，通过人大统一立法，建立区域环境保护合作组织，签订相关的生态环境保护协定，制订和完善相应的区域环境保护规划，通过体制改革和政策协调形成共同治理与保护的生态保护机制。

建立能够真正反映各区域地方政府意愿，具有较高的普遍认同感的地方环境治理管理系统是区域间协调可持续发展的核心，也是区域政府能够实现跨区域合作的关键。可在原有环保协调功能的基础上进一步强化，或形成决策系统、执行系统、监督系统和咨询评估系统，解决现行的环境管理行政体制，只要求本地政府对本地环境负责的问题。

具体来看，可以构建包括跨区域排污权交易机制、污染纠纷协调机制、环境监测预警机制等在内的跨区域生态环境保护机制。首先，建立健全跨区域的排污权交易体系。通过实施实物补偿、政策补偿、技术补偿或不同方式的组合，大力刺激补偿的供给和需求，并保持高水平和高效率的水平。保障东、中、西部享有同等的生存权、发展权，促进区域社会、经济、环境的协调发展。明确各行政单元功能区划和环境容量，合理布局产业，追求经济的快速发展，促进地区之间的协调发展、互惠共生、和谐发

---

① 曾刚：《生态文明建设需要谋划空间战略》，《中国建设报》2013年第2期。

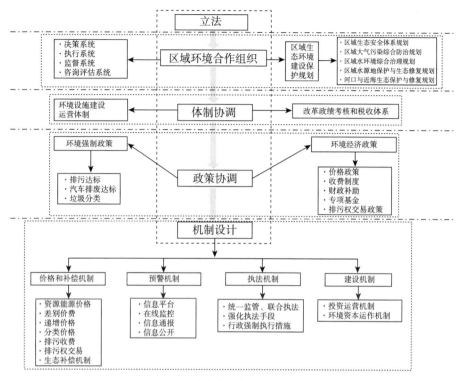

图 8.3　区域生态环境建设一体化框架

展。其次，建立污染纠纷的协调机构。应实行环境优先政策，根据当地环境容量要求，对产业的空间布局，结构优化升级等进行合理的布局安排及规划，限制和禁止发展重污染项目，加大对钢铁、造纸、酒精等高能耗、高污染行业落后生产能力淘汰的力度，坚决关闭落后设备工艺。强化监督执法，加大污染整治力度：充分发挥媒体和公众监督的作用，对环境违法行为公开曝光。同时落实治污责任，严格实行跨界环境质量目标考核：建立考评制度，层层分解，严格考核，奖惩分明。

最后，构建区域间的环境监测预警机制。一方面，建立跨区域联动的预警机制；另一方面，建立区域反馈、协查机制，当某区域地区一旦监测发现生态恶化、立即向周围其他区域反馈，协同区域查找污染源，或启动限产减排预案。区域间环保部门的联合监测：整合相关的监测力量，构建体系完整、方法完善、设备先进的环境监测体系。实现突发事故协调处理，协同应急处理：一旦发生跨界污染突发事故，交界地区环保部门应立即报请当地政府迅速启动环境突发事件应急预案，提出控制、消除污染的具体应急措施，协助当地和相邻政府控制和处置污染。事故后督察：对引发跨界污染纠纷的企事业单位，当地政府和环保部门要依法处罚，提出限改要求，由相邻环保部门组成联合调查组，对其整改情况开展后督察，确保整改措施落实到位。

（三）探索不同区域的生态发展模式

由于综合创新型生态文明发展水平的差异性，在具体的建设实践过程中需要因地制宜，积极探索适宜可行的建设模式。

首先，以创新转型为代表的东部长三角城市群生态文明建设。主要包括四个方面内容：（1）以崇明国际生态岛，太湖以及众多水域等战略性生态资源为依托，推进生态环境跨界共建，对于长江入海口、环淀山湖、杭州湾等重点生态区域寻求江浙沪生态环境共建的基础平台，实现区域生态体系的有机衔接，建立区域生态协调机制，走长三角生态共育之路，构建起以长江、钱塘江、太湖、京杭大运河、宜溧山区、天目山—四明山以及沿海生态廊道为主体的生态保障格局，建设具有世界水准的自然生态环境。（2）以高技术园区合作网络、战略性新兴产业网络、同城化的基础设施与公共服务网络为依托构建一体化的长三角综合创新型生态城市区，大力发展总部经济、平台经济、品牌经济等新业态，提升实体经济的技术能级和全球竞争力，推动产业结构高端化发展，实现从产业规模向产业领袖地位的跨越。（3）以上海为中心，建立基于开放式创新、集成创新的区域创新体系，有效嵌入全球创新网络，建立区域知识产权交易与技术服务市场，促进科技创新的绩效，提高创新的产业化、商业化程度，打造具有国际竞争力的科技与产业创新高地，推进以上海、苏州、嘉兴为核心的"上海大都市区"发展，作为长三角世界级城市群的核心功能区，并有机衔接下一层次的上海市域，从而将上海1小时交通圈内的各个城镇在空间规划层面上整合成为一个整体。（4）加快长三角智慧城市群建设。以上海为例，要建设适应特大型城市发展需求的数字化、智能化、精细化、人性化管理体系，全面提升城市综合服务水平和应急能力；同时选择新城、新市镇作为试点进行智慧城市的示范，将云计算与物联网、三网融合相结合，加快进行试点及产业化建设；大力引进并培育新型复合型人才，为智慧城市建设提供有力的保障。

其次，推进工业化为特征的中部生态文明建设。交通条件对城市发展的制约较为突出，城市经济社会发展水平与东部三大城市群相比差距较大。其主要包括：（1）继续推进武汉城市圈、环长株潭城市群的"两型社会"试点建设，推进鄱阳湖生态经济区建设，以城市圈/群、生态经济区建设带动相关城市的综合创新型生态城市的建设；（2）集成发挥三大动力的作用，即来自于中央政府"中部崛起"战略的推动力，"两型社会"试点政策推动力、武汉东湖国家自主创新示范区创新驱动力等；来自于承东启西、南来北往的区域承接力；来自于对外开放的全球驱动力；（3）打造全国重要的高新技术产业、先进制造业和生产性服务业基地，全国重要的综合交通枢纽，区域性科技创新基地，长江中游地区人口和经济密集区。

此外，还有以宜居与特色产业为支撑的西部综合创新型生态城市建设模式。西部地区综合创新型生态城市建设面临的共同问题是生态环境脆弱、经济发展水平低、产业创新能力弱、城市综合服务能力不高。因此西部地区生态建设主要包括：（1）充分发挥省会城市的中心城市作用，加强区域性城市协同合作，走区域性城市网络化发展之路；（2）强化富有地方特色的生态环境、生态文化、生态社会建设，增强城市的宜居性；基于区域比较优势与竞争优势的结合大力发展特色优势产业和特定高新技术产业、战略新兴产业，促进城市经济的快速发展，进一步推动城市化进程。

四、生态文明公共服务机制建设

（一）提升公共生态服务水平

生态文明的建设离不开区域内或区域间公共服务水平的提升建设。社会公共服务管理及事业的一体化具有区域公共性特征，具有外溢性及外部性特征，能够在一定程度上带动城市及区域间公共服务发展的动力，进而提升区域产业结构并优化区域产业空间。公共服务资源分为硬件和软件，由于距离的原因，部分硬件如基础教育类学校、社区卫生服务中心的消费在空间上是有限制的。如区域内只服务于某个地区的文化设施，当一地出现供需的结构性矛盾时，也难以进行跨区域的余缺调剂。但在"软"资源建设中，如师资力量的培训、医护人员的多点执业范围扩大等，则可以发挥核心城市的引领作用，同时部分资源如优质医疗机构和文化设施，则可通过建立教育师资培训集团或医疗健康产业集团等形式为其他地区服务，以进一步扩大其辐射效应。

在生态文明的公共服务建设过程中，还需要建设相关的社会公共服务信息平台。在大数据时代，信息资料的共享是做好一体化管理服务的重要基础：（1）地区在流动人口管理、健康和卫生管理、教育发展、治安管理等方面进行综合治理，以实现区域内及跨区域的信息资源共享；（2）出台户籍改革配套政策。户籍制度改革的配套政策应该包括两个方面，一方面尽快剥离与城镇居民户口相粘连的利益要素，另一方面在农村，应尽快过渡到与城乡统一的计划生育政策，加快农村土地流转承包的制度创新，加强被征地农民的就业和养老保障，政府向农民征用土地所得的收益，应该合理返还农民，保证农民成为市民后有较为稳定的生活来源（班茂盛、孙胜梅，2007）。[1]

另外，还要充分依托社会公共服务组织，境外大区域一体化推进过程中，非常注重构建高效的协调机构。但大多是非官方的行政机构，而且充分依托社会组织，要打破行政壁垒，依托非官方的社会组织难以做到有效协调。目前大都市圈建立的各领域的协调机构，大多以信息交流、情况通报及宏观政策研讨为主，政策层面的落实及如何推动的组织机构尚未真正形成。通过依靠区域的协调会议，城市联席会议，建立以社会一体化内容为基础，做实教育、医疗卫生、劳动就业、社会保障等各方面的一体化组织机构，显得十分重要。

---

① 班茂盛、孙胜梅：《长三角一体化进程中人口社会政策的主要差异与协调完善的基本思路》，《市场与人口分析》2007年第6期。

（二）提升城市综合生态能力

推进综合创新型生态城市建设，需要切实增强城市的综合服务力、创新驱动力、绿色竞争力。

首先，要提升城市综合生态服务能力。综合服务能力在一定程度上反映城市的发展水平、所处地位和城市能级，城市的综合服务力体现在城市对于经济活动、创新活动、社会活动、政治活动、文化活动的服务支撑能力上，体现着城市的创新、创业、宜居等不同维度上的公共服务水准。增强综合创新型生态城市的综合服务力，需要着力从以下几个方面入手：（1）稳步提高每万人从事水利、环境和公共设施管理业的人数；（2）增加百人公共图书馆藏书数量；（3）提升人均绿地面积；（4）增加机场客货运年吞吐量；（5）适度扩大轨道交通运营里程。

其次，要提升城市的创新驱动能力。当前和今后一段时期内，增强综合创新型生态城市的创新驱动力，需要着重从以下几个方面入手：（1）优化城市知识创新和城市的技术创新体系，优化公共财政、企业与社会（如各种基金及非营利性社会团体）的研发投资，稳步提高研究与开发（R&D）经费占生产总值比重，提高研发强度；（2）在鼓励研发的基础上，优化知识产权申报、管理与交易体系，显著增加百万人口专利授权数；（3）开展基于各地竞争优势的高新技术产业链内的分工协作，推进跨区域、跨城市的高新技术企业网络构建，提升高新技术产业产值占生产总值比重。

最后，要提升生态城市的绿色竞争能力。综合创新型生态城市的绿色竞争力是在全球进入低碳发展时代以后，参与国际竞争的唯一形态，这种竞争，反映在贸易领域上是出口产品的低碳化、生态安全化、环境友好化，以及直接的低碳环保技术与服务出口等；反映在人才上就是城市是否具备吸引高端创新创业人才集聚的优良的生态环境条件，或者说是否具备富有竞争力的生态区位（而不是单纯的传统意义上的成本区位）。这种竞争，在国内城市相互间的竞争上也大致如此。城市的绿色竞争力是一个由复杂的多方面因素综合作用的结果。

五、生态建设市场自主调节机制完善

在生态文明建设中不仅要发挥政府的引导监管作用，这意味着并非一味地由政府全盘管理而是要正确处理好政府与市场调控的关系，通过市场机制的自身调控实现以低成本获得生态文明建设的利益最大化，最终实现资源的合理配置。

（一）明确资源利用产权问题

资源产权不清晰问题是生态文明建设中一些问题产生的主要原因。自然资源所有权的不到位，大大降低了我国资源利用率，造成了资源浪费等现象的发生。因此，通过明确产权制度和相关的产权法规等途径，对改善资源浪费、提升资源的综合利用率等具有重要的推动作用。具体来看，如何进行自然资源产权的明晰成为大家讨论的焦点问题。可以通过对水资源、湿地资源、林地资源，以及山地、草地等资源的产权划分及用途监管，形成区域甚至跨区域的产权责任制，明确自然资源的归属权，实行区域的产权责任制。此外，还要通过一些途径提升资源的可再生及利用率，实现循环集约型的资源利用方式，特别是对一些废弃资源，通过生态技术创新实现可回收和再利用。具体做法如通过对废弃资源的回收、分类、加工等环节进行二次循环使用，提升资源的利用率及产出效率。将资源循环利用与市场机制相结合，通过市场自主的调节作用，提升资源的利用率。同时优化"谁污染、谁治理"的理念，通过政策调控实现污染者对环境污染的责任，从而实现以最小的资金投入达到生态环境最佳的目标，这样既充分发挥了市场对生态建设的调控作用，又能将体制机制建设与专业治理相结合。

（二）构建跨区域一体化市场

以新国际贸易理论为指导，为增强竞争优势，行政区之间推动跨地区合作以寻求更大范围内的要素优化组合成为应对新的市场竞争的重要手段，这一趋势体现在市场化进程中实现市场的一体化，具体来看是要实现技术、人才、资金的一体化，实现要素在区域之间以及产业之间的自由流动，最大化的实现资源的合理优化配置，最终实现区域内部的整合；另外，必然扩大原有的以各个行政区为基础的市场规模，从而为产业整合提供一个更为广阔的空间，提高区域竞争力。具体来看：首先，要构筑统一有效的市场，推动区域产业整合，形成叠加效应和整体优势，同时坚持对内开放与对外开放相结合，依托城市群综合交通枢纽的优势，加快完善区域内多层次、多中心的商品市场、资本市场、劳动力市场和技术市场等。其次，加强产权交易市场建设，促进跨区域的产业组合。通过区域产权交易市场，实现产业交易的区域性联合发展，促进以企业为主体的产权交易的跨地区发展，优化企业组织结构，提高区域产业集中度。扶持和促进中小企业发展，加快产业结构、产品结构调整，引导中小企业向专、精、特方向发展，提高为大企业的配套能力。最后，共建高技术产业发展的统一市场体系。充分利用区域内较为雄厚的科研实力和人才优势，共建高技术研发基地和生产基地，形成研究与开发的网络，协同攻关关键性的科研项目，建立区域自主创新体系。通过改善科研的政策环境、服务设施，集中优势力量，培育企业的核心技术。广泛开展产学研一体化地区区域合作，构建产学研和科技开发联合体，共享技术创新优势和技术成果转让，加速科技成果向生产能力地转化，真正建立起区域的产业竞争新优势。

第九章　国外生态文明建设的经验与启示

国外生态文明建设的探索，主要集中在生态区域的经济、社会、资源、环境、管理的协调发展上。许多国家和区域都从立法、产业结构调整和鼓励公众参与等方面进行了不懈的努力，寻找合适的生态文明建设模式。国外生态文明建设的探索对我国实践生态文明建设具有重大启示意义，特别是对于内部各区域发展差异巨大的中国而言，国外不同组织、不同地区以及不同生态岛屿的建设能够与中国国情很好地结合在一起，为我国不同发展阶段、不同发展类型以及不同发展区域探索和实践生态文明建设提供宝贵经验。

第一节　国外城市生态文明建设经验

虽然学术界对生态文明的确切内涵仍有不同认识，但无论是基于人类社会发展阶段视角将其视为人类文明新形态，还是从生态文明的调节对象或构成要素出发来定义生态文明，抑或是从文明发展阶段和文明构成要素两者兼顾的角度来审视生态文明，学者们普遍认为生态文明是远比保护或改善生态环境要复杂得多的概念。因此，城市生态文明建设应该也比生态城市建设有着更加丰富的内涵。不过，生态城市从最初联合国教科文组织在"人与生物圈"计划中设定的建设目标中就已经强调，"要从自然生态和社会心理两个方面去创造一种能够充分融合技术和自然的人类活动的最优环境"，以"诱发人的创造性和生产力，提供高水平的物质和生活方式"，而在苏联城市生态学家亚尼茨基（Yanistky O.）的经典定义中，生态城市也被描述为，"自然、技术、人文充分融合，物质、能量、信息高效利用，人的创造力和生产力得到最大限度的发挥，居民的身心健康和环境质量得到维护"的"一种生态、高效、和谐的人类聚居新环境"（朱坦、吕建华、丁玉洁，2010）。① 这些都说明，生态城市也并不单单关注城市生态环境，而是强调以生产力发展和人类文明进步为目标的人与自然的和谐。它强调高效、可持续、整体性以及区域特色，体现了人类文明进步的内在要求，是与城市生态文明建设密切相关的概念。本章主要是基于国外典型案例的研究，探索国外城市生态文明建设经验对我国的借鉴价值。考虑到生态文明主要是本土概念，而城市生态文明建设与生态城市建设的相关性又很大，本章拟重点开展对国外生态城市建设的典型案例研究，然后基于生态文明建设对城市发展的新要求，初步总结国外城市生态文明建设的共同经验与基本趋势，并由此进一步分析国外经验对我国的启示价值。

一、国外生态城市建设典型案例

20 世纪 60 年代，环境公害的频发促成了工业化国家环境意识的形成和环境立法的加强，这是国外确立生态城市理念的重要时代背景。1972 年，联合国教科文组织制订的"人与生物圈计划"（MAB），最早提出了生态城市这一概念，由此，以解决城市生态问题为目标的各类城市改造运动在西方兴起。1984 年，苏联城市生态学家亚尼茨基（Yanistky O.）率先提出了生态城市的经典定义；1987 年，美国生态学家瑞吉斯特（Rigister R.）系统阐释了生态城市建设的目标和原则（Rigister，1987）；② 以后，在美国长期生态研究（LTER）网络中进行的巴尔的摩和凤凰城的城市生态系统研究，通过将自然因素与人类活动因素整合到城市生态系统的研究中，建立了以城市生态系统为核心的完整的城市生态学理论体系（刘力，

---

① 朱坦、吕建华、丁玉洁：《生态城市：内涵·特点·挑战》，《建设科技》2010 年第 13 期。
② Rigister R., *Eco - city Berkeley: Building Cities for a Healthy Future*, North Atlantic Books, 1987.

2001），① 从而为生态城市建设确立了比较坚实的理论基础。

　　基于对生态城市认识理念和理论体系的发展，更因为工业化国家从20世纪初到20世纪60年代末频繁遭遇环境公害，生态城市建设的实践进程从20世纪70年代概念提出开始，即很快在发达国家展开。早期，生态城市建设主要表现为美国、日本、西欧等公害严重的工业化国家，开始通过严格的环境立法和普遍的环境教育，宣传普及生态城市建设理念，塑造生态城市建设的法律文化氛围；很快，随着各国城市化进程的加速，城市化过程中人与生态环境的矛盾不断加剧，环境危机不仅表现为大规模的环境公害，更表现为新兴小城市或发展中国家城市化与工业化过程中普遍的生态环境恶化和生活质量下降，这时有更多的国家开始对环境实施更全面、严格的管理，而不少小城市也开始寻求通过土地利用规划、园林绿地系统规划以及道路和公共交通规划等的完善，优化城市生态环境建设；以1992年联合国里约热内卢环境与发展大会为新的起点，"可持续发展"的理念成为各国环境政策和环境立法的重要指导思想，不少国家和城市制定了旨在贯彻可持续发展原则和预防为主方针的各种法律制度，从而把环境保护从污染防治扩大到对整个自然环境的保护（张庆彩、计秋枫，2008）。一些国家还制订了以城市为对象的《地方21世纪议程》行动计划，如德国埃尔兰根（Erlangen）市率先执行"21世纪议程"有关决议，采取多种节地、节能、节水措施，修复生态系统，进行综合生态规划，成为德国生态城市建设中的先锋；进入21世纪以来，随着更多大城市的出现，生态城市建设正从传统上的小城市（或小城镇）进一步延伸到新加坡、中国香港、东京、纽约、伦敦等开发时间较长、城市面积较大、产业形态较为复杂的国际大都市，不过其建设难度更大、建设经验也需要更长时间的观察和总结。

　　纵观过去近四十年各国的生态城市建设实践，可以依不同标准划分为不同的类型。例如，依生态城市建设的动因来划分，虽然不少生态城市的

---

① 刘力：《国外城市生态研究的主要方向与研究进展》，《世界地理研究》2001年第3期。

建设实践起因于城市发展面临比较严重的生态问题或者希冀通过生态城市建设遏制城市衰退的势头，典型的如日本的北九州、瑞典的马尔默等；但也有的是为了通过改善城市生态环境达到优化城市形象的目标，典型的如新加坡等；还有的则是在生态城市建设理念指引下，延续绿色传统、以更好地优化城市生态系统的结构与功能，例如德国的弗莱堡等。依生态城市建设的本底条件和关键性问题来划分，有的是以北九州为代表的重化工业城市，面临的是工业化背景下的生态危机；有的则是自然条件不够好，需要通过技术系统的支撑来优化城市生态系统的功能，例如地处南澳大利亚州沙漠附近的怀阿拉，急需解决的难题就是如何在贫瘠地区创造美好的人类生活环境；当然还有不少城市需要在生态城市建设中同时克服自然生态系统和工业化带来的问题，例如地处高纬度的马尔默，不仅要克服工业和港口衰退导致的问题，还需要优先探索优化能源供给系统的路径。从城市规模看，虽然目前大多数比较成功的生态城市案例，都是人口比较少的小城市，甚至像哥本哈根那样是城市的部分地区，但也有像新加坡那样的规模比较大的城市；从生态城市建设的经济基础看，虽然大多数比较成功的案例都位于发达国家，但也有像巴西库里蒂巴这样典型的发展中国家城市。因此，总的来看，生态城市建设并不受限于某一特定类型的城市，也就是说，所有城市都应该可以在生态城市建设中获得成功，但的确不同类型的城市面临的主要生态问题及其表现形式是不同的，因此，各个城市都有必要结合特定的发展条件和困难问题，因地制宜地探索生态城市发展的特色路径。而本章所撷取的这些案例，分别来自美国、巴西、德国、丹麦、瑞典、澳大利亚、日本、新加坡等国，遍布全球五个大洲，地理位置和自然条件各不相同，经济和社会发展的状况也有差异，因而能反映出不同类型生态城市构建的不同方案，希冀能对国内更多城市立足特殊市情、探索特色发展路径提供有益的借鉴。本章所介绍的代表性城市都已成为全球生态城市发展的重要样板，但从严格意义上来讲，这些城市距离真正意义上的生态城市尚有距离，在建设城市生态文明方面也只是处于领先地位，因此，学习而不盲从其成功经验和特色做法，才是中国生态城市建设取得更大成就的基础。

（一）美国的伯克利和克利夫兰

国际生态城市运动的创始人，美国生态学家瑞吉斯特（Rigister R.）于 1975 年创建了"城市生态学研究会"，随后领导该组织在美国西海岸的伯克利开展了一系列的生态城市建设活动。根据瑞吉斯特的思想，生态城市应该是三维的、一体化的复合模式，而不是平面的、随意的；城市建设不仅应该是紧凑的，而且应该是为人类而设计的；建设生态城市，应该大幅减少对自然的"边缘破坏"，防止城市蔓延，从而使城市回归自然（鞠美庭，2007）。① 瑞吉斯特的这些思想指导伯克利发展成为一座典型的亦城亦乡的生态城市。具体地说，在其住宅区内，每隔一栋独立住宅，就有一块占地数倍于住宅面积的农田，以种植蔬菜和水果等"绿色食品"供当地及附近居民享用。像伯克利这种都市型农业，自 20 世纪 60 年代起，就已在发达国家逐渐兴起，但就中国而言，由于人多地少，仅对于大城市郊区或小城镇建设才有借鉴价值。

在最早开始探索生态城市实践路径的过程中，伯克利特别关注以具体的行动项目促进生态城市建设，诸如建设慢行车道、恢复废弃河道、沿街种植果树、建造利用太阳能的绿色居所、通过能源利用条件改善能源利用结构、优化配置公交线路、提倡"以步代车"、推迟并尽力阻止快车道的建设、召开有关各方参加的城市建设会议等，尽管并无亮点，但目标清晰、明确，不仅有助于公众的理解和积极参与，也便于政府部门的组织实施，从而保障了生态城市建设稳步取得实质性的成果（尹洪妍，2008；侯爱敏，2006）。② 伯克利的这一经验告诉我们，生态城市建设不仅是运动，更是脚踏实地地身体力行，关键要讲究持之以恒地落实和逐步深化。

为将美国的克利夫兰建设成为一个大湖沿岸的绿色城市，市政府制订

① 鞠美庭：《国外生态城市建设经典案例》，《科技潮》2007 年第 10 期。
② 尹洪妍：《国外生态城市的开发模式》，《城市问题》2008 年第 12 期。侯爱敏、袁中金：《国外生态城市建设成功经验》，《城市发展研究》2006 年第 3 期。

了 12 项明确的生态城市议题，具体包括空气质量、气候变化、能源、绿色建筑、绿色空间、基础设施、政府领导、邻里社区、公共健康、精明增长、区域主义、交通选择、水质量及滨水地区等。其中"精明增长"蕴含着紧凑型城市建设的思想，其核心内容是：用足城市存量空间，减少盲目扩张；加强对现有社区的重建，保护空地以及土地混合使用。这些措施对于优化城市用地格局具有积极作用，克利夫兰市内公园面积占市区面积达到 1/3 以上，成为真正的"森林城市"（王青，2009）。①

除了精明增长，克利夫兰生态城市议程中有关区域主义（Regionalism）的思想也具有普遍价值。区域主义认为，城市面临的重大难题大多必须在区域层面，通过与其他区域的参与者协调方能有效解决，因而主张市长必须同俄亥俄的其他市长一起在州和联邦的层面上推进生态城市发展的系列政策。在城市内部，克利夫兰也制订了详细的可持续计划，包括目的、组织的选择、可能的活动、时间安排等，并推行了许多具体的政策措施，例如，鼓励在新的城市建设和修复中进行生态化设计、强化循环经济项目和资源可再生回收、规划自行车路线和设施等。这些对于克里夫兰生态城市建设取得实质进展都发挥了积极作用（马交国、杨永春，2006）。②

美国作为最早开展生态城市实践探索的国家，在伯克利、克利夫兰、波特兰大都市区等都启动了生态城市建设计划。伯克利和克利夫兰的案例介绍也表明，美国生态城市的建设理念和务实行动的确对各国的生态城市发展都有启示意义。

（二）巴西的库里蒂巴

巴西巴拉那州的州府库里蒂巴市地处巴拉那高原，被认为是世界上最接近生态城市的城市。1990 年，该市被联合国命名为"巴西生态之都""城市生态规划样板"，1995 年，它和巴黎、悉尼等城市一起被联合国首批

---

① 王青：《国外生态城市建设的模式、经验及启示》，《青岛科技大学学报》（社会科学版）2009 年第 1 期。

② 马交国、杨永春：《国外生态城市建设实践及其对中国的启示》，《国外城市规划》2006 年第 2 期。

命名为"最适宜人类居住的城市",有"世界生态之都"的美誉。然而,1970 年的库里蒂巴,同样面临着人口、交通、环境等一系列问题,拥挤的街道、随处可见的垃圾以及频繁的洪涝灾害……呈现出一幅衰败的景象。1971 年,33 岁的建筑师、城市规划者、人文学者杰米雷特(Jaime Lerner)出任市长,大刀阔斧地推动城市改造,从此,库里蒂巴逐渐从严重的社会问题和环境问题中解脱出来,并成长为世界著名的自然化、人性化的城市。在生态城市建设中,库里蒂巴尤其注重可持续发展的城市规划,特别是其公共交通优先发展的系列举措受到国际公共交通联合会的推崇,世界银行和世界卫生组织也都给予了极高的评价(李忠东,2009)。① 该市废物回收和循环使用措施以及能源节约措施分别得到联合国环境署和国际节约能源机构的嘉奖,而其在社会公益项目、文化遗产保护和公众环境教育等方面的突出表现更生动诠释了城市生态文明的丰富内涵。

1. 公交优先的城市规划

同世界许多大城市一样,库里蒂巴也曾面临交通拥堵、垃圾围城、洪水泛滥、城市衰败等一系列问题。但以科学规划和长期、坚定的落实规划为基础,库里蒂巴逐渐从严重的社会问题和环境问题中解脱出来,一跃成为高度自然化、人性化的世界生态之都(李忠东,2009)。正如库里蒂巴市长杰米雷特所言,"我们不能为了解决一个问题,而引发更多的问题,要努力把所有问题连接成一个问题,用系统的眼光去对待,用综合规划的办法去解决";"城市不是难题,城市是解决方案"(简海云,2010)。②

1934 年,法国建筑师亚佛烈阿格希(Alfred Agache)曾为库里蒂巴制订总体规划,将城市确定为环形+放射状发展的空间结构,并确定了功能分区。但面对该规划面临的新问题,1966 年市政府通过设计竞赛的方式,征集并最终确定了巴西建筑师乔治威廉(Jorge William)的城市总体规划方案,致力于将城市公共交通系统、道路系统和土地利用进行一体化的统筹布局,以形成城市社会和商业设施沿轴线发展的空间结构(简海云,

---

① 李忠东:《"最适宜人类居住的城市"——库里蒂巴》,《环境教育》2009 年第 4 期。
② 简海云:《巴西库里蒂巴城市可持续发展经验浅析》,《现代城市研究》2010 年第 11 期。

2010)。

库里蒂巴城市总体规划的最大亮点是基于公交优先原则的城市开发。在规划实施中，交通部门对各条线路上行驶的巴士在颜色、速度和载客人数等方面都有严格要求，以便于车辆辨认和交通管理；快速公交车道上的红绿灯由巴士司机自行控制，以便提高车速；管道式车站上下客体系和专门供残疾人使用的升降梯方便了乘客，也减少了巴士停靠站的时间；巴士平均使用年限不得超过 5 年，司机工作时间每班为 6 个小时，以确保行车安全；等等（李忠东，2009）。这些细节处的人本思想，从系统到细节将公交优先意图落到了实处，也大大提高了市民对公交系统的认同度。目前，库里蒂巴市尽管有 50 万辆小汽车，但有 2/3 的市民每天都使用公共汽车，该市 80% 的出行依赖公共汽车，并且做到公共汽车服务无须财政补贴。由此，其使用的燃油消耗仅是同等规模城市的 25%，不仅污染少，交通也很少拥挤（刘岩，2006）。

1966 年以来，库里蒂巴总体规划的框架一直未发生大的变化，历届政府均致力于严格实施，仅结合实际情况做局部的调整与完善。为保证规划的持续实施，市政府于 1966 年成立了库里蒂巴规划研究院，一直负责城市总规以下各层次规划的深入编制、技术维护与实施协调，使得政府各部门的分目标能够符合城市总体规划的统一要求（简海云，2010）。

2. 和谐的绿化建设

在库里蒂巴，有 9 个森林区、26 座公园、282 个花园广场、259 块公共绿地和无数的私人花园和绿地，全城绿地面积 8100 万平方米，平均每个市民占有绿地 51.5 平方米，是世界上绿化得最好的城市之一。该城所有公园和绿地全部免费开放，在绿化设计上采取自然与人工复合有机结合的方法，更多地考虑到生态功能，注重本地化和多样化，不但注重美化城市，还考虑便利野生动物的栖身和取食。该市草地由天然和人工种植的两大类组成，天然草地可以放牧，不怕人畜踩踏，人工草地使用的是乡土草种，生命力与适应力也极强，因而可以全都直接与公路和步行道互相连接。库里蒂巴在实施绿化工程时，还巧妙地与环境再利用以及垃圾回收等项目有机结合起来，不少公园是在废弃的采石场上修建起来的（李忠东，2009）。

（三）德国的埃尔兰根和弗莱堡

埃尔兰根（Erlangen）位于德国南部巴伐利亚州，是著名的大学城，也是现代科学研究和工业的中心。埃尔兰根发展的实践表明，只要统筹生态、经济和社会多方面发展诉求，就能够实现可持续发展。该城虽小，却能对大城市的生态文明建设提供借鉴，特别是在景观规划以及交通模式优化等方面。

第二次世界大战后的埃尔兰根，就业机会成倍增长，1945—1972年，随着西门子公司的壮大，共创造了5万个就业机会，人口也迅速增长到10万人。与此同时，城市拥挤、噪声污染等一系列问题也困扰着人们。为此，民众开始努力使得城市变得更加美好，建立并加强景观和整体规划实施。在景观规划的指导下，虽然埃尔兰根的人均居住面积从1973年的26平方米迅速增长到了2001年的40平方米，但通过植树造林，森林覆盖率达到40%。同时，由于市内和城市周边的绿地被绿色通道连接起来，居民的户外运动有了基本保障，埃尔兰根也因此成为健康之城。此外，埃尔兰根在家庭废物管理和河流治理等方面也取得了极大成功（沈超，2010）。[①]

弗莱堡（Freiburg）位于德国南部黑森林北麓，是巴登符腾堡州的一个中等城市。近年来，弗莱堡高度重视自然环境的保护，被视为世界"最绿色的城市"之一，1992年获得了德国自然和环境保护城市的荣誉。在弗莱堡，民众强烈的环保意识、广泛使用的节能环保技术，以及当地政府和第三方机构的有效参与，都是使弗莱堡成为德国"环保首都"的重要特色优势（思前，2008）。[②]

---

① 沈超：《国外发展生态城市的经验及启示》，《广东科技》2010年第11期。
② 思前：《德国"最绿色的城市"弗莱堡》，《质量探索》2008年第6期。

表 9.1 巴士快速交通、轻轨交通和地铁交通技术指标比较

指标	巴士快速交通（BRT）	轻轨交通（有轨）	地铁交通（有轨）
投资额（亿元/公里）	0.2—1	2—3	6—8
建设周期（年）	1—2	4—6	8—10
最低城市人口（万）	75	100	200
噪声	较小	很小	几乎没有
污染	较小	很小	很小
车厢座位容量（个）	40—120	110—250	140—280
正常行驶速度（公里/小时）	20—40	20—45	25—60
安全性	高	高	极高
站距（米）	350—800	350—800	500—2000
路面特征	专用车道或混合流车道	专用车道或混合流车道	专用车道

资料来源：王青：《国外生态城市建设的模式、经验及启示》，《青岛科技大学学报》（社会科学版）2009 年第 1 期。

在垃圾处理方面，弗莱堡的特色做法也成效显著。在弗莱堡，所有宾馆、饭店和饮料商店都限制使用一次性包装材料，在菜市场也主要使用麦草而不是塑料包装；此外，该市对企业建立垃圾回收制度。经过十年的发展变革，全市垃圾产量减少了三分之一（吴唯佳，1999）。

弗莱堡生态城市建设的成就与政府和第三方机构的参与密切相关，而这又突出表现为由环保科研机构、组织和社会团体形成的"文化"特色。成立于 1963 年的弗莱堡环境保护组织"联盟"，拥有成员三万多人，主要通过形式多样的活动普及生态环境保护思想，以优化生态城市建设的群众基础；而政府资助的一系列建设和科研项目也为生态城市发展创造了良好条件（吴唯佳，1999）。

埃尔兰根和弗莱堡的成功经验，不仅表明景观规划和交通体系建设对于生态城市发展具有重要价值，更说明文化环境和技术环境优化在德国生态城市建设中的基础性价值。生态城市应该是社会文化和技术水平都高度

发达的城市，文化资本和技术进步应该成为生态城市建设中最重要的支持要素。只有居民、企业、第三方机构和政府都有了很强的社会责任和生态意识，生态城市规划和节能环保技术才能真正发挥潜在的价值，城市生态文明也才有了实现的基础和保障。

（四）丹麦的哥本哈根

丹麦生态城市项目始于 1997 年 2 月 1 日，目的是建立一个生态城市的示范城区，从而为丹麦和欧盟的生态城市建设取得经验。

该项目主要拟在城市密集区内建立可持续发展的生态城区方面发挥示范价值。项目内容十分丰富，希冀通过系列行动，达到试验区内水和电的消费量分别减少 10%、回收 10% 的有机垃圾制作堆肥、回收 40% 的建筑材料等环保目标，而其重点推行的绿色账户、生态市场交易日等特色举措也对其他城市的生态文明建设具有参考价值。

所谓绿色账户，主要记录城市、学校或者家庭日常活动的资源消费，以提供环境保护的背景知识和增强人们的环境意识，同时还能比较不同城区的资源消费结构，并为有效削减资源消费和资源循环利用提供依据；所谓生态市场交易日，是指从 1997 年 8 月和 9 月开始，每个星期六，商贩们携带生态产品（包括生态食品）在城区的中心广场进行交易，以鼓励生态食品的生产和销售，同时也有助于扩大公众对生态城市项目其他内容的知晓度。吸引学生参与是传播生态意识、扩大群众基础的重要途径，丹麦生态城市项目十分注重吸引学生参与，其绿色账户和分配资源的生态参数和环境参数试验对象都选择了学校。同时，还在学生课程中加入生态课，甚至一些学校的所有课程设计都围绕生态城市主题展开，并对学生和学生家长进行与项目实施有关的培训，这些和库里蒂巴以儿童为重点的环境教育思路有相似之处。根据项目实施的中期报告，总体进展良好。尤其在垃圾分拣和堆肥制作项目上，取得了相当大的环境收益。初步的结果表明，垃圾量减少了 50%，垃圾回收也由原先的 13% 提高到 45%。总的来看，丹麦生态城市的创意性做法和定量指标对于我国城市生态文明建设还是很有启示意义的（黄肇义，2001）。①

（五）瑞典的马尔默

马尔默是瑞典的第三大城市，也曾经是"黑铁时代"典型的重工业城市，在欧洲造船业全面衰退的过程中，经济逐渐衰退，废弃的码头杂草丛生。1995 年，为竞争 2001 年"欧洲城市住宅博览会"的举办权，马尔默提出要将废弃老码头改造成节约能源的生态友好型住宅新区。西港区，曾经是马尔默老船厂 12.5 公顷的区域，成为绿色环保城市建设的"大实验室"。在这里，瑞典第一个"零碳社区"拔地而起，它被称为"Bo01"（瑞典语中意为生活在 2001 年）（佚名，2011），也被称为"明日之城"。经过多年改造，马尔默西部滨海地区已经成为世界领先的可持续发展地区，朝着"生态可持续发展和未来福利社会"迈进了一大步（沈超，2010），并于 2001 年荣获欧盟"推广可再生能源奖"。

马尔默的能源体系优化主要包括新能源开发利用和节能型建筑技术与科学运营体系的推广。这其中既有瑞典能源战略立法先行的积极作用，也离不开财政、税收导向和政府与企业的合作机制构建。正是一套科学严密的能源政策，为马尔默的"生态城市"发展奠定了坚实基础。

在新能源建设方面，从十年前开始，约两万名居住在西港区的居民就完全使用新能源生活。西港区的新能源主要来自风能、太阳能和地热能。现在马尔默零碳社区实现了 100% 利用当地的可再生能源。使用可再生能源的重要瓶颈就是能源来源不稳定，为此，马尔默打造了一套复杂的能源系统，在距离小区以北三公里建设了一个两兆瓦风力发电站，以满足零碳社区所有住户的家庭用电以及热泵和小区电力机车的用电；而 1400 平方米的太阳能板，年产热能约 525 兆瓦时，可满足小区 15% 的供热需求；其余则采用地源热泵技术等提供室内暖气或生活热水等，可以满足住宅示范区85% 的供热需求。在风能和太阳能不足时，社区仍可使用电网中的能源，当清洁能源过剩时，多余的能源也将反馈回电网。该系统的核心是一个热

---

① 黄肇义、杨东援：《国外生态城市建设实例》，《国外城市规划》2001 年第 3 期。

泵系统，它提供了社区供暖与热水，这在寒冷的北欧尤为重要。热泵的能量来源，除了风能、太阳能，还有地热能，这也是马尔默利用独特地热资源的优势所在（佚名，2011）。①

与中国的许多城市一样，马尔默也正在城市化高速发展的过程中，但归功于建筑法规建设和节能型建筑技术与科学运营体系的推广，马尔默建筑能源的消耗量在过去二十年几乎没有增长。在马尔默，建筑节能和环境影响是当地政府审批建筑项目中优先考虑的因素。建筑规划要对建筑的总平面布置、建筑平、立、剖面形式、太阳辐射、自然通风等气候参数对建筑能耗的影响进行分析，以使得建筑物在冬季能最大限度地利用太阳辐射，降低采暖负荷；夏季最大限度地减少太阳辐射并利用自然通风降温冷却。为减少能源浪费，政府还积极推广建筑热量回收系统，通过对通风量的控制，形成室内外正负压差，让新鲜空气先进入主要居室，然后经过卫生间和厨房，将污浊空气排出室外。这种"房屋呼吸"的概念，不仅节能，还优化了空气质量。复杂细致的节能要求不仅有助于降低对生态环境的压力，更有利于培养生态保护的意识和习惯，对于生态文明建设具有积极价值。

马尔默案例的另一独特亮点就是在生态城市建设中应该因地制宜的选择技术解决方案。例如，马尔默市有丰富的太阳能、风能和地热能，但是没有全面发展，而是根据当地实际情况，优先发展了其中的风能和地热能；在节水方面，由于瑞典淡水资源非常丰富，所以马尔默更注重环保，少量进行了雨水处理；瑞典是北欧乃至世界最发达的国家之一，但马尔默并没有模仿欧美的低容积率，而是选择了以3—6层的多层建筑为主的发展方式，在非常有限的土地上，创造了一个低密度、紧凑、私密、高效的用地空间（于萍，2009）。②

总之，马尔默书写了一个经济衰退地区在生态城市建设中重新繁荣发展的奇迹，它既是应对低碳经济时代能源体系优化发展要求的成功范例，

---

① 佚名：《马尔默：生态城市进行时》，《城市住宅》2011 年第 Z1 期。
② 于萍：《马尔默打造深绿型生态城市》，《城市住宅》2009 年第 8 期。

也是因地制宜开展特色生态城市建设的样板，学习马尔默的成功经验对于高速发展中的中国城市会有很多启示，这从上海世博会期间马尔默案例的受欢迎程度也可以得到证明。

（六）日本的北九州

北九州因位于九州岛最北端而得名，它地处东京至上海航线的中间位置自古被誉为"通向亚洲的门户"。自 1901 年国营八幡制铁所（新日铁公司的前身）正式投产开始，北九州进入工业化时期，并在 20 世纪 50 年代成为日本四大工业区之一，后因大气和水质污染等环境问题，成为"七色烟城"和环境公害频发之地，这促使北九州政府、市民、企业、研究机构共同开始克服环境公害，实现生态与经济的双赢。1987 年，北九州被日本环境厅评为"星空之城"，1990 年又成为日本第一个"全球 500 佳"获奖城市，并在 2002 年召开的"有关可持续发展世界首脑会议"上受到表彰。由于北九州曾经是一个典型的重化工业污染城市，其环境治理的经验，尤其是相关立法经验和生态工业区发展经验，对于中国的城市生态文明建设很有借鉴价值。

城市型环境问题在日本比较突出，通过实施环境保护法是日本的基本经验。从 1967 年的《公害对策基本法》起步，到 1972 年通过《自然环境保全法》，再到 1993 年确立《环境基本法》，立法目标从公害控制转向对环境的整体保护，体现了对生态环境认识水平的提高。《环境基本法》主要针对城市型污染，倡导形成对环境负荷小的清洁型社会经济运行机制，提倡全程的环境保护，确认国家、政府、企业、民众等社会主体在环境保护方面的责任和义务，引导和规范全社会的环境保护行动，积极支持环境教育和民间环保活动，同时也强调要提供环境信息服务以及发展环境保护的科学技术。在日本，与土地、住宅、城市建设相关的法律还有 200 多个，这对于保障城市规划的科学编制和有效实施也起到了积极作用（张庆彩、计秋枫，2008）。

注重改变城市居民的生活方式也是日本生态城市建设的亮点之一。为推广低碳生活理念，日本注重普及低碳技术并引导人们选择低碳物品，这在住宅和家电方面表现比较明显。在家电方面，为鼓励民众购买节能型产品，政府出台了"绿色点数"政策，即消费者在购买节能型家电时可以获得一定份额的绿色点数，可用来购买其他节能型家电。日本还实施了绿色支援政策，即对于注重生态环境营造的设计开发项目给予一定的植物资源援助（沈瑶，2010）。在北九州，政府组织开展了汽车"无空转活动"，以控制汽车尾气排放，家庭则自发开展了"家庭记账本"活动，将家庭生活费用与二氧化硫的削减联系起来；全社会还组织了美化环境为主题的"清洁城市活动"等（沈超，2010）。所有这些，都有助于培养民众对生活环境的热爱和主动维护的意识，也能节省大量公共维护管理的费用。

（七）新加坡

1965年8月独立时，新加坡是一个拥挤不堪、污染严重、人居环境很差的地方。为迅速改变城市的落后面貌，新加坡实施了"总体规划、合理布局、统筹兼顾、节约能源"的环境经济政策，努力使新加坡成为"清洁葱翠城市"和东南亚的绿洲，今天的新加坡早已是世界知名的"花园城市"。而它在"花园城市"建设过程中的政府行为，尤其是在生态环保标准的制订和严格执行方面的经验受到各国的广泛关注。

新加坡早在20世纪60年代由政府推动，开展了全民植树运动，具体做法包括：在城市规划中专设一章"绿色和蓝色规划"，相当于我国的城市绿地系统规划，以确保在城市化飞速发展的条件下，新加坡仍拥有绿色和清洁的环境，充分利用水体和绿地提高新加坡人的生活质量（鞠美庭，2007）；全国每年都有绿化植树节，国家领导人同群众一起植树，园林绿化由国家发展部下属的国家公园局专门负责；树木花草一经种下，不可随意砍伐和损坏等（王库，2008）。[①] 为巩固绿化美化建设的成果，新加坡将向群众灌输环境意识并开展环境保护运动，居民生活条件不断改善（张雅丽、黄建昌，2008）。

新加坡解决交通拥堵问题的对策，近年来在中国很有影响。其主要内

---

① 王库：《试论生态治理视域下的新加坡城市管理》，《吉林省社会主义学院学报》2008年第3期。

容包括四个方面：一是实行交通限制制度。繁华地段设置单行线，限制货车时速和行驶车道，限制车辆在路口转弯，提高道路有效利用率；二是实行道路使用收费制度，在限制区域和限制时段对机动车辆收费，以调节流量，资料表明，该措施使得限制区域内的交通总量下降了44%；三是通过拥车证的限量拍卖，提高用车成本，同时还通过提高车辆进口税和其他相关税费，加快老、旧车辆淘汰速度，对使用期超过十年的老旧车辆增收额外路税等，有效防止私人车辆的过快增长；四是积极发展违章车辆监测系统、电子收费系统、高速公路自动监测和信息发布系统等智能交通系统，用现代化的科学手段管理交通（王库，2008）。在新加坡交通政策中，市场化运作方案最受人关注，体现了经济手段在生态城市建设中的积极价值。

二、国外生态城市建设经验与发展趋势

本章第一部分选择了七个代表性城市就生态城市的国外发展实践进行了简要的介绍。这七个城市分布在除非洲和南极洲以外的五个大洲，既有美国、德国、日本等发达国家的成熟案例，也有巴西等发展中经济体的典型示范。它们的地理位置有的在沿海，有的在内陆，有的甚至在沙漠边缘；它们的空间尺度和人口规模也存在很大差异，但它们都在生态城市建设中因地制宜地探索出许多成功的做法，这对于国土面积辽阔、城市类型多样的中国各具借鉴价值。本章在案例介绍中，特别关注各城市的特色思路和特色做法，有的介绍的比较系统（例如巴西的库里蒂巴），有的却只是对特色项目作了介绍（例如丹麦的哥本哈根），关键是要能对中国的城市生态文明建设具有借鉴意义。例如，库里蒂巴与中国的发展阶段相似、新加坡与中国的文化环境有较多的共同基础、马尔默和北九州案例对于面临衰退或严重污染的工业城市具有直接的示范价值，这些本章就做了更为具体的介绍，而丹麦哥本哈根和澳大利亚怀阿拉等对于中国城市的借鉴价值更多的体现于某些特色理念和创意做法，因此，介绍得更为简洁。

有学者将生态城市建设划分为三个阶段：第一阶段称为浅绿型生态城

市，主要关注于城市绿化；第二阶段叫中绿型生态城市，在注重绿化的同时，还关注城市的能源系统、垃圾系统、污水处理系统等的建设；第三阶段是深绿型生态城市，这是一项系统性的工程，包括规划设计、生态城市技术支撑体系引进以及运营管理经验的学习探索等，并在这个基础上进行综合集成（于萍，2009）。从上述案例看，它们都不局限于绿化这个浅绿型生态城市的建设要求，而在能源、交通、循环经济体系构建等中绿型生态城市研究命题上作出了许多有益的探索，但距离真正的深绿型生态城市又或多或少还有差距。

（一）国外生态城市实践的共同经验

国外生态城市建设的实践虽各有特点，但也存在一些共性的经验，具体地说，科学规划和科学立法是实现生态城市建设目标的基本保障，而资源利用效率的提升乃是生态城市建设的关键环节，以具体项目推动、尊重科技进步和民众的创造精神则是生态城市建设逐步扎实推进的环境基础。

1. 以科学规划引领城市生态系统的结构优化

研究表明，城市生态系统的结构和功能优化乃是生态城市建设取得成功的基础条件，而以城市生态系统的运行规律和生态城市构建理念为指导，科学规划生态城市建设方案，则成为引领城市生态系统结构优化的前提和保障。各国在生态城市建设实践中都特别重视城市规划，这一点在巴西库里蒂巴的案例介绍中已经得到充分显现，其他城市也都不约而同地反映出规划的作用。例如，新加坡政府在建国之初就曾聘请联合国专家历4年高起点编制了全国总体规划，为未来30—50年城市的空间布局、交通网络、产业发展等提供战略指导；澳大利亚阿德莱德的"影子规划"，从1836年早期欧洲移民进入至2136年生态城市建成，时间跨度长达300年，由六幅以时间先后为序的规划图描绘了该市生态城市建设的阶段性目标，对于生态城市发展进程极具引领和规范价值（张庆彩、计秋枫，2008）；总之，科学规划能够有效提升城市品位和核心竞争力。

2. 以法律体系保障生态城市的建设进程

在法治国家，法律是调整人们行为和利益关系的重要准则，通过法律体系的构建保障生态城市建设有序推进，是大多数生态城市重要的成功经验。从 20 世纪 60 年代末起，一些工业发达国家开始通过严格的立法来推进城市生态化建设并取得明显成效，相关法律涉及绿色生产、绿色生活、绿色消费、绿色贸易、绿色教育以及公众参与等，并构成了相对完善的生态城市建设的法律保障体系。日本北九州案例已经展示了其立法方面的部分成果，而随着国际交流、合作的深入，在环境领域，国际法和国内法已相互渗透，各国政策和法律的生态化趋势日益明显。一些产生于个别国家的环境影响评价规则、公民诉讼制度被各国、欧盟和国际法所认同；同时，产生于国际法的预防原则、可持续发展原则等也为各国和欧盟所采纳。总的来看，各国在生态城市建设中，都注重塑造崇尚法治的社会氛围，注重通过严格的立法来保障城市社会经济发展与生态环境保护之间关系的协调，充分发挥立法的规范、强制和保障作用，通过构建符合城市生态化发展要求的法律体系，使法律成为推进生态城市建设进程的根本制度保障（张庆彩、计秋枫，2008）。

3. 以资源的集约循环使用提升城市生态系统效率

土地资源的集约利用有助于公共交通政策的推行。紧凑型城市强调混合使用和密集开发的策略，使人们居住在更靠近工作地点和日常生活所必需的服务设施周围。公共交通导向是大多数生态城市的重要成功经验，但它也体现了对能源资源的集约利用；马尔默等案例中谈及的建筑节能和新能源利用的成果，也主要体现了资源和能源集约利用的要求；至于多个城市为垃圾回收和分类处理所提出的创意做法，无疑显现了资源循环使用对于生态城市建设的极端重要性；日本北九州循环经济生态工业园的最大成功正是在制造业发展过程中（而不仅仅是在日常生活中）实现了资源的集约、循环使用，并直接表现为产业发展的经济利润。

4. 以具体项目推动阶段性目标的实质发展

国外生态城市建设虽然不乏超前的理念和精美的规划，但明确具体、切实可行的阶段性目标却更具借鉴价值，正是这些具体目标和具体项目推动着生态城市建设取得实质性进展。事实上，面对纷繁复杂的城市生态问题，很难一蹴而就，在短期内改变一切的目标并不可行，关键要系统思考、抓住特定地域、特定时期的生态发展瓶颈问题，从居民、企业和社会可以理解和接受的具体行动着手，逐步取得新的进展和新的成功。从小处着手，基于具体、务实的目标，反而能更好地指导生态城市的建设实践。德国弗莱堡改善大气环境的努力，也不过是从优化公交换乘网络、减少私人汽车出行、增建自行车停车场和停车位等具体项目着手。由此看来，生态城市建设的关键并不在于描绘宏伟蓝图，而是要基于特定城市生态系统的特色需求，遵循设计原则稳步推进，保证城市发展科学、高效。

5. 以绿色技术保障城市微观结构的功能提升

生态城市本质上是以技术进步和管理经验为支撑的城市发展模式，因此，绿色技术的推广应用在生态城市建设中作用很大，尤其是在居民小区、独立建筑等微观尺度的结构改进和功能优化上更有价值。例如，案例中提到的德国弗莱堡就开发建设了由154户住宅单元组成的2—3层南北向行列式太阳能住宅小区，其建筑采用了热能防护墙、屋顶太阳能光电池板、大面积的南向太阳能——热能防护玻璃等设施，以充分利用太阳能能源；在马尔默案例中，其小区环保也体现了绿色技术的价值。马尔默的小区建设有三个亮点：一是保护生物多样性；二是绿色屋顶；三是垃圾处理。在保护生物多样性方面，专家在项目伊始，首先对该住宅小区原有物种进行地毯式搜索和妥善移植，然后在施工结束后，作为景观设计配套，再重新移植回来；在绿色屋顶方面，除重视景观装饰功能外，还适应瑞典南部多雨的气候特点，着重于其调节水循环的功能，通过绿色植被屋顶将60%的年降水量通过蒸发重新参与到大气的水循环。同时，不同厚度的绿色屋顶还有保温与隔热的功效；对所有食物类垃圾，则通过厌氧消化产生沼气和有机肥，沼气可以用来发电或提纯为车载能源，而有机肥则可服务于小区的绿化（于萍，2009）。该小区在生态系统功能优化中同样依靠了大量的绿色技术。正因为节能环保方面的绿色技术对于生态城市发展具有重要的支撑作用，因此，诸如弗莱堡、北九州等不少案例城市都非常重视技术研发与应用工作，这对于中国的生态城市发展也很有启示价值。

（二）国外城市生态文明建设的发展趋势

国外生态城市建设虽然取得了巨大进展，但相较于建设城市生态文明的目标还有很大差距。生态文明是一个复杂的、系统性的概念，是人类文明进步的新形态，也是人类以新的文明创造方式生产的物质和精神成果的总和。从这个意义上说，生态城市建设的重点还仅止于城市的生态建设，远谈不上城市文明发展方式的根本性转折，但这也的确是城市生态文明发展的必要前提和基础。城市生态文明建设既要着眼于城市生态系统的特征，因地制宜地探索城市生态系统结构和功能优化的路径；更要着眼于文明发展进步的内在要求，努力实现发展理念、发展目标和支撑体系的优化。从城市生态系统的特征看，它具有物种单调、系统调节力差、对外依赖性强等弱点，因此急需从发展的理念、目标和支撑要素层面，系统性思考城市生态文明进步的路径与方向。

1. 服务人和自然和谐共处的城市建设价值理念

只有实现人类价值理念的根本变化，人类的生产、生活方式才能实现根本性转变，生态系统的结构和功能才能真正得到保护和改善。作为全球大多数人口集聚的空间载体，城市承受着更多的人类活动压力，留下了更深的生态足迹。如果不真正实现城市建设的价值理念转变，单靠城市物质环境的生态保护和重构，从长期看，城市生态系统仍然面临崩溃的挑战，城市生态文明也将遥遥无期。因此，不少国家都在城市建设中开展了人地关系的深入探讨，希冀从价值观深处寻求到城市生态文明建设的路径。现阶段，那种以个人为中心、把生态破坏的后果转嫁于大多数人的做法正受到严厉的抨击，越来越多的人认同那种人与自然和谐共处的价值观。"善待万物，启迪天下"，正逐步成为共识；实现经济与人文价值的统一、人与自然价值的统一、局部价值与整体价值的统一、当代价值与后代价值的统一，正成为城市发展的基本理念（肖洪，2004）。① 这种以服务于人和自然的和谐共处为本的城市发展理念，将推动人类以新的生态审美意识去创造

_____

① 肖洪：《城市生态建设与城市生态文明》，《生态经济》2004 年第 7 期。

出融自然美、精神美和技术美为一体的生态环境，并达到生态秩序和心态秩序的和谐。

2. 制度创新和技术创新助推生态文明建设

生态文明作为一种新的文明进步方式，必须主要依赖于新的支撑要素。在大规模使用自然资源等有形要素造成巨大生态危机的背景下，转向主要依靠技术进步、人力资本、制度文化等无形要素就是文明发展转型的内在要求。无论是科学规划、科学立法、科学管理、民主参与还是依托节能环保技术以集约和循环使用能源资源，无不体现出无形要素在生态文明建设中的关键性制成作用。西方人文社会科学研究向文化和制度的转向，以及经济学科更加关注技术进步、人力资本、制度建设等在经济发展中的内在作用，都体现出了文明建设中制度创新和技术创新的巨大潜力。在国外生态城市发展的已有经验中，大多都体现出制度创新和技术创新的魅力，跟踪国外生态城市的最新发展，最关键的也是要学习其如何更好地系统性地、因地制宜地解决城市生态系统长期、持续、健康发展面临的难题。

3. 低碳生态城市发展响应全球低碳行动

面对全球气候变化的严重威胁，低碳发展正成为各国经济转型的共同方向。特别是英国政府 2003 年能源白皮书《我们能源之未来：创建低碳经济》发布以来，低碳经济逐渐成为"后金融危机"时代全球的广泛共识。"低碳经济"旨在以更少的自然资源消耗和环境污染获得更多的产出，来创造高质量的生活。主要发达国家正通过引入低碳经济政策和发展低碳技术，逐步向低碳经济转型，它们不仅要由此摆脱对化石能源的严重依赖、降低气候变化的风险，更要确立新的国际竞争准则、保持和强化引领世界经济的话语权。虽然不少发展中国家极度担忧全球低碳行动对其平等发展权的损害，但低碳发展也的确能警醒其避免重复发达国家"先污染、后治理"的老路，还有更多发展中国家则希望以此获得经济和技术补贴的机会。在此背景下，"低碳"也成为城市发展的重要目标，发展低碳生态城市也被认为是未来城市发展模式转型的重要趋势，对中国而言，则更具有特殊优势和必然性（仇保兴，2010）。① 值得指出的是，发展低碳生态城市，一定要有城市系统的观点，避免拘泥于单个建筑或社区的节能减排，而要积极促进城市规划和管理体系的整体优化。

三、国外城市生态文明建设对我国的启示

学习研究国外城市生态文明建设的共同经验和特色做法，关键就是要更好地服务于我国城市的生态文明建设。笔者认为，城市建设理念的更新是生态文明建设取得积极进展的重要前提；而法律、规划、技术、管理等保障体系的构建以及公众的自觉参与等，则是城市发展向生态文明转型的关键性支撑。

（一）准确把握生态文明的深刻内涵，优化城市生态文明建设理念

生态文明是个内涵十分丰富的概念，对于引领经济、社会发展，优化城市功能和效率、实现人的全面发展都具有积极价值。我国城市在生态文明建设中，首先要准确把握生态文明的深刻内涵，将价值理念的调整和优化放在突出重要的位置上，全面、系统、深刻地理解城市生态文明建设的内在要求，切实将实现人与自然的和谐共处作为调控城市建设行为以及优化生产、生活方式的指针。当前，我国虽有不少城市提出了建设生态文明或生态城市的目标，但总的来看，对生产总值增长和项目投资的热情依然不减，甚至把生态城市建设当成扩大投资的新噱头，这显然有违城市生态文明建设的内在要求；而在城市经济增长与生态环境保护和生态文明建设存在矛盾时，许多地方也自觉不自觉地把增长放在优先地位，这无疑对于生态文明发展具有负面影响。就市民个人而言，由于城市生态文明建设理念的缺失，在生产和生活过程中，也习惯于自己方便的传统意识，不注重对生态环境的保护和对资源的节约集约使用，这也极大制约了生态文明建设取得实效。由此看来，理念转变的确是发展模式转变的前提，科学把握城市生态文明的丰富内涵则是价值理念优化的基础。

---

① 仇保兴：《中国城市发展模式转型趋势——低碳生态城市》，《现代城市》2010 年第 1 期。

（二）科学构建城市规划体系和法律体系，优化城市生态文明建设的保障环境

各国生态城市建设的共同经验是：规划先行、法治保驾，这对于生态文明发展将具有引领、规范和调控的重要价值。我国近年来在城市规划方面取得了许多新的进步，但如何切实将生态文明理念融入规划体系之中，并使之真正长期指导城市的发展，还有很多工作要做。目前，我国的许多城市规划更注重直接借鉴国外已有城市的经验，注重微观尺度的形态规划和技术规程的落实，但却忽视了因地制宜、从城市整体发展的视角进行系统性的综合规划，对先进规划理念的解读和应用也相对缺乏。同时，在规划过程中较少注意广泛开展调研和听取民众意见，这就使得规划虽然好看，但却难以真正指导城市的科学发展，社会各界对规划的认同度不高，也便成了规划常常改、时时新。在法律体系构建方面，我国颁布的许多环境法律法规缺乏保障，这既与国家的整体发展水平和技术进步能力有关，也体现出我国法治环境建设的滞后。总的来看，吸收国外成功经验，加强规划体系和法律体系建设，对于我国的城市生态文明建设仍是基础的保障性工程。

（三）着力推进技术创新和城市管理创新，优化城市生态文明建设的技术手段

生态文明是主要依靠无形要素支撑的文明进步模式，技术、制度等高级要素因而具有更重要的价值。在国外典型案例中，最具有借鉴意义的大多是城市管理制度的优化和绿色技术的推广应用。在技术创新方面，我国也已经开始重视生态环境保护方面的技术成果研发，2010年上海世博会就展示了许多这方面的最新成果。但是，目前这些成果许多还躺在实验室，难以发挥更大的应用价值，这固然与我国居民的收入水平整体不高有密切关系，但忽视创新成果的市场化过程一直是我国在技术创新方面的突出问题，而对环保产品推广的政策支持力度不够，则体现出我国在技术和管理创新方面都有改进的空间。我国的许多大城市也正遭遇交通拥堵、垃圾"围城"、水环境恶化、土地资源浪费等挑战，要解决这些问题，城市管理

创新往往比技术创新更为有效，这就对提高城市管理水平提出了更高要求。我国城市有必要结合自身条件，充分学习借鉴国外城市的先进经验，力争尽快改善城市管理机制，优化城市管理效率，使城市生态文明建设在技术进步和制度创新的共同推动下，取得显著进展。

（四）提升城市居民的生态文明素质，优化城市生态文明建设的文化氛围

城市生态文明建设离不开公众参与，这是各国的共同经验。国外不少案例都提供了这方面的有效做法，我国城市可以充分吸收借鉴，但关键要重在落实，切不可满足于走形式，而是要以市民喜闻乐见的形式，生动活泼地诠释生态文明内涵，从而赢得市民内心深处的高度认同。此外，我国目前市民参与城市建设的渠道还比较有限，借鉴国外经验，优化渠道建设对于生态文明建设取得重要进展也将十分必要。总之，城市生态文明建设是个复杂的系统性工程，不仅要充分借鉴吸收国外成功经验，更要结合城市发展的特殊条件，探索特色道路，这是生态文明建设的内在要求，也是真正取得生态文明建设丰硕成果的基本道路。

第二节　国外典型生态岛屿经济发展模式

经济发展模式反映了特定历史时期的生产力水平、经济体制和经济发展战略，体现了该时期内的经济增长动力结构和经济增长目标。一个国家、地区或城市的经济发展模式首先取决于其实际情况，这包括了基本的资源禀赋状况，如包括土地在内的自然资源、资本的集聚程度和劳动力的素质；其次是发展阶段，不同的阶段里占据主导地位的产业和经济的增长点不同；最后还取决于占主导地位的发展观。以经济增长为核心还是以和谐发展为核心显示了不同的理念。一般而言，发展模式可以分为传统的线性发展模式和圆周形的循环发展模式。另外，按经济覆盖的范围，可以把发展模式分为增长极开发模式、轴线开发模式、经济圈开发模式和跨国（区域）开发模式。但必须承认的一点是，人类的发展更多的是在承载能

力比较强的大陆地区展开，而相应的研究也是针对相对较大腹地的区域展开，这些区域的生态承载力相对较强，且可恢复性也较强。然而，在地域范围明确，资源环境相对比较脆弱的岛屿上，发展的模式则更应该采取循环经济的模式，更多顾及岛屿的生态特征，在不破坏其生态基本承载能力的基础上发展经济。一般而言，全部被水包围并且面积小于陆地的部分被称为岛屿，世界上最大的的岛屿为格陵兰岛，第二大岛为新几内亚岛。

人们把比大陆面积小并完全被水包围的陆地称为岛，往往又把一些特别小的岛称为屿，总称岛屿。岛屿分布在海洋、湖泊或河流中，面积大小不一，最大的是北冰洋中的格陵兰岛，面积达 218 万平方千米，约为世界最小的大陆即澳大利亚大陆面积的 2/7。世界第二大岛是太平洋的新几内亚岛，面积约 78.5 万平方千米。

世界岛屿众多，大小及形态都有差异，但整体来看，按照岛屿形成原因可以大致分为大陆岛、海洋岛以及冲击岛三大类型。在这三种岛屿类型中，大陆岛地势相对较高、面积较大，靠近大陆为主要特征。海洋岛与大陆相分离，关联性不大，主要为从海底上升露出的岛屿，主要包括珊瑚岛和火山岛两种类型，珊瑚岛主要由珊瑚堆积而成，体量较小，结构较为复杂；而火山岛主要有海底火山熔岩推挤形成，海拔相对较高，地势也比较险峻。冲积岛主要位于河口冲剂平原，地势较低，由河口冲剂物堆积而成，如崇明岛即为典型的冲积岛。关于岛屿的开发，国内外有较为成熟的发展模式可以进行借鉴。包括加拿大的温哥华岛（Vancouver Island）、爱德华王子岛（PEI：Prince Edward Island）和韩国的济州岛在内，纷纷依据自身的优势采取了不同的发展道路。当然，有些岛屿受到自身条件的限制，尽管从政府获得大量的帮助，但仍然发展速度较慢。

一、爱德华王子岛

爱德华王子岛（Prince Edward Island）位于加拿大东部，由南到北，全岛长约 255 公里，面积只有 5660 平方公里，总人口也仅有 13.8 万人，为加拿大面积最小，人口最少的省份，全岛海拔最高点只有 152 米，按照东、中、西的空间结构可以主要分三个区域：国王区、皇后区以及王子区。受圣劳伦斯海湾温暖的海水影响，岛内气候较温和、湿润，冬季平均气温零下7℃，夏季平均气温19℃。爱德华王子岛主港是乔治敦港和夏洛特敦港，岛屿通过新不伦瑞克省的跨海联邦大桥连接岛屿与大陆，岛上还有夏洛特敦机场和萨默特敦机场作为对外联系的主要途径。

（一）基本状况

爱德华王子岛有人居住的历史很长，在欧洲人到来之前就有马克印第安人（Micmac Indians）居住了2000年。经过了法国和英国的占领，最终在1873年加入了加拿大联邦，成为加拿大的一个省，以农业、旅游业和渔业为主要发展的产业类型。从殖民地时期到现在农业一直为爱德华王子岛经济的首要产业，马铃薯收入占省农作物总收入的三分之一，爱德华王子岛马铃薯的产量居加拿大第三，平均每年大约产马铃薯13亿公斤，出口世界二十多个国家。20世纪90年代以来，岛上逐步发展了以食品加工为主的制造业。

（二）资源禀赋状况

爱德华王子岛煤矿和淡水资源都十分缺乏，在工业化时期，经济发展的滞后让岛内的人均收入在19世纪50年代只有全国的一半。从20世纪起，马铃薯的种植和销售慢慢成为了岛上的支柱产业，同时丰富的海洋物产资源使捕捞业不断发展。

爱德华王子岛内相对单一的资源禀赋决定了岛屿的发展现状。虽然农业人口的比例不断下降，但较大面积的土地和丰富的海洋物产资源仍然使农林牧渔业和食品加工业成为了当地的重要产业。1997年联邦跨海大桥的建成促进了该岛旅游业的发展，2000年以后，岛内的年旅客量稳定在100万人次左右，客源主要以加拿大和美国为主，其他国家的游客仅占游客总数的3%左右。岛内旅游业本身不属于优势产业，但得益于小说《安妮的绿色小屋》在20世纪60年代被改编为剧本而风靡世界，为岛屿的旅游发展注入了推动力。

（三）发展指导思想

爱德华王子岛的支柱产业：农业、渔业和旅游业都在很大程度上依赖于环境的质量。因此，当地政府在发展经济的同时就非常注意环境保护。相对落后的经济发展水平让爱德华王子岛在很多的时间里接受来自联邦政府的转移支付。但必须承认的是，得益于加拿大本国较高的生产力水平和联邦政府的财政收入水平，爱德华王子岛的发展才可以更多地考虑发展经济的环境保护问题。同时，民众的环境保护意识和周密的政府发展规划也是爱德华岛发展环境友好型经济模式的重要支撑。特别是政府所采取的一系列政策来完善饮用水的发展战略、水土资源的保护和税收倾斜政策来保护和支持环境友好型产业的发展。

二、济州岛

济州岛是韩国第一大岛，位于朝鲜半岛西南海域，地处远东地区的中心部，中日韩三国的交通要冲。该岛东西长 73 千米，南北宽 41 千米，呈椭圆形。北距韩南部海岸 90 多千米，东与日本的九州岛隔海相望，占据朝鲜海峡门户，地理位置极为重要。

（一）济州岛简况

济州岛的地貌特征显著，是由岩浆凝石形成。温和湿润的气候和由火山活动塑造出的绮丽多彩的自然风景，使得该岛成为了著名的旅游目的地。济州岛以韩国最高峰汉拿山（1950 米）为中心呈等高线向四周倾斜，东、西向斜面缓和，南北向斜面较陡。全岛中间高四周低的地势造就了显著的动植物垂直分布状况。政府依据海拔对岛内的土地进行了分类：海拔1000 米以上的占岛面积的 4.5%，被指定为国立公园；海拔 500 米—1000米的低山区面积占整个岛屿面积的 13.7%，成为了林区、蘑菇栽培区和旅游景点；海拔 200 米—500 米的土地占岛屿面积的 26.9%，大部分是牧场和闲置用地；绝大部分的土地在海拔 200 米以下，占全岛面积的 54.9%，主要是农耕地和居住用地。

（二）经济发展路径

济州岛的经济以农林牧渔和旅游业为主。农林牧渔业占济州岛经济总量的 24%，第一产业就业人口占 30%。柑橘的生产成为了农业生产中最主要的部分，栽培的面积占岛内农耕地的 46%。观光旅游是济州岛的支柱产业，旅游业的收入占地方经济总收入的比重在 60% 以上。济州岛丰富的旅游资源和岛周边 18 个飞行时间 2 小时以内、人口在 500 万人以上的旅游客源城市为该岛旅游业的发展注入了活力。岛内也因此形成了发达的交通设施：济州国际机场成为了连通中国、日本、东南亚的交通要道，开通了国内航线 13 条、国际航线 9 条，与韩国国内各主要机场以及东京、大阪、北京、上海、中国香港等东北亚主要城市建立有直飞航线。另外，海运成为了济州物资流通的主要手段，随着济州国际自由城市的建设，济州内港成为了以物流为主的综合功能港口；而外港则成为了景观性的国际观光港口。

综观济州岛的发展历程，济州岛经济的起飞是在 20 世纪 70 年代后，其特殊的地理位置和自然禀赋条件造就了其发展的结构无法与韩国本土的经济结构一致。随着旅游业的发展，济州岛以其优越的自然环境赢得了机遇。首先是韩国自 20 世纪 60 年代将国土综合开发作为制度固定下来，自 20 世纪 70 年代起的一系列国土开发综合规划为济州岛的开发带来了政策基础。根据规划，韩国全国划分出了若干经济圈，而济州岛则被划入了济州岛圈。旅游观光业成为了政府规划重点支持的行业。进入 20 世纪八九十年代，韩国政府又相继出台了包括济州岛综合计划在内的一系列政策和法律来推动济州岛的旅游业发展，相继以建设国际自由城市为指导思想，建设了相应的基础设施和推行了相应的方针。根据最新的发展报告显示，济州岛在发展旅游观光业的同时，也在注重发展低污染和高附加值的高新技术产业。另外，为了提高柑橘种植业的生产水平，政府采取了改良土地结构和改良苗木品种的手段来促进其发展。

济州岛经济的成功除了得益于完善的基础设施，还在于培养特色经济增长点方面。首先是会议经济成效明显。位于济州道内的西归浦市的济州国际会议中心自 2004 年 3 月开馆以来，到 2005 年 8 月就举办了 142 个各种国际会议，由此带来的航空、住宿、购物、旅游及交通费等直接经济效益达到 1005.92 亿韩元（约 8750 万美元），同时，间接经济效益也达到

946.25 亿韩元（约 8650 万美元）。因此，除创造就业岗位以外，共带来 2000 亿韩元的经济效益。地方政府 2007 年申办的国际和国内会议，为济州打造东北亚国际会议中心注入了新的活力，2009 年韩国济州岛共召开了 137 个国际会议，为当地创造了 2300 多亿韩元的经济效益，影视拍摄活动和相关宣传同样为济州发展特色旅游带来了商机。

三、国外生态岛屿经济发展启示

（一）岛屿开发应该因地制宜

国外开发成功的案例中，爱德华王子岛，济州岛是面积和经济体量均比较大的岛，人口相对众多，经济发展的历史比较长。两个岛屿分属于不同的纬度，但均属于岩质海岛，四周均是海域，气候宜人。这些岛屿内独特的自然景色和气候特点使它们成为了旅游的热点，旅游旺季持续时间较长。这些岛屿开发思路属于在原有旅游资源基础上的拓展，带有强烈的依托性特征。

（二）注重环境保护为开端和立足点，注重发展发展农林牧渔业

虽然发展旅游业对于环境的压力相对于发展工业而言比较小，符合岛屿经济体内环境容量有限，生态承载力较低的特征，但其绝不是经济发展的唯一支柱产业。旅游业由于容易受到气候、季节和流行性疾病（如 SARS）的影响而出现整体性的滑坡，从而造成经济结构的单一和低稳定性。根据当地的实际情况来发展相应的农林牧渔业和相应的食品深加工业是适合大型岛屿的选择。岛屿由于其较低的生态承载力而不适合发展污染水平高的工业。适宜的农业发展一方面有助于扩展产业结构，另一方面可以成为特色旅游的组成部分。

另外，由于上述大型岛屿在各自国家中均属于省级行政单位，获得了巨大的政府支持。为了提升经济竞争能力，面向未来去发展高附加值和低污染的新技术产业成为构筑未来产业的重要组成部分。

（三）政府所给予的特殊政策和合理规划是这些岛屿发展的重要保证

单纯从发展的历史来看，岛屿的发展均落后于大陆地区的发展，其原

因无怪乎单一的资源禀赋、不便的交通条件、狭小的发展空间和经济腹地。因此，出于经济均衡发展的考虑，各国均对于岛屿的发展投入了更多的特殊政策。

韩国政府在国土整体开发中的举措成为了济州岛地区经济发展的重要政策支持。开始于20世纪80年代的韩国第二次国土综合开发计划将包括济州岛在内的一些落后地区的发展作为重点扶持的目标，目的在于改善在之前所实施的经济开发计划以后所造成的区域不均衡状态。其中所渗透的圈域——据点开发模式即是所谓增长极和腹地理论的具体体现。法律的制定和实施，对于基础设施的大力投入是整个开发模式得以成功的重要一环。

参 考 文 献

［1］白栋：《特大城市低碳空间策略的经验借鉴——以伦敦、东京、纽约为例》，《南方建筑》2013 年第 4 期。

［2］班茂盛、孙胜梅：《长三角一体化进程中人口社会政策的主要差异与协调完善的基本思路》，《市场与人口分析》2007 年第 6 期。

［3］蔡运龙：《持续发展——人地系统优化的新思路》，《应用生态学报》1995 年第 3 期。

［4］曹贤忠、曾刚、邹琳：《长三角城市群 R&D 资源投入产出效率分析及空间差异》，《经济地理》2015 年第 1 期。

［5］陈亮、王如松、王志理：《2003 年中国省域社会—经济—自然复合生态系统生态位评价》，《应用生态学报》2007 年第 8 期。

［6］陈伟、张永超、田世海：《区域装备制造业产学研合作创新网络的实证研究——基于网络结构和网络聚类的视角》，《中国软科学》2012 年第 2 期。

［7］陈伟、周文、郎益夫等：《基于合著网络和被引网络的科研合作网络分析》，《情报理论与实践》2014 年第 10 期。

［8］从玉华、张可佳：《〈京都议定书〉生效对中国意味深长》，《中国青年报》2005 年 2 月 16 日。

［9］丁仲礼、段晓男、葛全胜等：《国际温室气体减排方案评估及中国长期排放权讨论》，《中国科学（D 辑：地球科学）》2009 年第 12 期。

［10］樊杰：《解析我国区域协调发展的制约因素探究全国主体功能区规划的重要作用》，《战略与决策研究》2007 年第 3 期。

［11］范颖：《中国特色生态文明建设研究》，硕士学位论文，武汉大

学，2011 年。

　　［12］方创琳：《区域人地系统的优化调控与可持续发展》，《地学前缘》
2003 年第 4 期。

　　［13］方创琳：《中国人地关系研究的新进展与展望》，《地理学报》
2004 年第 S1 期。

　　［14］方修琦、张兰生：《论人地关系的异化与人地系统研究》，《人文
地理》1996 年第 4 期。

　　［15］傅晓华、赵运林：《可持续发展视域下的城市生态探微》，《城市
发展研究》2008 年第 1 期。

　　［16］傅允生：《资源约束变动与区域经济动态均衡发展》，《学术月刊》
2007 年第 11 期。

　　［17］傅祖德：《人地关系辩证法序言》，《福建地理》1999 年第 1 期。

　　［18］甘露、马振涛：《推进新型城镇化需要体制机制创新》，《中国经
济时报》2012 年 9 月 20 日。

　　［19］郭而郛：《城市工业生态化评价研究应用》，硕士学位论文，南
开大学，2013 年。

　　［20］郭明杉、张陆洋：《高新技术产业集群的区域经济一体化效应分
析》，《哈尔滨工业大学学报》2007 年第 1 期。

　　［21］郭庆旺、赵志耘：《中国经济增长“三驾马车”失衡悖论》，《财
经问题研究》2014 年第 9 期。

　　［22］郭晓佳、陈兴鹏、张满银：《甘肃少数民族地区人地系统物质代
谢和生态效率研究——基于能值分析理论》，《干旱区资源与环境》2010
年第 7 期。

　　［23］郭跃、王佐成：《历史演进中的人地关系》，《重庆师范学院学报》
（自然科学版）2001 年第 1 期。

　　［24］韩晶、李小丽：《我国省域低碳经济发展水平比较研究》，《中国
延安干部学院学报》2013 年第 6 期。

　　［25］侯爱敏、袁中金：《国外生态城市建设成功经验》，《城市发展研

究》2006 年第 3 期。

　　[26] 胡荣生：《生态文明建设与江西发展机遇——学习党的十八大报告体会》，《理论导报》2013 年第 2 期。

　　[27] 胡忠俊、姜翔程、刘蕾：《区域经济社会发展综合评价指标体系的构建》，《统计与决策》2008 年第 30 期。

　　[28] 华红莲：《云南省生态足迹时空结构的初步研究》，硕士学位论文，云南师范大学，2005 年。

　　[29] 华民：《长江边的中国——大上海国际都市圈建设与国家发展战略》，学林出版社 2003 年版。

　　[30] 环境保护部：《环境保护部关于预防与处置跨省界水污染纠纷的指导意见》，《环境经济》2008 年第 8 期。

　　[31] 黄肇义、杨东援：《国外生态城市建设实例》，《国外城市规划》2001 年第 3 期。

　　[32] 黄振平：《浅议长江三角洲文化资源之共享》，《中外文化交流》2003 年第 12 期。

　　[33] 贾建丽：《环境土壤学》，化学工业出版社 2012 年版。

　　[34] 简海云：《巴西库里蒂巴城市可持续发展经验浅析》，《现代城市研究》2010 年第 11 期。

　　[35] 蒋健君：《如何实现环太湖地区产业合作》，《经济师》2007 年第 11 期。

　　[36] 金乐琴、刘瑞：《低碳经济与中国经济发展模式转型》，《经济问题探索》2009 年第 1 期。

　　[37] 金涌、冯之浚、陈定江：《循环经济：理念与创新》，《中国工程科学》2010 年第 1 期。

　　[38] 鞠美庭：《国外生态城市建设经典案例》，《科技潮》2007 年第 10 期。

　　[39] 孔翔、陆韬：《传统地域文化形成中的人地关系作用机制初探——以徽州文化为例》，《人文地理》2010 年第 3 期。

［40］雷军、张利、张小雷:《中国干旱区特大城市低碳经济发展研究——以乌鲁木齐市为例》,《干旱区地理》2011 年第 9 期。

［41］李春顶、赵美英、彭冠军:《美国三大需求结构演变及其对中国的启示》,《中国市场》2014 年第 19 期。

［42］李后强、艾南山:《人地协同论——兼论人地系统的若干非线性动力学问题》,《地球科学进展》1996 年第 2 期。

［43］李莉:《典型城市群大气复合污染特征的数值模拟研究》,博士学位论文,上海大学,2012 年。

［44］李铁锋:《论人地关系危机与地球科学》,《河北地质学院学报》1996 年第 6 期。

［45］李炜:《我国城市全面小康社会建设的短板与突破——基于科学发展评价指标对 16 个城市的分析》,《中国名城》2014 年第 8 期。

［46］李小建、许家伟、任星等:《黄河沿岸人地关系与发展》,《人文地理》2012 年第 1 期。

［47］李晓冰:《关于建立我国金沙江流域生态补偿机制的思考》,《云南财经大学学报》2009 年第 2 期。

［48］李彦龙:《"生态经济人"——生态文明的建设主体》,《经济研究导刊》2010 年第 15 期。

［49］李章安:《生态文明建设视角下环境保护的有效对策》,《工程技术:引文版》2016 年第 12 期。

［50］李忠东:《"最适宜人类居住的城市"——库里蒂巴》,《环境教育》2009 年第 4 期。

［51］廖福霖:《生态文明建设理论与实践》,中国林业出版社 2001 年版。

［52］林兰、叶森、曾刚:《长江三角洲区域产业联动发展研究》,《经济地理》2010 年第 1 期。

［53］刘峰:《构建宁德生态文明建设指标体系及实证分析》,《经济研究导刊》2013 年第 6 期。

［54］ 刘凤朝、姜滨滨：《中国区域科研合作网络结构对绩效作用效果分析——以燃料电池领域为例》，《科学学与科学技术管理》2012 年第 1 期。

［55］ 刘煜松、高一兰：《技术进步对中国经济增长贡献多少?》，《工业技术经济》2014 年第 11 期。

［56］ 刘力：《国外城市生态研究的主要方向与研究进展》，《世界地理研究》2001 年第 3 期。

［57］ 刘露：《低碳经济发展的影响因素实证分析——以天津地区为例》，《生态经济》(学术版) 2013 年第 2 期。

［58］ 刘明、董仁才：《以现代科技文明引领城市生态文明建设》，《生态经济》2012 年第 2 期。

［59］ 陆大道、郭来喜：《地理学的研究核心——人地关系地域系统——论吴传钧院士的地理学思想与学术贡献》，《地理学报》1998 年第 2 期。

［60］ 陆大道：《我国经济增长速度的基本要素和支撑系统研究》，中国科学院学部咨询项目，2014 年。

［61］ 罗勇：《区域经济可持续发展》，化学工业出版社 2005 年版。

［62］ 吕国庆、曾刚、郭金龙：《长三角装备制造业产学研创新网络体系的演化分析》，《地理科学》2014 年第 9 期。

［63］ 吕涛、聂锐：《产业联动的内涵理论依据及表现形式》，《工业技术经济》2007 年第 5 期。

［64］ 吕薇、田杰棠：《营造良好制度环境推动企业成为技术创新主体》，《人民日报》2012 年 8 月 31 日。

［65］ 马交国、杨永春：《国外生态城市建设实践及其对中国的启示》，《国外城市规划》2006 年第 2 期。

［66］ 马涛、刘平养：《崇明生态岛经济发展战略探讨》，《当代经济》2010 年第 11 期。

［67］ 马涛、任文伟：《崇明生态岛经济指标体系框架研究》，《长江流域资源与环境》2010 年第 z2 期。

［68］马涛：《建设崇明世界级生态岛的新探索》，《生态经济》2011 年第 3 期。

［69］毛汉英：《人地系统与区域持续发展研究》，中国科学技术出版社 1995 年版。

［70］那伟、刘继生：《矿业城市人地系统的脆弱性及其评价体系》，《城市问题》2007 年第 7 期。

［71］倪外：《基于低碳经济的区域发展模式研究》，博士学位论文，华东师范大学，2011 年。

［72］潘玉君、李天瑞：《困境与出路——全球问题与人地共生》，《自然辩证法研究》1995 年第 6 期。

［73］彭福扬、刘红玉：《实施生态化技术创新促进社会和谐发展》，《中国软科学》2006 年第 1 期。

［74］钱易：《城镇化与生态文明建设》，《中国环境管理》2016 年第 2 期。

［75］仇保兴：《中国城市发展模式转型趋势——低碳生态城市》，《现代城市》2010 年第 1 期。

［76］任胜钢、关涛：《区域创新系统内涵研究框架探讨》，《软科学》2006 年第 4 期。

［77］尚勇敏、曾刚、海骏娇：《基于低碳经济目标的中国经济增长方式研究》，《资源科学》2014 年第 5 期。

［78］沈超：《国外发展生态城市的经验及启示》，《广东科技》2010 年第 11 期。

［79］沈晓春：《坚持可持续发展，大力推进生态文明建设》，《乌蒙论坛》2008 年第 3 期。

［80］思前：《德国"最绿色的城市"弗莱堡》，《质量探索》2008 年第 6 期。

［81］宋林飞：《生态文明理论与实践》，《南京社会科学》2007 年第 12 期。

［82］ 孙国强:《循环经济的新范式》,清华大学出版社 2005 年版。

［83］ 孙肖远:《长三角经济一体化与吴文化现代化》,《江南论坛》2004 年第 5 期。

［84］ 唐琦、滕堂伟、曾刚:《基于新型城乡关系的崇明生态岛发展模式研究》,《经济地理》2012 年第 6 期。

［85］ 汪涛、Henneman Stefan、Liefner Ingo 等:《知识网络的空间极化与扩散研究——以我国生物技术知识为例》,《地理研究》2011 年第 10 期。

［86］ 汪运波、肖建红:《基于生态足迹成分法的海岛型旅游目的地生态补偿标准研究》,《中国人口·资源与环境》2014 年第 8 期。

［87］ 王爱民、缪磊磊:《冲突与反省——嬗变中的当代人地关系思考》,《科学·经济·社会》2000 年第 79 期。

［88］ 王德峰:《第六城市群经济联动的文化基础（证大评论）》,《国际金融报》2003 年 10 月 13 日。

［89］ 王恩涌等:《人文地理学》,高等教育出版社 2000 年版。

［90］ 王弓、赵新力:《从 SCI 合著论文看海峡两岸科技合作》,《中国软科学》2007 年第 8 期。

［91］ 王红霞:《产业集聚是否就是产业联动》,《解放日报》2007 年 8 月 27 日。

［92］ 王开运、邹春静、孔正红等:《生态承载力与崇明生态岛生态建设》,《应用生态学报》2005 年第 12 期。

［93］ 王库:《试论生态治理视域下的新加坡城市管理》,《吉林省社会主义学院学报》2008 年第 3 期。

［94］ 王黎明:《面向 PRED 问题的人地关系系统构型理论与方法研究》,《地理研究》1997 年第 2 期。

［95］ 王立文:《长三角区域文化共同发展之思考》,《江南论坛》2004 年第 3 期。

［96］ 王欧:《退牧还草地区生态补偿机制研究》,《中国人口·资源与环境》2006 年第 4 期。

［97］王青:《国外生态城市建设的模式、经验及启示》,《青岛科技大学学报》(社会科学版) 2009 年第 1 期。

［98］王如松:《论复合生态系统与生态示范区》,《科技导报》2000 年第 6 期。

［99］王如松:《中国的生态市建设》,《AMBIO—人类环境杂志》2004 年第 6 期。

［100］王伟中:《中国绿色转型:努力、实践和未来》,《中国人口·资源与环境》2012 年第 8 期。

［101］王亚力、吴云超:《复合生态系统理论下的城市化现象透视》,《商业时代》2014 年第 6 期。

［102］王义民:《论人地关系优化调控的区域层次》,《地域研究与开发》2006 年第 2 期。

［103］王长征、刘毅:《人地关系时空特性分析》,《地域研究与开发》2004 年第 1 期。

［104］吴传钧:《人地关系与经济布局》,学苑出版社 1998 年版。

［105］吴俊如:《如何放大集成电路业长三角效应——访上海市集成电路行业协会常务副秘书长赵建忠》,《科技资讯》2004 年第 10 期。

［106］吴素春、聂鸣:《创新型城市内部科研合作网络特征研究——以武汉市论文合著数据为例》,《情报杂志》2013 年第 1 期。

［107］肖洪:《城市生态建设与城市生态文明》,《生态经济》2004 年第 7 期。

［108］肖佳媚、杨圣云:《PSR 模型在海岛生态系统评价中的应用》,《厦门大学学报》(自然科学版) 2007 年第 46 卷。

［109］谢邦生:《可持续发展战略下企业环境业绩评价研究》,硕士学位论文,福建农林大学,2005 年。

［110］雄鹰、王克林:《基于 GID 的湖南省生态环境综合评价研究》,《经济地理》2005 年第 5 期。

［111］徐惠民、丁德文、石洪华等:《基于复合生态系统理论的海洋生

态监控区区划指标框架研究》，《生态学报》2014 年第 1 期。

　　［112］徐康宁：《中国经济持续增长的动力来源》，《金融纵横》2013 年第 5 期。

　　［113］徐瑛、杨开忠：《中国经济增长驱动力转型实证研究》，《江苏社会科学》2007 年第 5 期。

　　［114］严耕等：《中国省级生态文明建设评价报告》，《中国行政管理》2009 年第 11 期。

　　［115］严柳晴：《崇明生态岛将入联合国绿色经济教材》，《青年报》2014 年 3 月 11 日。

　　［116］杨开忠：《谁的生态最文明——中国各省区市生态文明大排名》，《中国经济周刊》2009 年第 32 期。

　　［117］杨晓庆、李升峰、朱继业：《基于绿色 GDP 的江苏省资源环境损失价值核算》，《生态与农村环境学报》2014 年第 4 期。

　　［118］叶森：《区域产业联动研究》，博士学位论文，华东师范大学，2009 年。

　　［119］佚名：《马尔默：生态城市进行时》，《城市住宅》2011 年第 Z1 期。

　　［120］尹洪妍：《国外生态城市的开发模式》，《城市问题》2008 年第 12 期。

　　［121］于丽英、杨鲁云：《上海低碳经济的发展态势与评价分析》，《科技管理研究》2012 年第 5 期。

　　［122］于萍：《马尔默打造深绿型生态城市》，《城市住宅》2009 年第 8 期。

　　［123］俞可平：《和谐社会与政府创新》，社会科学文献出版社 2008 年版。

　　［124］曾刚、辛晓睿：《上海崇明世界级生态岛核心竞争力建设研究》，《上海城市规划》2012 年第 2 期。

　　［125］曾刚：《崇明岛生态文明建设的经验与未来展望》，《中国社会科

学报》2014 年 9 月 26 日。

[126] 曾刚：《崇明生态岛未来建设亮点在哪里?》，东方网，2009 年 11 月 25 日。

[127] 曾刚：《基于生态文明的区域发展新模式与新路径》，《云南师范大学》（哲学社会科学版）2009 年第 5 期。

[128] 曾刚：《生态文明建设需要谋划空间战略》，《中国建设报》2013 年 2 月 7 日。

[129] 曾刚：《资源环境约束背景下中国城市经济发展研究报告》，华东师范大学曾刚课题组，2015 年。

[130] 曾刚等：《生态经济的理论与实践——以上海崇明生态经济规划为例》，科学出版社 2008 年版。

[131] 张东东、杜培军、夏俊士：《基于 RS 的徐州市区生态环境动态监测与评价分析》，《中国环境监测》2011 年第 5 期。

[132] 张荷：《吴越文化》，辽宁教育出版社 1991 年版。

[133] 张梅：《绿色发展：全球态势与中国的出路》，《国际问题研究》2013 年第 5 期。

[134] 张密山、赵国华、王汉东：《抚顺市生活垃圾管理现状及对策探讨》，《辽宁城乡环境科技》2005 年第 1 期。

[135] 张庆彩、计秋枫：《国外生态城市建设的历程、特色和经验》，《未来与发展》2008 年第 8 期。

[136] 张仁开：《"十二五"时期推进长三角区域创新体系建设的思考》，《环球市场信息导报》2012 年第 10 期。

[137] 张涛：《经济转型期中北京与天津的低碳经济发展水平差异》，《天津经济》2014 年第 11 期。

[138] 张艳粉：《农村居民点时空演变及布局优化研究——以河南省巩义市为例》，硕士学位论文，河南农业大学，2013 年。

[139] 张志强：《区域可持续发展的理论与方法》，《中国人口·资源与环境》1994 年第 3 期。

［140］中国银行国际金融研究所中国经济金融研究课题组：《探寻新常态下经济增长新动力——中国银行中国经济金融展望报告（2015）》，《国际金融》2015 年第 1 期。

［141］周国红、楼锡锦：《长三角区域经济一体化的基本态势与战略思考——基于宁波市 532 家企业的问卷调查与分析》，《经济地理》2007 年第 1 期。

［142］周生贤：《积极建设生态文明》，《求是》2009 年第 22 期。

［143］朱坦、吕建华、丁玉洁：《生态城市：内涵·特点·挑战》，《建设科技》2010 年第 13 期。

［144］Autio E., "Evaluation of RTD in Regional Systems of Innovation", *European Planning Studies*, No. 2, 1998.

［145］Bergman E. M., "Cluster Life-cycles: An Emerging Synthesis", in Karlsson, C. (Eds.), *Handbook of Research on Cluster Theory*, *Handbooks of Research on Clusters Series*, Edward Elgar, Northampton, 2008.

［146］Cooke P., "Regional Innovation Systems: General Findings and Some New Evidence Form Biotechnology Clusters", *Journal of Technology Transfer*, No. 1, 2002.

［147］Egeraat C. V., Jacobson D., "The Geography of Production Linkages in the Irish and Scottish Microcomputer Industry: The Role of Information Exchange", *Tijdschrift Voor Economische en Sociale Geografie*, No. 4, 2006.

［148］Funderburg R. G., Boarnet M. G., "Agglomeration Potential: The Spatial Scale of Industry Linkages in the Southern California Economy", *Growth and Change*, No. 1, 2008.

［149］OECD, *National Innovation Systems*, OECD, 1997.

［150］Rigister R., *Eco - city Berkeley: Building Cities for a Healthy Future*, North Atlantic Books, 1987.